Stefan Brönnimann

Ozon in der Atmosphäre

: Haupt

Stefan Brönnimann

Ozon in der Atmosphäre

Verlag Paul Haupt
Bern · Stuttgart · Wien

Stefan Brönnimann hat von 1992 bis 1997 an der Universität Bern Geographie und Geschichte studiert. Durch zahlreiche wissenschaftliche Publikationen über Ozon hat er sich international einen Namen gemacht. Seine Dissertation über bodennahes Ozon in der Schweiz wurde 2001 mit dem Fachpreis Geowissenschaften der Universität Bern ausgezeichnet. Er arbeitet seither als Assistent am Geographischen Institut der Universität Bern und an der University of Arizona, Tucson, USA.

Der Druck der vorliegenden Arbeit wurde durch folgende Institutionen unterstützt:

– Schweizerischer Nationalfonds zur Förderung der wissenschaftlichen Forschung
– Stiftung Marchese Francesco Medici del Vascello
– Bundesamt für Umwelt, Wald und Landschaft

Die Deutsche Bibliothek – CIP-Einheitsaufnahme

Brönnimann, Stefan:
Ozon in der Atmosphäre /
Stefan Brönnimann. –
Bern ; Stuttgart ; Wien : Haupt, 2002
ISBN 3-258-06437-7

www.haupt.ch

Inhaltsverzeichnis

Begriffe im Text in *kursiver Schrift* sind im Glossar Seite 154 erläutert

Vorwort

Das Thema Ozon beschäftigt mich seit Jahren, seit ich als Student im Sommer 1994 – einem Sommer mit sehr hoher Ozonbelastung und einer regen Mediendebatte darüber – zuerst eine Dissertation und danach weitere Arbeiten zum Thema Sommersmog gelesen habe. Ozon ist bald ins Zentrum meines wissenschaftlichen Interesses gerückt. Gelegenheiten zu eigenen Forschungen auf diesem Gebiet ergaben sich im Rahmen studentischer Arbeiten am Geographischen Institut der Universität Bern und später in zwei Projekten im Auftrag des Bundesamtes für Umwelt, Wald und Landschaft. Mein grosses Interesse für alle Atmosphärenwissenschaften und mein Bedürfnis, die Ergebnisse langer Arbeit in einen grösseren Zusammenhang zu stellen und auch ausserhalb der Forschungsgemeinde zu präsentieren, haben mich sechs Jahre später zur Idee geführt, ein thematisch umfassendes Buch über Ozon in der Atmosphäre zu verfassen. Ein solches Buch in Angriff zu nehmen, bedeutet eine grosse Herausforderung. Es geht einerseits darum, über die eigenen Forschungsfragen hinauszuschauen und sich dem Thema von einer gesamtwissenschaftlichen Perspektive zu nähern. Andererseits ist es wichtig, aus dem Fundus an eigenen Forschungserfahrungen zu schöpfen.

Viele Personen und Institutionen haben mir bei dieser Herausforderung geholfen, sowohl bei der Erarbeitung meiner Resultate als auch beim Verfassen dieses Buches. Ihnen allen möchte ich hier meinen Dank aussprechen. Der Dank gilt in erster Linie dem Bundesamt für Umwelt, Wald und Landschaft (BUWAL), das einen Teil meiner Arbeiten finanziert, mir die Daten des NABEL-Netzes zur Verfügung gestellt und zudem einen Beitrag an die Druckkosten dieses Buches geleistet hat. Der Dank gilt auch der Eidgenössischen Materialprüfungsanstalt (EMPA), die für die Stationsbetreuung und Datenkontrolle im NABEL-Netz zuständig ist. Dr. Paul Filliger und Dr. Urs Nyffeler (BUWAL) und Dr. Brigitte Buchmann (EMPA) haben mich bei meiner Arbeit stets unterstützt. Herzlich danken möchte ich auch Prof. Dr. Heinz Wanner, der während meiner Dissertation als Doktorvater geamtet hat und sich bereit erklärt hat, ein Vorwort zu diesem Buch zu verfassen. Verschiedene der in diesem Buch vorgestellten Arbeiten sind in Zusammenarbeit mit anderen Wissenschaftler/innen entstanden. René Cattin, Dr. Werner Eugster, Dr. Michaela Hirschberg, Dr. Jürg Luterbacher, Dr. Urs Neu, Dr. Christoph Schmutz, Nicolas Schneider, Dr. Evi Schüpbach, Chris Sidle, Dr. Johannes Staehelin, Dr. Stefan Voigt und Dr. Prodromos Zanis haben bei einzelnen der hier vorgestellten Arbeiten mitgeholfen. Dr. Silvan Perego, Dr. Sasha Madronich und Dr. Andreas Stohl haben mir ihre Modelle zur Verfügung gestellt. Zahlreiche Institutionen haben mir Daten zur Auswertung überlassen, unter anderem MeteoSchweiz, NASA, EUMETSAT, NOAA und UK Met Office. Dr. Franziska Siegrist und Dr. Werner Eugster haben mir meteorologische Daten ihres Projekts für verschiedene Auswertungen zur Verfügung gestellt. Auch auf dem Weg von den wissenschaftlichen

Resultaten zur Herstellung des Buchs habe ich Hilfe in Anspruch genommen. Beim Verlag Paul Haupt AG und seinem Leiter Men Haupt war mein Buch stets in guten Händen. Ich möchte auch allen Autorinnen und Autoren, Institutionen und Verlagen danken, die mir ihre Abbildungen zum Abdruck überlassen haben. Reto Burkard, Dr. Werner Eugster, Andrea Kaiser, Barbara Schichler und Esther Thalmann haben mir Kommentare zum Manuskript gegeben. Das Buch wurde ermöglicht durch die Druckkostenbeiträge des BUWAL, des Schweizerischen Nationalfonds sowie der Stiftung Marchese Francesco Medici del Vascello.

Tucson, im Oktober 2001   *Stefan Brönnimann*

Vorwort

Von Prof Dr. Heinz Wanner

Als anfangs der 80er Jahre in Mitteleuropa die Diskussion über die grossflächigen Waldschäden einsetzte, stiess ich bei einer Recherche zur Geschichte der meteorologischen und klimatologischen Forschung an unserer Universität auf die 1855 vom damaligen Astronomieprofessor Rudolf Wolf (Erforscher der Sonnenflecken) publizierte Schrift mit dem Titel «Über den Ozongehalt der Luft und seinen Zusammenhang mit der Mortalität». Sehr rasch führte der Weg dann zu jener Person, welche zu diesen Studien angeregt hatte. Es war Wolfs Kollege aus Basel, der Chemiker Christian Friedrich Schönbein, welcher dieses Gas im Jahre 1839 entdeckt hatte. Im Zuge der Waldschadensforschung wurde das Ozon auch bei uns zum öffentlichen Gesprächsthema, und wir begannen die Literatur zu den Resultaten der Langfristmessungen aus Arosa und vor allem zum Ozonsmog von Los Angeles zu studieren. Zur gleichen Zeit erschienen auch die ersten Resultate von Satellitenmessungen zur Zerstörung der stratosphärischen Ozonschicht über dem südpolaren Raum. Konfusion machte sich breit. Viele Wissenschafterinnen und Wissenschafter waren herausgefordert, der Öffentlichkeit zu erkären, warum es unten (in der planetaren Grenzschicht) zu viel und oben (in der unteren Stratosphäre) zu wenig Ozon hat. Über die Verhältnisse in der freien Troposphäre und über die Wirkungen des Ozons war zudem recht wenig bekannt.

Dank der Persönlichkeiten in Regierung und Verwaltung (allen voran Herr Bundesrat Alphons Egli und Herr Prof. Dr. Bruno Böhlen, damals Direktor des Bundesamtes für Umweltschutz) und dank der Unterstützung durch den Schweizerischen Nationalfonds zur Förderung der wissenschaftlichen Forschung und der Hochschulen wurde es möglich, auch in der Schweiz mehrere grosse Ozonforschungsvorhaben zu starten. Gleichzeitig wurden in vielen Ländern Europas ausgedehnte Messnetze zur Überwachung der Ozonkonzentration errichtet.

In einer vom Bundesamt für Umwelt, Wald und Landschaft (BUWAL) finanzierten Dissertation erhielt der Autor dieses Übersichtsbandes, Herr Dr. Stefan Brönnimann, den Auftrag, die aus den über zehnjährigen Messungen des Schweizer Messnetzes NABEL resultierenden Ozondaten einer Trendanalyse zu unterziehen. Neben der Frage der Homogenität der Messreihen sollte dabei in erster Linie abgeklärt werden, durch welche Prozesse Variabilität und Trendverhalten bestimmt werden. Herr Brönnimann hat sich seine Arbeit nicht leicht gemacht, selber Modellrechnungen durchgeführt und zum Teil viel weiterreichende Fragen wie zum Beispiel den Einfluss der Ausdünnung des stratosphärischen Ozons auf die Konzentration des Grenzschichtozons studiert. Dass er sich zum Schluss auch noch die Mühe genommen hat, einem seiner Hobbies zu folgen, nämlich dem Studium alter Quellen zur Atmosphärenforschung, verdient hohe Anerkennung. Aus dieser Freizeitarbeit ist das vorliegende Übersichtsbuch zur Ozonfrage entstanden. Dem Verlag und allen Geldgebern ist für Unterstützung herzlich zu danken. Herrn Dr. Brönnimann, der zur Zeit an der University of Arizona in Tucson seine Ozonforschungen weiterführt, wünschen wir, dass er seinem wertvollen Hobby weiterhin treu bleiben wird!

Bern, im Oktober 2001   Heinz Wanner

1 Einleitung

Heute gehört schon beinahe zum Allgemeinwissen, was Ozon ist und welche Bedeutung dieses Gas in der Atmosphäre hat. Kaum jemand würde wohl zögern, «Ozon» mit Hinweis auf Luftverschmutzung oder Klimawandel unter unsere ungelösten Umweltprobleme einzuordnen. Ozon erscheint oft in den Schlagzeilen – sei es als *Ozonloch* (kursiv gedruckte Begriffe sind im Glossar enthalten) in der *Stratosphäre* oder im Zusammenhang mit dem *Smog*. Und spätestens auf der Wetterseite der Tageszeitungen stossen wir auf die aktuellen Konzentrationswerte. Ozon hat gewissermassen einen Platz in unserer alltäglichen Welt. Anlässlich des 200. Geburtstags von Christian Friedrich Schönbein widmete die Schweizer Post diesem Gas und seinem Entdecker sogar eine Briefmarke (Abb. 1). Fragt man allerdings genauer nach, stellt man oft fest, dass das «Ozonproblem» Gegenstand verschiedener Missverständnisse ist. *Ozonloch*, *Smog* und *Treibhauseffekt* werden oft verwechselt. Tatsächlich spielt das Gas Ozon bei allen drei Themenkreisen mit.

Abbildung 1: Anlässlich seines 200. Geburtstags widmete die Schweizer Post 1999 Christian Friedrich Schönbein, der als Entdecker des Ozons gilt, eine Briefmarke. © Post

Was genau ist Ozon, und warum hat es in der Atmosphäre eine besondere Bedeutung? Ozon ist die dreiatomige Form des Sauerstoffs und ist ein natürlicher Bestandteil der Atmosphäre. Seine besondere Bedeutung gründet in den ganz charakteristischen physikalischen und chemischen Eigenschaften. Chemisch betrachtet ist Ozon ein starkes Oxidationsmittel. Es reagiert mit zahlreichen Verbindungen und ist als Initiator wichtiger Abbaumechanismen an der Entfernung anderer Luftfremdstoffe aus der Atmosphäre beteiligt. Aus der Sicht der Atmosphärenphysik interessiert Ozon vor allem als *UV*- und *Infrarotstrahlung* absorbierendes Gas. Es spielt eine entscheidende Rolle im Strahlungs- und Temperaturhaushalt der Atmosphäre. Ozon ist ein «klimawirksames» Gas. Vom biologischen oder physiologischen Standpunkt aus ist Ozon ein Reizgas, das in hoher Konzentration oder hohen Dosen Mensch, Tier und Pflanzen Schaden zufügen kann. Ozon kommt in verschiedenen geographischen Regionen und verschiedenen Schichten der Atmosphäre in höchst unterschiedlicher Konzentration vor. Die Kombination dieser beiden Faktoren – Eigenschaften und Vorkommen – macht Ozon zu einer Schlüsselsubstanz der Atmosphäre.

Aus diesem Grund können Änderungen in der Menge und Verteilung von Ozon in der Atmosphäre Auswirkungen in verschiedensten Bereichen haben. Sie betreffen das physikalische und chemische System der Atmosphäre, wirken auf das Klima, auf Mensch, Tier und Materialien. Die weitreichende Störung der Lufthülle durch unsere Wirtschafts- und Lebensweise hat in mehrfacher Weise die Konzentration und Verteilung von Ozon in der Atmosphäre verändert. In den 1950er-Jahren waren es die hohen Konzentrationen im *Smog* von Los Angeles, später auch in Japan, Europa und anderswo, welche Ozon zu einem zentralen Thema der Luftreinhaltung werden liessen. 1985 schockierte die Entdeckung des «*Ozonlochs*» in der *Stratosphäre* über der Antarktis die Weltöffentlichkeit. Und in der Klimadiskussion wird Ozon immer stärker auch als *Treibhausgas* zu einem Thema. Damit werden auch die Ozonkonzentrationen in entlegenen Regionen und in höheren Luftschichten wichtig. Schliesslich bestimmt Ozon die *Oxidationskapazität* der globalen Atmosphäre mit, und damit auch ihre Fähigkeit, andere Luftfremdstoffe abzubauen. Das hat nicht zuletzt auch Auswirkungen auf die Lebensdauer von wichtigen *Treibhausgasen*.

Durch seine Umweltrelevanz nimmt Ozon auch in der Forschung eine besondere Stellung ein. Einige der geschilderten Umweltprobleme stellen die Wissenschaft vor grosse Herausforderungen, trotz bereits jahrzehntelanger Forschung über Ozon! Sie soll Erklärungen liefern und Lösungsansätze skizzieren. Gleichzeitig muss sie sich vorwerfen lassen – zumindest im Fall des *Ozonlochs* – das Problem nicht rechtzeitig erkannt zu haben. In anderen der angesprochenen Bereichen, beispielsweise in der Frage des *Treibhauseffekt*s von Ozon, hat die Forschung selbst die Probleme erkannt und definiert, sich die Aufgabe selber gestellt. Wie funktioniert eine Wissenschaft überhaupt in einem solchen Umfeld? Die Betrachtung der Ozonforschung unter einem historischen Blickwinkel ermöglicht einen Einblick in die Funktionsweise von Umweltwissenschaften. Ozonforschung ist ein gutes Beispiel dafür, wie sich die Atmosphärenwissenschaften entwickelt haben, wie Forschungsergebnisse zustande kommen und kommuniziert werden (vgl. auch Abb. 2) und welchen Stellenwert diese in der Gesellschaft haben können. Durch das enge Zusammenspiel von physikalischen und chemischen Vorgängen und durch die Beteiligung verschiedener, oft getrennt betrachteter Regionen der Atmosphäre werden die «Ozonprobleme» zu einem Kondensationskern für unser heutiges wissenschaftliches Verständnis der Atmosphäre.

Abbildung 2: Forscher unter sich: Der Autor dieses Buches erklärt am Quadrennial Ozone Symposium in Sapporo im Juli 2000 interessierten Kollegen auf einem Poster seine Forschungsarbeit. Foto: Local Organizing Committee, QOS 2000.

Das vorliegende Buch soll eine Einführung und eine Übersicht geben zum Thema «Ozon in der Atmosphäre». Es soll einerseits Studierende, fachfremde Wissenschaftler/innen und interessierte Laien vertraut machen mit den Grundlagen zum atmosphärischen Ozon. Es soll andererseits einen aktuellen Überblick bieten zum Stand der Ozonforschung und dabei besonders die Situation in der Schweiz beleuchten. Ein anderer Anspruch des Buches ist es, einen Einblick in die Messmethoden, die Arbeitsweisen und Ansätze dieser Art von Forschung zu ermöglichen. Wie geht die Wissenschaft vor? Wie geht sie an Probleme heran? Welche Mittel stehen ihr zur Verfügung? In diesem Sinn soll das Buch auch eine Einführung in die Atmosphärenwissenschaften ganz allgemein sein. Schliesslich soll die Perspektive hin und wieder über die Wissenschaft hinaus ausgeweitet werden und die Erforschung des Ozons in der Atmosphäre auch «von aussen» und in einem historischen Kontext betrachtet werden.

Das Buch enthält allgemein verständliche, lehrbuchähnliche Teile mit theoretischem Material, mit Illustrationen und Erläuterungen. Diese Teile enthalten auch Beispiele und sind ergänzt mit einer Diskussion der Literatur. Daneben werden auch neuste Forschungsresultate präsentiert. Diese dienen in erster Linie einer vertieften inhaltlichen Diskussion des Themas. Gleichzeitig sollen an diesen Beispielen (wie oben erläutert) verschiedene der heutigen Ansätze und Methoden der Atmosphärenwissenschaften vorgestellt werden. Diese Teile sind zahlreicher und ausführlicher dargelegt, als das vielleicht in einem Lehrbuch der Fall wäre. Um das Buch trotzdem einfach lesbar zu halten und gleichzeitig dem Anspruch der Wissenschaftlichkeit gerecht zu werden, sind detaillierte Herleitungen und Beschreibungen sowie ausführlichere Diskussionen in einem Anhang untergebracht. Bei den vorgestellten Forschungsergebnissen handelt es sich zu einem guten Teil um Arbeiten der Gruppe für Klimatologie und Meteorologie am Geographischen Institut der Universität Bern. Das ermöglicht eine gewisse Konsistenz, beispielsweise indem ein Fallbeispiel (oder auch ein Standort, ein numerisches Modell) in verschiedenen Zusammenhängen verwendet wird. Das Buch kann aber deshalb thematisch nicht als ausgewogen gelten und liefert keinen repräsentativen Querschnitt durch die aktuelle Forschungslandschaft.

Das Buch beginnt mit einem Kapitel über die physiko-chemischen Eigenschaften von Ozon und seinem Vorkommen in der Atmosphäre. Dann folgen drei Kapitel über Ozon in der *Stratosphäre*, in der *freien Troposphäre* und in der *planetaren Grenzschicht*, also demjenigen Teil der Atmosphäre, in dem wir leben. Diese Dreiteilung ist eine gängige und durchaus vertretbare Aufteilung, im Falle von Ozon jedoch keine strikte. Es gibt Transport von stratosphärischer Luft in die *freie Troposphäre*, von der *freien Troposphäre* in die Grenzschicht und umgekehrt. Die *UV-Strahlung* der Sonne wird in allen drei Sphären modifiziert und verbindet sie dadurch auch miteinander. Die Beziehungen zwischen den Sphären werden auch in den Beispielen deutlich. Die Reihenfolge der Kapitel im Buch ist räumlich «von oben nach unten»: Von der mittleren und unteren *Stratosphäre* zur Tropopausenregion, dann zur *freien*

Troposphäre, Gebirgsstationen, zur *planetaren Grenzschicht* und zur *bodennahen Luftschicht*. Ein kürzeres Kapitel behandelt schliesslich die Grenzfläche zwischen der Atmosphäre und der Vegetation. Die Geschichte der Erforschung des Ozons ist in einem separaten Kapitel am Schluss des Buches angefügt.

Jedes Kapitel beginnt mit einem Einleitungsabschnitt, an dessen Ende Literaturhinweise für ein vertieftes Studium angegeben sind. Die Literaturangaben zu allen Kapiteln sind im Anhang am Ende des Buches zusammengestellt. Dieser Anhang enthält ausserdem die oben erwähnten Anmerkungen, ein Register, ein Abkürzungsverzeichnis sowie ein Glossar, welches bei Verständnisschwierigkeiten helfen soll und ausführlichere Diskussionen und Definitionen von Begriffen gibt, wo dies im Text nicht unbedingt nötig ist.

Zum Buch gibt es auch eine website: *www.giub.unibe.ch/klimet/ozon*
Hier finden sich nähere Informationen und aktualisierte Links zu verschiedenen wissenschaftlichen Ozonseiten, Daten, Publikationen und Modellen.

2 Ozon – Eigenschaften und Vorkommen

Einleitung

Ozon hat ganz besondere physikalische und chemische Eigenschaften. Diese Eigenschaften machen Ozon zu einer Schlüsselsubstanz der Atmosphäre und sind der Grund für die mit Ozon verbundenen Umweltprobleme. Dieselben Eigenschaften bestimmen aber auch die möglichen Messmethoden. Es ist daher ein sinnvoller Einstieg, zunächst die physiko-chemischen Eigenschaften von Ozon zu betrachten und die gängigen Messverfahren zu skizzieren. Gleichzeitig sollen auch einige Begriffe und Masseinheiten eingeführt werden. Ein weiterer Teil des Kapitels betrachtet die wichtigsten Charakteristika der räumlichen (horizontalen und vertikalen) Verteilung von Ozon in der Atmosphäre.

Für die physiko-chemischen Eigenschaften von Ozon sowie die Messprinzipien verweisen wir auf die umfangreichen Übersichten, Handbuchartikel und Lehrbücher von Jacob (2001), Graedel und Crutzen (1994), Finlayson-Pitts und Pitts (1999), Baumbach (1993) und Bliefert (1994). Über die Auswirkungen von Ozon auf Pflanze, Tier und Mensch findet sich einiges in McKee (1994), Baumbach (1993) und Innes et al. (2001). Zur räumlichen Ozonverteilung seien aus zahlreichen Publikationen Logan (1999a) für die globale *Troposphäre*, Logan (1999b) sowie Logan et al. (1999) für die globale untere *Stratosphäre* und McPeters et al. (1997) für das *Gesamtozon* erwähnt. Interessantes über die Ozonverteilung in der *Troposphäre* findet sich auch in den Modellierungsarbeiten von Roelofs und Lelieveld (1997), Lelieveld und Dentener (2000) und Li et al. (2001). McKendry und Lundgren (2000) behandeln die Frage der horizontalen «Ozonschichten» in der *Troposphäre*. Die räumliche Variabilität des bodennahen Ozons in Europa ist in Hov (1997) und in Scheel et al. (1997) näher beschrieben.

Physiko-chemische Eigenschaften des Ozonmoleküls

Der Name «Ozon» kommt aus dem Griechischen und bedeutet «das Riechende». Der Grund dafür ist der leicht stechende Geruch, der bei hohen Ozonkonzentrationen wahrgenommen werden kann. Es ist der Geruch, der bei elektrischen Entladungen entsteht, manchmal auch bei Fotokopierern oder Laserdruckern (vgl. S. 135). Das Ozonmolekül besteht aus drei Sauerstoffatomen (vgl. Abb. 1), die chemische Formel dafür ist O_3 (Ergänzungen zu diesem Abschnitt sind als Anmerkung 1 im Anhang zusammengestellt). Im Gegensatz zu den zweiatomigen Gasen O_2 und N_2 und dem fast unreaktiven CO_2 ist das Ozonmolekül nicht besonders stabil. Bereits durch sichtbares Licht, in viel stärkerem Mass aber durch die energiereiche *UVB-*

Strahlung (elektromagnetische Strahlung mit einer Wellenlänge von 280 bis 315 Nanometern, nm) kann das Molekül in O_2 und atomaren Sauerstoff (O) aufgespalten werden (Reaktionen R1 und R2, vgl. Anm. 1). Letzterer kann sich in einem elektronisch angeregten Zustand $O(^1D)$ (nach der Abspaltung durch *UVB-Strahlung*) oder im Grundzustand $O(^3P)$ (nach Abspaltung durch sichtbares Licht) befinden.

$$O_3 \quad + \quad h\nu \, (\lambda < 1140 \text{ nm}) \quad \rightarrow \quad O_2 \quad + \quad O(^3P) \quad (R1)$$
$$O_3 \quad + \quad h\nu \, (\lambda < 310 \text{ nm}) \quad \rightarrow \quad O_2 \quad + \quad O(^1D) \quad (R2)$$

wobei $h\nu$ die Photonenenergie darstellt. Im Grundzustand kann sich atomarer Sauerstoff wieder mit O_2 zu Ozon verbinden (Reaktion R3), allerdings nur, wenn ein Stosspartner (M) die überschüssige Energie aufnimmt. Reaktion R3 ist die einzige ozonbildende Reaktion in der Atmosphäre. Befindet sich der atomare Sauerstoff im angeregten Zustand, ist eine sofortige Rückreaktion nicht möglich. Nach vielen Kollisionen mit unreaktiven Molekülen (M) kann das angeregte Atom aber wieder den Grundzustand erreichen (Reaktion R4) und sich danach mit O_2 zu Ozon verbinden.

$$O_2 \quad + \quad O(^3P) \quad + \quad M \qquad \rightarrow \quad O_3 \quad + \quad M \qquad (R3)$$
$$O(^1D) \quad + \quad M \qquad\qquad\quad \rightarrow \quad O(^3P) + \quad M \qquad (R4)$$

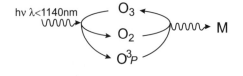

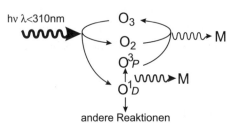

andere Reaktionen

Abbildung 3: Schematische Darstellung der Ozon-photolyse durch sichtbare und UVB-Strahlung und Bildung von Ozon aus atomarem und molekularem Sauerstoff.

Abbildung 3 zeigt schematisch die Ozonphotolyse und Bildung von Ozon. Durch den Vorgang unten wird *UVB-Strahlung* absorbiert und Wärme erzeugt.

Ozon ist, wie fast alle drei- und mehratomigen Moleküle, auch ohne Beteiligung von chemischen Reaktionen «strahlungsaktiv». Es absorbiert (und emittiert) *Infrarotstrahlung* im Bereich von 9.6 und 14.1 Mikrometern (µm). Dieser Effekt wird durch bestimmte Vibrationszustände des Moleküls verursacht. Ausserdem ist Ozon wie andere Spurengase ein Emittent elektromagnetischer Strahlung im *Mikrowellenbereich*. Dies ist ebenfalls auf Anregungen, und zwar Übergänge zwischen Rotationszuständen des Moleküls, zurückzuführen.

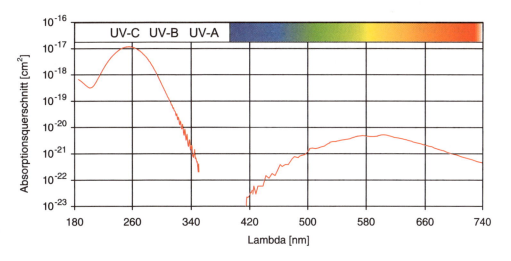

Abbildung 4: Absorptionsspektrum von Ozon bei 298 K, zusammengestellt aus Molina und Molina (1986), Burkholder und Talukdar (1994) und H. S. Johnston (unpubliziert, webpage von science-softCon).

Das Absorptionsspektrum von Ozon, also die Stärke der Absorptionsfähigkeit in Abhängigkeit der Wellenlänge, ist in Abbildung 4 gezeigt, und zwar für den UV- und den sichtbaren Bereich des elektromagnetischen Spektrums. Die Abszisse (x-Achse) zeigt die Wellenlänge des Lichtes in Nanometern (nm), die Ordinate (y-Achse) gibt als Mass der Effizienz der Absorption den sogenannten *Absorptionsquerschnitt* an. Das Absorptionsspektrum von Ozon wird normalerweise in drei Absorptionsbanden unterteilt. Deutlich sichtbar als Bereich mit der stärksten Absorption ist die Hartley-Bande (benannt nach seinem Entdecker W. N. Hartley, vgl. S. 139) zwischen 200 und 300 nm. Die Absorption ist maximal bei 255 nm. Die Huggins-Banden schliessen daran an und umfassen den «abfallenden Ast» von 300 bis 350 nm. Hier sind die feinen spektralen Charakteristika bemerkenswert. Die Absorptionsbande im sichtbaren Bereich, die sogenannte Chappuis-Bande, ist deutlich schwächer (die Ordinate ist logarithmisch skaliert).

Diese oben genannten physikalischen Eigenschaften von Ozon haben wichtige Konsequenzen für die Atmosphäre. Die Ozonschicht in der *Stratosphäre* absorbiert einen grossen Teil der einfallenden *UVB-Strahlung* und hält sie damit von der Erdoberfläche ab. *UVB-Strahlung* kann für Organismen sehr schädlich sein. Ohne den UV-Filtereffekt der Ozonschicht wäre Leben auf der Erdoberfläche in seiner heutigen Form nicht möglich. Gleichzeitig erwärmt die Ozonschicht durch die absorbierte Energie die *Stratosphäre* und ist hier für die Temperaturverteilung verantwortlich. Wegen seiner Infrarotabsorption ist Ozon ein wichtiges *Treibhausgas*. Für den Strahlungs- und Temperaturhaushalt spielt die vertikale Verteilung von Ozon in der Atmosphäre deshalb eine entscheidende Rolle. In den Kapiteln über die *Stratosphäre* (Kapitel 3) und die *freie Troposphäre* (Kapitel 4) wird darüber noch detaillierter die Rede sein.

Auch ohne Anregung durch *UV-Strahlung* tendiert das Ozonmolekül dazu, ein Sauerstoffatom abzugeben und damit zum stabilen Sauerstoff überzugehen. Es ist nach Fluor das stärkste Oxidationsmittel und reagiert mit vielen Substanzen. Das betrifft zunächst die Atmosphäre selber, wo durch Reaktion mit Ozon einige Luftfremdstoffe oxidiert werden. Ozon kann beispielsweise C=C Doppelbindungen aufbrechen. Aber auch die Wirkung von Ozon auf Lebewesen und Materialien beruht auf dem oxidativen Effekt. Ozon beschleunigt die Alterung von organischen Werkstoffen wie Gummi, Kunststoffen und Lacken (vgl. Reichert et al., 2000). Umgekehrt wird Ozon in der chemischen Industrie bei der Herstellung von Feinchemikalien verwendet. Bakterien und Pilze werden durch Ozon abgetötet. Ozon wird deshalb zum Beispiel als Alternative zu Chlor auch zur Trinkwasseraufbereitung eingesetzt (vgl. Rice, 1999). Nicht nur Bakterien und Pilze nehmen Schaden, auch Nutzpflanzen können durch Ozon beeinträchtigt werden. Es zerstört Chlorophyll und hemmt die Wasseraufnahme und Photosynthese (vgl. McKee, 1994; Fuhrer, 1999). Dies sind alles Folgen der chemischen Eigenschaften von Ozon.

Eine indirekte, aber sehr wichtige chemische Wirkung von Ozon ist die Bildung von Hydroxylradikalen OH (vgl. Glossar *Radikale*) im Zusammenhang mit der photochemischen Aufspaltung von Ozon. Die kurzlebigen OH-Radikale spielen in der Atmosphärenchemie eine fundamentale Rolle. Sie reagieren mit fast allen anderen nichtoxidierten Gasen und leiten so deren Abbau und Entfernung aus der Atmosphäre ein. Ozon und OH sind eng miteinander gekoppelt. Einen Teil der chemischen Bedeutung von Ozon in der Atmosphäre ergibt sich aus dessen Funktion als OH-Quelle. Die meisten der hier angesprochenen Eigenschaften werden in den folgenden Kapitel noch näher erläutert, da sie für die Chemie und Physik der Atmosphäre von Bedeutung sind.

Messung von Ozon in der Atmosphäre

Die physiko-chemischen Eigenschaften von Ozon sind nicht nur wichtig für die atmosphärischen Vorgänge, sie bestimmen auch die Möglichkeit seiner Messung. In diesem Abschnitt sollen die wichtigsten Messprinzipien vorgestellt werden. Die entsprechenden Geräte werden dann, zusammen mit den jeweils in Frage kommenden Plattformen, in den einzelnen Kapiteln vorgestellt und diskutiert. Details zu den Messprinzipien sind in den Anmerkungen 2 und 3 angeführt.

Ozon kann in-situ (an Ort) oder mit Fernerkundungsmethoden gemessen werden. Bei in-situ-Messungen wird die Luft angesaugt und durch ein Gerät geführt. Räumlich betrachtet handelt es sich um Punktmessungen. Bei der Fernerkundung wird Ozon anhand seiner Abschwächung oder Veränderung eines elektromagnetischen Signals (Licht) gemessen. Das können Linienmessungen, zum Beispiel entlang eines Lichtstrahls, oder Messungen mit einer räumlichen Auflösung sein. Ozon kann nicht in einer Luftprobe nachträglich im Labor gemessen werden,

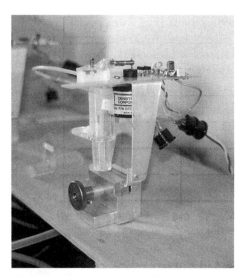

Abbildung 5: Ozonsonden für Ballonsondierungen bei der Kalibration in Payerne (Foto: S. Brönnimann).

es würde sofort mit der Gefässwand reagieren und zerstört werden. Aus dem selben Grund kann Ozon auch nicht als Eichgas in einer Gasflasche aufbewahrt werden. Daher müssen andere Verfahren zur Kalibration der Messgeräte gefunden werden (z. B. indem das Messgerät selbst Ozon in bekannten Mengen produziert). Wegen seiner hohen Reaktivität wird Ozon bei der Messung anderer Gase oft als Oxidationsmittel künstlich zugegeben.

Die in-situ-Messverfahren können sich sowohl die chemischen als auch die physikalischen Eigenschaften von Ozon zunutze machen. Ozon kann mit chemischen Verfahren quantitativ analysiert werden. Bei der Kaliumiodid-Methode wird die beprobte Luft durch eine Kaliumiodidlösung gesogen. Ozon reagiert mit Kaliumiodid in Gegenwart von Wasser. Es entsteht ein Iodmolekül welches in einer elektrochemischen Zelle oder durch Rücktitration gemessen wird (vgl. Anm. 2). Mit dieser Methode – mit dem Unterschied, dass der Nachweis des Iods anhand der Verfärbung von Stärke erfolgte – wurde bereits Mitte des letzten Jahrhunderts Ozon gemessen (vgl. Kapitel 7). Der Vorteil dieser Messmethode ist, dass sie miniaturisierbar ist und entsprechende Geräte relativ billig hergestellt werden können. Das sind die Voraussetzungen, welche für die Messung des Ozons in der *Stratosphäre* mit Ballonen erfüllt sein müssen (vgl. Kapitel 3). Abbildung 5 zeigt eine solche elektrochemische Ozonsonde bei der Kalibration in Payerne für den Einsatz an Ballonen.

Ein weiteres chemisches Verfahren zur in-situ Ozonmessung ist die Chemilumineszenz. Bei diesem Verfahren wird der Luft ein Gas beigemischt, welches mit Ozon reagiert und dabei Licht aussendet. Ethen (C_2H_4) kann als solches Gas verwendet werden, aber auch andere organische Gase sind möglich. Dabei kommt die Eigenschaft von Ozon, C=C-Doppelbindungen aufzubrechen, zum Tragen. Das Produkt (Ethylenoxid im Falle der Reaktion mit Ethen), befindet sich in einem angeregten Zustand und sendet ein Lichtquant aus (vgl. Anm. 2). Diese Strahlung kann gemessen und daraus die Ozonkonzentration errechnet werden.

Sehr oft werden die Absorptionseigenschaften von Ozon zur Messung verwendet. Mit in-situ Messgeräten wird in der Regel die Abschwächung eines Lichtstrahls im *UVC-Bereich* gemessen, in der Hartley-Bande der Ozonabsorption. Dabei wird eine Lampe mit einem bekannten Spektrum und konstanter Stärke verwendet, beispielsweise eine Quecksilberlampe. Abwechslungsweise wird die beprobte Luft und Nullluft (Aussenluft, aus welcher das Ozon chemisch entfernt worden ist) durch die Messzelle gepumpt und die Abschwächung der Strahlung gemessen. Daraus lässt sich die Ozonmenge berechnen (Lambert-Beer-Gesetz, vgl. Formel im Glossar: *Absorptionsquerschnitt*). Dieses Verfahren wird häufig in Messstationen verwendet.

Auch Fernerkundungssysteme nutzen oft die UV-Absorptionseigenschaften von Ozon. Im Unterschied zur in-situ-Messung kann hier nicht Nullluft mit beprobter Luft verglichen werden. Deshalb wird die Strahlung bei zwei Wellenlängen gemessen (Wellenlängenpaar), wovon die eine von Ozon absorbiert wird, die andere nicht oder kaum. Aus dem Verhältnis der Absorptionsstärken in den beiden Wellenlängen kann die Ozonmenge ermittelt werden. Um andere wellenlängenabhängige Einflüsse auf das Ergebnis zu minimieren, werden die Wellenlängen nahe beieinander gewählt. Deshalb werden meist die spektralen Charakteristika der Ozonabsorption im Bereich der Huggins-Banden genutzt (vgl. Abb. 4). Dieses Verfahren wird bereits seit den 1920er Jahren zur Messung des *Gesamtozons* eingesetzt (vgl. S. 139). Verschiedene Arten von Strahlung und verschiedene Strahlungsgeometrien können zur Anwendung kommen. In den nachfolgenden Kapiteln werden Beispiele dazu vorgestellt. Vorausgesetzt sind in jedem Fall die Kenntnisse des *Absorptionsquerschnitts* von Ozon sowie des ausgesandten Lichtspektrums (ausserhalb der Erdatmosphäre).

Die Absorption von Ozon im sichtbaren Bereich, also in der Chappuis-Bande, kann ebenfalls zur Messung verwendet werden. Das Verfahren kommt in der Fernerkundung zum Einsatz. Dabei muss berücksichtigt werden, dass andere Gase wie NO_2, O_4 und H_2O in diesem Spektralbereich ebenfalls stark absorbieren. Deshalb werden ganze Spektren im sichtbaren Bereich gemessen. Mit geeigneten Techniken (Differential Optical Absorption Spectroscopy, vgl. Anm. 3) kann das gemessene Spektrum durch eine Linearkombination der bekannten Absorptionsspektren der entsprechenden Gase angepasst und daraus die Konzentration aller berücksichtigten Gase berechnet werden. Auch hier sind verschiedene Lichtquellen und Geometrien möglich.

Die Infrarotabsorption von Ozon kann ebenfalls zur Messung genutzt werden (vgl. Kapitel 3). Entweder werden einzelne Wellenlängen selektiv gemessen, zum Beispiel 9.7 µm, oder ein grösseres Intervall im *Infrarotbereich* wird fein vermessen. Im ersten Fall kann die Ozonmenge bestimmt werden, weil in diesem Bereich («Infrarotfenster») kaum andere Gase absorbieren. Im zweiten Fall (z. B. Fourier Transform Infrarot Spektroskopie, vgl. Anm. 3), werden ähnlich wie im sichtbaren Bereich aus den gemessenen Spektren mit Hilfe der Kenntnis um die Absorptionsspektren der einzelnen Gase ihre Konzentrationen bestimmt.

Eine weiteres Verfahren zur Messung von Ozon und anderen Gasen ist die Bestimmung ihrer Emission von *Mikrowellen*, welche jeweils bei ganz charakteristischen Frequenzen erfolgt. Mittels empfindlicher Radiometer kann die Mikrowellenstrahlung des Himmels gemessen und daraus die Konzentrationen der Gase berechnet werden. Jedes dieser oben beschriebenen Verfahren hat seine Vor- und Nachteile und hat deshalb unterschiedliche Einsatzfelder.

Mit einigen der oben beschriebenen Fernerkundungsverfahren lassen sich nicht nur die Ozonmengen (also *Gesamtozon*) bestimmen, sondern auch die räumliche Verteilung des Ozons in der Atmosphäre. Dabei gibt es verschiedene Möglichkeiten: Aktive Systeme können durch das Aussenden von Lichtpulsen eine räumliche Auflösung erreichen. Auch aus mehreren Linienmessungen während einer Veränderung der Aufnahmegeometrie (Sonnenauf- und -untergang, Fortbewegung des Satelliten) können Profile bestimmt werden. Andere Verfahren benutzen die spektralen Absorptionseigenschaften von Ozon, um Vertikalprofile zu bestimmen. Das Prinzip dahinter ist, dass kurze Wellenlängen von der Atmosphäre stärker gestreut werden als lange. Damit ändert sich – auch ohne Absorption – mit zunehmender Eindringtiefe das Spektrum des Sonnenlichts. Je nachdem in welcher Höhe sich eine bestimmte Ozonmenge befindet, absorbiert sie leicht andere Wellenlängen. Daraus kann mit einem geeigneten Algorithmus ein Profil bestimmt werden. Auch im *Infrarot-* und *Mikrowellenbereich* können durch fein aufgelöste spektrale Messungen Ozonprofile bestimmt werden. Dabei wird ausgenutzt, dass in Abhängigkeit des Luftdrucks (also der Höhe) die Absorptions- und Emissionslinien von Ozon leicht «breiter» werden. Das Errechnen von Profilen mit diesen Fernerkundungsmethoden ist jedoch mit Unsicherheiten behaftet. Die vertikale Auflösung ist in der Regel grob, und die Sensitivität ist nicht in allen Höhenbereichen gleich. Jede Methode liefert nur für einen bestimmten Höhenbereich Informationen über die vertikale Verteilung.

Masseinheiten

Die Ozonmenge kann in verschiedenen Einheiten angegeben werden. Dies gibt oft Anlass zur Verwirrung. Grenzwerte zum Schutz der Menschen vor zu hoher Ozonbelastung in der Atemluft werden meist als Massenkonzentration (Masse pro Volumen, z. B. $\mu g/m^3$) angegeben. Diese Einheit ist abhängig vom Luftdruck und damit von der Höhe über Meer. Mit anderen Worten vermindert sich in einem aufsteigenden Luftpaket die Konzentration eines Gases, ohne dass sich die Zusammensetzung der Luft ändert. Für gewisse Anwendungen sind solche druckabhängigen Einheiten geeignet. Chemische Berechnungen werden in der Regel in Teilchenkonzentrationen (Moleküle pro cm^3) durchgeführt, das entspricht der Stoffkonzentration (mol/ m^3). Auch zur Berechnung der Absorption und Erwärmung in einem durchstrahlten Luftpaket wird meist diese Einheit verwendet. Manchmal wird der Partialdruck (in Pascal) als Mass für die «absolute» Gasmenge angegeben. Sehr oft, und auch in diesem Buch hier, wird aber das Volumenmischungsverhältnis als Einheit vorgezogen (ppm oder parts per million = 10^{-6}, ppb oder parts per billion = 10^{-9}, ppt oder parts per trillion = 10^{-12}, Chemiker verwenden manchmal nmol/mol, was dasselbe ist wie ppb). Dieses Mass zeigt die Zusammensetzung der Luft an und verändert sich bei Vertikalbewegungen und Druckänderungen nicht. Der Einfachheit halber wird in diesem Buch die nicht ganz korrekte Bezeichnung «Konzentration» für das Volumenmischungsverhältnis verwendet.

Im Zusammenhang mit der stratosphärischen Ozonschicht wird oft die Ozonmenge in einer vertikalen Säule angegeben, man nennt dies *«Gesamtozon»*, «Totalozon» oder «Säulenozon». Die Einheit dafür ist die «Dobson Einheit» (*Dobson Unit, DU*). Das ist die Dicke der Schicht reinen Ozons in 1/100 mm die sich ergäbe, wenn sich die gesamte Ozonmenge auf Meeresniveau befände. Normale Gesamtozonwerte in den mittleren Breiten betragen etwa 300 DU, das entspricht einer Schicht von 3 mm auf Meereshöhe. Diese dünne Schicht absorbiert fast die gesamte *UVB-Strahlung*!

Vorkommen in der Atmosphäre

In der Atmosphäre kommt Ozon in verschiedenen Höhenschichten und an verschiedenen Orten in jeweils unterschiedlichen Konzentrationen vor. Am bekanntesten ist sicher die vertikale Verteilung. Abbildung 6 zeigt die Profile von Ozon, der Lufttemperatur und der *potentiellen Temperatur* (diejenige Temperatur, welche das Luftpaket annehmen würde, wenn es auf Meereshöhe gebracht, d. h. komprimiert, würde) während eines Ballonaufstieges von Payerne am 20. Juli 1998. Ozon wurde mit einer Sonde gemessen wie sie in Abbildung 5 gezeigt ist.

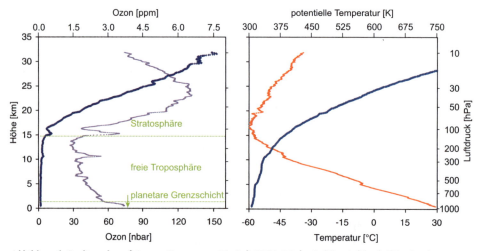

Abbildung 6: Radiosondenaufstieg von Payerne am 20. Juli 1998. Links sind Partialdruck (lila, in nbar, untere Skala) und Mischungsverhältnis (blau, in parts per million, ppm, obere Skala) des Ozons dargestellt, rechts die Lufttemperatur (orange, in °C, untere Skala) respektive die potentielle Temperatur (blau, in K, obere Skala).

Die untersten ungefähr 1 bis 2 km des Profils bildet die sogenannte *planetare Grenzschicht*. Es ist die vom Erdboden thermisch (durch Konvektion) und mechanisch (durch Reibung) unmittelbar beeinflusste Schicht der Atmosphäre. Diese Schicht ist oft feucht und warm und gut durchmischt. Der Austausch mit den darüberliegenden Schichten ist durch eine *Inversion* (Temperaturumkehr) stark eingeschränkt. In dieser Schicht sammeln sich die am Boden emittierten Schadstoffe, hier bildet sich der «Sommersmog». Das ist auch in der dargestellten Situation erkennbar: Die Ozonkonzentration in der untersten Schicht betrug bis zu 75 ppb. Das ist ein recht hoher Wert. Er entspricht einer Massenkonzentration von knapp 150 µg/m^3. Zum Vergleich: Der in der Schweizer Luftreinhalteverordnung festgesetzte Grenzwert für Stundenmittelwerte der Ozonkonzentration beträgt 120 µg/m^3.

Die *freie Troposphäre* umfasst den Bereich zwischen der *planetaren Grenzschicht* und der *Tropopause*. Sie ist hinsichtlich des Gehalts von Schadstoffen wie Stick- und Schwefeloxiden und auch Aerosolen deutlich «sauberer» als die *planetare Grenzschicht*. Die Konzentrationen sind hier meist um eine oder zwei Grössenordnungen geringer als dort. Hinsichtlich des Ozons stimmt dies aber nicht unbedingt. Im Beispiel in Abbildung 6 sank die Ozonkonzentration von der Grenzschicht zur *freien Troposphäre* um knapp 20 ppb, nahm aber dann mit der Höhe wieder zu. Innerhalb der *freien Troposphäre* schwankte die Ozonkonzentration mit der Höhe zum Teil recht stark. Offenbar gab es hier chemisch unterschiedliche Luftmassen, die sich nicht mischten und so eigentliche horizontale Schichten bildeten (McKendry und Lundgren, 2000).

Die *freie Troposphäre* endet an der *Tropopause*. Oberhalb davon beginnt die *Stratosphäre*, welche sich in verschiedener Hinsicht grundlegend von der *Troposphäre* unterscheidet. Hier nimmt die Temperatur mit der Höhe wieder zu, d. h. hier handelt es sich um eine Inversionsschicht. Als Folge davon gibt es in der *Stratosphäre* keine freie Konvektion, und der quasi-horizontale Transport dominiert. Aus chemischen wie auch dynamischen Gründen ist die Zusammensetzung der *Stratosphäre* anders als diejenige der *Troposphäre*. Die *Tropopause* ist eine fiktive Grenzfläche, welche die Untergrenze der *Inversion* bezeichnet und gleichzeitig eine Grenze im Feuchte- und Ozonprofil darstellt. Im gezeigten Fall lag sie nach der WMO-Definition (s. Glossar: *Tropopause*) auf einer Höhe von 14.8 km. Das ist aussergewöhnlich hoch, die normale Höhe der *Tropopause* über der Schweiz schwankt zwischen ungefähr 9 bis 11 km im Frühling und 11 bis 13 km im Herbst.

In der Tropopausenregion und in der unteren *Stratosphäre* werden oft zirkulationsbedingte Laminationen der Ozonkonzentration beobachtet (vgl. Appenzeller und Holton, 1997). Auch in Abbildung 6 sind klare Laminationen mit deutlichen Unterschieden in der Ozonkonzentration innerhalb eines Kilometers sichtbar. In der unteren *Stratosphäre* nimmt die Ozonkonzentration mit der Höhe sehr stark zu. Die Gradienten sind hier ausserordentlich gross. Das Maximum des Ozonpartialdrucks lag im vorliegenden Fall auf 25 km, das Maximum des Volumenmischungsverhältnisses wurde nicht erreicht. Das Profil endet bei etwa 32 km, wo der Ballon zerplatzte. Aus anderen Messungen ist bekannt, dass die Ozonkonzentration oberhalb von etwa 40 km wieder abnimmt. Auch in der *Mesosphäre* gibt es Ozon, darauf wird in diesem Buch jedoch nicht eingegangen. Massenmässig befindet sich der grösste Ozonanteil in der *Stratosphäre* (in unseren Breiten 90 bis 95%).

Ozon ist in der *Stratosphäre* und in der *Troposphäre* auch horizontal ungleich verteilt und variiert zeitlich. Betrachten wir zunächst das *Gesamtozon*, das wie oben erwähnt vor allem ein Abbild der stratosphärischen Ozonschicht ist. Abbildung 7 zeigt die mittlere Verteilung des *Gesamtozons* über der Nordhalbkugel im Februar (links) und im August (rechts). Beide Karten stellen Mittelwerte über den Zeitraum von 1979 bis 2000 dar und wurden aus Daten der TOMS-Sensoren (Total Ozone Mapping Spectrometer) auf den Satelliten Nimbus-7 und Earth Probe berechnet. Die weisse Fläche im Februar ist die Folge der Polarnacht: Der Satellit «sieht» hier nichts. Der Vergleich der beiden Monate zeigt einen jahreszeitlichen Unterschied: Die Gesamtozonwerte sind im Februar grösser als im August. Dieser Jahresgang ist in Wirklichkeit noch viel ausgeprägter, mit einem Maximum in den Mittelbreiten im April und einem Minimum im Oktober. In beiden Karten werden auch geographische Unterschiede sichtbar. In den Tropen ist die Gesamtozonsäule geringer als in den mittleren Breiten, und auch innerhalb eines Breitengürtels gibt es Unterschiede. So fällt die dicke Ozonschicht im Februar über Ostsibirien auf. Die räumlichen Unterschiede in den langjährigen Monatsmittelwerten sind recht gross und betragen etwa 170 DU im Februar und 100 DU im August. An einzelnen Tagen sind die Unterschiede natürlich noch deutlich grösser.

Auf der Südhalbkugel sieht die Situation leicht anders aus, was an der anderen Zirkulation (infolge anderer Land-Meer-Verteilung und Gebirgsgeometrie) und an chemischen Vorgängen (*Ozonloch*) liegt. Auf beides wird im nächsten Kapitel eingegangen. Hier sei nur kurz darauf hingewiesen, dass auch in der chemisch noch weitgehend unbeeinflussten *Stratosphäre* der 1950er Jahre die Ozonschicht über der Antarktis im Südfrühling dünner war als über der Arktis im Nordfrühling (vgl. Dobson, 1968).

Die Figur in Abbildung 7 unten zeigt die Gesamtozonverteilung am 9. April 2000. Sie stellt eine Momentaufnahme dar, allerdings braucht der Satellit einen ganzen Tag, bis er die ganze Fläche überflogen hat. Es wird deutlich, dass die Ozonschicht nicht einfach eine gleichmässig dicke Schicht ist. Die räumliche Struktur zeigt nicht nur eine äusserst feine räumliche Gliederung, sondern auch sehr grosse Unterschiede im Absolutwert. In diesem Fall wird entlang eines Breitenkreises eine Bandbreite von 230 bis 520 DU sichtbar: Die Ozonschicht war an diesem Tag also über der Hudson Bay mehr als doppelt so dick als über Skandinavien! Das nächste Kapitel geht näher auf die Ursachen und Folgen dieser starken Schwankungen ein.

Auch in der *Troposphäre* ist das Ozon nicht gleichmässig verteilt. Abbildung 8 (aus Li et al., 2001) zeigt das Ergebnis einer Simulation des troposphärischen Ozons in einem *numerischen Modell* für den Juli 1997. Oben ist die Konzentration auf der 400 hPa-Druckfläche (auf ca. 7 km Höhe) gezeigt und verglichen mit entsprechenden Flugzeug- und Ballonmessungen für den Monat Juli aus verschiedenen Jahren. Unten ist der gesamte troposphärische Anteil des *Gesamtozons* gezeigt (in DU). Es wird klar ersichtlich, dass im Nordsommer die Ozonkonzentrationen auf der Nord-

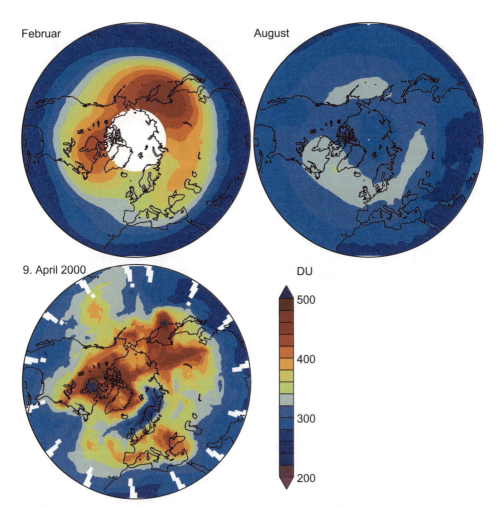

Februar   August

9. April 2000   DU

Abbildung 7: Gesamtozon für die aussertropische
Nordhemisphäre. Langjähriger Mittelwert im
Februar (links) und August (rechts), beides von
1979 bis 2000 aus TOMS-Daten der Satelliten
Nimbus-7 und Earth Probe. Unten: Gesamtozon-
verteilung am 9. April 2000 (Earth Probe TOMS).
Die Daten wurden vom TOMS-Team am Goddard
Space Flight Center der NASA zur Verfügung
gestellt.

halbkugel höher sind als auf der Südhalbkugel und über den Kontinenten
höher als über den Ozeanen. Über den
Tropen befindet sich in der *Troposphäre*
weniger Ozon als in den Mittelbreiten
und an den Polen, obwohl hier die *Troposphäre* um einiges weiter hinaufreicht
und daher mehr Masse enthält! Am
höchsten sind die Ozonkonzentrationen und troposphärischen Mengen in den Subtropen über den Kontinenten, vor allem im nahen Osten und dem Südosten der
USA. Auch über Mittel- und Südosteuropa ist die Ozonmenge gross, und die mittleren Konzentrationen auf 400 hPa betragen um die 80 ppb. Die globale troposphärische Ozonverteilung und ihre Ursachen sind in den letzten Jahren zu einem zentralen Thema der Forschung geworden, da das troposphärische Ozon die chemischen

Ozonkonzentration auf 400 hPa im Juli 1997

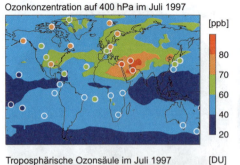

[ppb]

80
70
60
40
20

Tropospärische Ozonsäule im Juli 1997

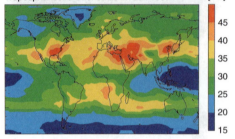

[DU]

45
40
35
30
25
20
15

Abbildung 8: Mittlere Ozonkonzentration im Juli 1997 simuliert mit dem GEOS-CHEM-Modell. Oben: Berechnete Ozonkonzentration auf der 400 hPa-Fläche (Konturen) und Messungen für den Monat Juli aus verschiedenen Jahren (aus Logan, 1999a; Marenco et al., 1998). Unten: Berechnete troposphärische Ozonsäule (in DU) im Juli 1997. Die Figuren sind aus Li et al. (2001).

Bodennahe Ozonspitzen am 9. Juni 2000

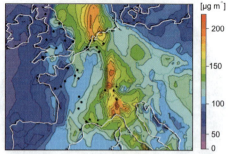

[µg m⁻³]

200
150
100
50
0

Abbildung 9: Maximalwerte der bodennahen Ozonkonzentration am 9. Juni 2000. Die Ozonkonzentration wurde mit dem chemischen Modell CHIMERE berechnet, welches mit den meteorologischen Daten des numerischen Wettermodells des ECMWF angetrieben wurde. Die berechneten Werte wurden nachträglich anhand der Beobachtungen (schwarze Punkte) korrigiert (Figur von der EUROPOLLUX-website).

Eigenschaften der Atmosphäre, zum Beispiel ihre Fähigkeit zur Selbstreinigung, massgeblich mitbestimmt. Das gilt in besonderem Mass für die tropische *Troposphäre* und die dort ablaufenden chemischen Vorgänge (vgl. Kapitel 4).

In den *bodennahen Luftschichten* variiert der Ozongehalt kleinräumiger als in der *freien Troposphäre*. Eine hemisphärische oder globale Betrachtung ist hier wenig sinnvoll, da sich die wichtigsten Vorgänge auf der lokalen bis regionalen Skala abspielen. In Abbildung 9 sind die Maximalwerte der bodennahen Ozonkonzentration in Mitteleuropa am 9. Juni 2000 gezeigt. Die Karte basiert auf einer Simulation mit einem *numerischen Modell*, welche aufgrund der Beobachtungsdaten nachträglich korrigiert wurde. Die Grafik zeigt eine typische Ozonepisode. Die Fläche mit Ozonwerten über 120 µg/m³ (ca. 60 ppb), was in der Schweiz dem Stundengrenzwert der Luftreinhalteverordnung entspricht, hat eine recht grosse Ausdehnung. Sie bildet ein 1500 km langes, 300 km breites Band über Mitteleuropa. Dagegen waren die Konzentrationen in Frankreich und England eher gering. In drei Gegenden: über der Nordsee, dem Oberrheingraben und der Poebene, erreichte die Konzentration Spitzenwerte um 200 µg/m³ (ca. 100 ppb). Hier handelt es sich um kleinräumige Phänomene, für deren Entstehung auch lokale Gegebenheiten eine Rolle spielten. Diese geographische Verteilung der hohen Ozonwerte ist für viele Ozonepisoden typisch. Sehr oft werden hohe

Spitzen im Bereich der Poebene und entlang des nördlichen Alpenrandes beobachtet. Die Schweiz gehört mit zu den Regionen mit den höchsten Ozonwerten.

Wie in Kapitel 5 und 6 gezeigt wird, schwankt die Ozonkonzentration in Bodennähe gleichzeitig auch noch wesentlich kleinräumiger. Es gibt grosse Unterschiede zwischen den Ozonkonzentrationen in der Stadt und auf dem Land, und selbst innerhalb einer Stadt gibt es Unterschiede zwischen Strassenräumen und Parks (vgl. Strassburger und Kuttler, 1998). Im Vertikalprofil zeigt die Ozonkonzentration in den untersten Metern riesige Gradienten. Die Differenz zwischen der Konzentration auf 15 m und derjenigen auf 2 m über Boden kann sehr gross sein. In Kapitel 6 wird auf diese Phänomene und ihre Bedeutung näher eingegangen.

Zusammenfassung und Fazit

Ozon, das dreiatomige Sauerstoffmolekül, hat verschiedene charakteristische physikalische und chemische Eigenschaften, allen voran die Absorption von *UV-* und *Infrarotstrahlung* sowie eine hohe chemische Reaktivität. Wegen diesen Eigenschaften beeinflusst die Verteilung von Ozon in der Atmosphäre die eintreffende Sonnenstrahlung, die Infrarotabstrahlung, die Temperatur sowie die *Oxidationskapazität* der Atmosphäre. Als Folge der Veränderung der Ozonverteilung durch den Einfluss des Menschen ergeben sich verschiedene Umweltprobleme: Die dünner werdende Ozonschicht absorbiert weniger *UVB-Strahlung*, welche als Folge am Erdboden zunimmt. Die zunehmende Ozonkonzentration in der freien *Troposphäre* verstärkt den *Treibhauseffekt*. Und der «Sommersmog» in Bodennähe macht uns wegen der oxidierenden Wirkung von Ozon zu schaffen. Die gleichen Eigenschaften, welche Ozon in der Atmosphäre so wichtig machen und welche zu den oben genannten Umweltproblemen führen, macht man sich auch bei der Messung von Ozon zu Nutze. Das Gas kann mit verschiedenen chemischen und physikalischen Verfahren relativ einfach gemessen werden.

Ozon kommt in verschiedenen Höhen der Atmosphäre und verschiedenen geographischen Regionen in ganz unterschiedlichen Konzentrationen vor. Der grösste Teil des Ozons befindet sich in der *Stratosphäre*, und hier vor allem in den mittleren Breiten und den polaren Gegenden. In der *freien Troposphäre* zeigen sich Unterschiede zwischen den Kontinenten und den ozeanischen Gegenden. Im Nordsommer sind die Ozonkonzentrationen und -mengen am höchsten in den Subtropen und den nördlichen Mittelbreiten, während in den Tropen und den polaren Regionen eher wenig Ozon beobachtet wird. In den *bodennahen Luftschichten* ist die Konzentration räumlich zum Teil sehr variabel. Oft werden Smogepisoden von einigen 100 bis 1000 km Ausdehnung beobachtet. Örtlich kann die Konzentration bei «Smoglagen» das fünf- bis sechsfache des Normalwertes betragen.

Die Kombination der beiden in diesem Kapitel betrachteten Faktoren – der charakteristischen physiko-chemischen Eigenschaften und des unterschiedlichen

Vorkommens in verschiedenen Höhen und an verschiedenen Orten der Atmosphäre – machen Ozon zu einer Schlüsselsubstanz der Atmosphäre. Es ist eine Schlüsselsubstanz nicht nur für die physikalischen und chemischen Vorgänge und für die direkten Folgen des menschlichen Eingriffs in das atmosphärische System, sondern auch für die Atmosphärenwissenschaften selber und vielleicht auch für die gesellschaftliche Seite von Umweltfragen. Ozon ist für die Wissenschaft ein wichtiges Anschauungsobjekt, dessen Erforschung wesentlich zum heutigen physikalischen und chemischen Verständnis der Atmosphäre beigetragen hat. Das Thema Ozon illustriert in beispielhafter Weise, welche Fragestellungen und Vorgehensweisen heute wie früher die Atmosphärenforschung vorantreiben (mehr dazu in Kapitel 7). Auch was den gesellschaftlichen und politischen Umgang mit atmosphärenbezogenen Umweltfragen betrifft, hat «Ozon» eine besondere Bedeutung erlangt. Ende der Achtzigerjahre wurde das *Ozonloch* – oft in einem Atemzug mit dem *Treibhauseffekt* genannt (beispielsweise in Abb. 10) – zum Symbol schlechthin für die Schädigung der Atmosphäre durch den Menschen, und die Satellitenbilder des *Ozonlochs* (vgl. Abb. 15) wurden zum Logo (vgl. Mazur und Lee, 1993). Gleichzeitig konnte die Staatengemeinschaft mit der Unterzeichnung des Montrealer Protokolls zum Schutz der Ozonschicht einen Vorzeigeerfolg verbuchen. In Kapitel 7 wird auf diese Thematik aus historischer Sicht näher eingegangen.

Abbildung 10: Titelseite des «Spiegel» vom 11. August 1986: Das Ozonloch und die Klimakatastrophe.

3 Ozon in der Stratosphäre

Einleitung

Der grösste Teil des Ozons befindet sich in der *Stratosphäre*, in der sogenannten «Ozonschicht». Seit bald einem Jahrhundert ist die Ozonschicht Gegenstand atmosphärenwissenschaftlicher Forschung (vgl. Kapitel 7). Spätestens seit der Entdeckung des *Ozonlochs* über der Antarktis ist die stratosphärische Ozonschicht der breiten Bevölkerung bekannt und ihre Bedrohung durch vom Menschen verursachte Schadstoffe ein Dauerthema in den Medien (vgl. Abb. 10). Das stratosphärische Ozon ist demzufolge ein Kernpunkt eines jeden Buches über «Ozon in der Atmosphäre». In diesem Kapitel werden einige stratosphärische Prozesse sowie die Ursachen und Folgen der Ozonverteilung in der *Stratosphäre* diskutiert. Auch das Thema *UVB-Strahlung* wird in diesem Kapitel angeschnitten, da in diesem Bereich die stratosphärische Ozonschicht eine wichtige Rolle spielt.

Das Kapitel beginnt mit einer Übersicht über die Instrumente und Plattformen, welche zur Messung von Ozon und anderen Gasen in der *Stratosphäre* Verwendung finden. Die im vorigen Kapitel angesprochene Verteilung des Ozons in der *Stratosphäre* ist sowohl eine Folge der chemischen Vorgänge als auch der atmosphärischen Zirkulation. Beidem ist je ein Unterkapitel gewidmet, illustriert mit verschiedenen Beispielen. Die Frage der Trends der Ozonschichtdicke wird anhand verschiedener Auswertungen diskutiert. Ein weiteres, kürzeres Unterkapitel deckt den Bereich «Ozonschicht als Klimafaktor» ab. Wieder recht ausführlich wird schliesslich die Frage der *UVB-Strahlung* und ihrer Modifikation durch die Dicke der stratosphärischen Ozonschicht sowie durch andere Faktoren vorgestellt. In diesem Kapitel fliessen an verschiedenen Stellen Beispiele und Ergebnisse aus eigenen Arbeiten ein, wobei für ausführlichere Methodenbeschriebe auf den Anhang verwiesen wird.

Zur Frage des stratosphärischen Ozons sind zahlreiche Übersichtsarbeiten verfasst worden. Ein sehr umfangreiches Werk stellen die verschiedenen «Scientific Assessments of Ozone Depletion» der WMO dar (WMO, 1995, 1999). Diese voluminösen, aufeinander aufbauenden Werke bieten einen vollständigen Überblick über die Forschungen zum stratosphärischen Ozon der letzten zehn Jahre. Eine weitaus kürzere Einführung in die Stratosphärenforschung mit interessanten historischen Abrissen haben kürzlich Labitzke und van Loon (1999) vorgelegt. Neben den erwähnten Büchern finden sich in der Fachliteratur auch zahlreiche Übersichtsartikel, von denen einige besonders empfehlenswerte hier erwähnt seien. Da ist einmal der Artikel von Solomon (1999) zur Chemie des stratosphärischen Ozons, weiter die Artikel von Staehelin et al. (2001) zu den Trends im *Gesamtozon*, Holton et al. (1995) zur Zirkulation der *Stratosphäre* und Shine und Forster (1999) zur Frage des Klimawirksamkeit und des Strahlungshaushalts. Die Arbeiten von Ramaswamy et al. (2001) über stratosphärische Temperaturtrends und Baldwin et al. (2001) zur *Quasi Biennial Oscillation* (QBO) sind ebenfalls sehr lesenswert, auch wenn Ozon dort nicht im Zentrum steht.

Messmethoden

Die Messung des stratosphärischen Ozons kann auf verschiedene Weise erfolgen. Zur direkten Messung der Konzentration (in-situ Messung) werden am einfachsten Ballone eingesetzt, welche leichte Ozonmessgeräte (vgl. Abb. 5) tragen. Die üblichen Wetterballone steigen bis auf 30 bis 35 km Höhe, wo sie platzen. Weltweit gibt es einige Dutzend Sondierungsstationen, welche regelmässig (in Payerne dreimal pro Woche, vgl. Abb. 6) solche ballongestützten Ozonmessungen vornehmen. Das Messverfahren ist in der Regel elektrochemisch, seltener werden auch physikalische Verfahren verwendet. Für die untere *Stratosphäre* bis in etwa bis 20–23 km Höhe können auch spezielle Flugzeuge als Messplattformen verwendet werden, welche eine ganze Reihe von Messverfahren erlauben. Für direkte Messungen in der *Stratosphäre* und *Mesosphäre* wurden früher Raketen mit Sensoren eingesetzt (vgl. Labitzke und van Loon, 1999), welche Ozon via UV-Absorption messen. Heute werden kaum noch Raketen verwendet.

Stratosphärisches Ozon kann mittels Fernerkundung vom Erdboden aus gemessen werden. Dies ist nicht nur billiger als der Start und Betrieb eines Satelliten, sondern erlaubt auch den Einsatz grosser, punkto Infrastruktur und Wartung aufwändiger Geräte. Ausserdem können Messungen vom Boden aus über eine lange Zeitspanne hinweg (Jahrzehnte) durchgeführt werden. Allerdings wird nur die Ozonschicht über einem Ort erfasst. Die Messprinzipien wurden bereits im letzten Kapitel vorgestellt. In diesem Kapitel werden Geräte und Plattformen näher erklärt (vgl. Anm. 3). Ein Verfahren, das LIDAR, welches manchmal für Ozonmessungen in der *Stratosphäre* zum Einsatz kommt, wird erst im nächsten Kapitel über die *freie Troposphäre* genauer beschrieben.

Gesamtozon kann durch UV-Absorption in den Huggins-Banden gemessen werden (vgl. Kapitel 2). Oft werden mehrere Wellenlängenpaare verwendet, was erlaubt, die störenden Effekte der Absorption und Streuung durch *Aerosole* zu vermindern. Die Geräte unterscheiden sich hinsichtlich der gewählten Wellenlängen und der Methoden ihrer Trennung (Prismen, Filter oder holographische Gitter). Die am meisten verwendeten Geräte sind das Dobson- und das Brewer-Spektrophotometer. Als Lichtquelle kann direktes Sonnenlicht oder am Zenit gestreutes Licht dienen. Auch mit Mond- oder Sternenlicht können Messungen gemacht werden, was sogar während der Polarnacht, allerdings sehr beschränkt, Messungen erlaubt. In der Schweiz werden Gesamtozonmessungen in Arosa durchgeführt, einem von weit über Hundert Standorten weltweit. Mit diesem Stationsnetz wird eine Langzeitbeobachtung der Ozonschichtdicke betrieben.

Mit den selben Messgeräten können mit der sogenannten *Umkehrmethode* auch Ozonprofile ermittelt werden. Dazu müssen beim Auf- oder Untergang der Sonne in kurzem Abstand jeweils zwei Wellenlängen gemessen werden, wobei das Gerät auf den Zenit gerichtet wird. Das Verhältnis der Absorption in beiden Wellenlängen ändert sich in dieser Phase sehr rasch. Diese Änderung enthält Information über die vertikale Ozonverteilung, wobei eine Auflösung von einigen Kilometern erreicht werden kann (vgl. S. 140).

Die bodengestützte Messung des stratosphärischen Ozons kann auch durch Absorptionsmessung in der Chappuis-Bande (sichtbares Licht) erfolgen. Am besten werden dazu ganze Spektren gemessen, wie im letzten Kapitel beschrieben, um die gleichzeitige Absorption von NO_2, O_4 und H_2O zu berücksichtigen. Es gibt eine Vielzahl von entsprechenden Geräten (vgl. Roscoe et al., 1999). Mit dem SAOZ-Verfahren, um ein Beispiel zu nennen, wird das im Zenit gestreute Licht während der Dämmerung gemessen. Das erlaubt auch Messungen nördlich des Polarkreises im Winter, allerdings nicht im Sommer. Aus den langen Messreihen der Absorption im sichtbaren Spektrum durch die Smithsonian Institution wurde nachträglich versucht *Gesamtozon* zu berechnen (vgl. Kapitel 7).

Andere bodengestützte Verfahren verwenden die Infrarotabsorptionseigenschaft von Ozon. Ein Beispiel ist das bereits erwähnte FTIR-Verfahren (Fourier Transform Infrared Spectroscopy). Diese Messungen erfordern direktes Sonnen- oder Mondlicht. In der Schweiz werden solche Messungen auf dem Jungfraujoch durchgeführt. Schliesslich sind die Mikrowellenverfahren zu erwähnen, mittels welcher Profile von Ozon in der *Stratosphäre* und *Mesosphäre* bestimmt werden können. In Bern und auf dem Jungfraujoch werden solche Messungen von der Gruppe um Niklaus Kämpfer vom Institut für Angewandte Physik der Universität Bern durchgeführt. Die beiden Standorte sind auch Teile des globalen «Network for the Detection of Stratospheric Change» (NDSC).

Die beschriebenen Verfahren können auch auf anderen Plattformen verwendet werden. *Mikrowellen*- oder auch FTIR-Messungen werden manchmal von Flugzeugen aus durchgeführt. Damit kann beispielsweise der *polare Wirbel* abgeflogen werden. Die naheliegendste Plattform für Messungen stratosphärischer Spurengase sind aber Satelliten. Sie erlauben eine gute räumliche Abdeckung und Auflösung und in manchen Fällen auch eine zeitlich zufriedenstellende Auflösung. In der Regel handelt es sich um polarumlaufende, sonnensynchrone Umlaufbahnen. Der Satellit befindet sich in 500 bis 1000 km Höhe und umkreist die Erde in etwa anderthalb bis zwei Stunden. Sonnensynchron bedeutet, dass der Satellit immer die gleiche Äquatorüberflugzeit hat, also beispielsweise Mittag auf dem Weg vom Süd- zum Nordpol und Mitternacht auf dem Weg vom Nord- zum Südpol. Verschiedene Aufnahmegeometrien des Sensors sind möglich. Dies ist in Abbildung 11 gezeigt. Beim «Nadir-Viewing» ist der Sensor zur Erdoberfläche gerichtet und misst die an der Erde und den Wolken zurückgestreute Strahlung. Im «Limb-Viewing»-Modus misst der Satellit das in der Atmosphäre gestreute Licht, indem er durch die Atmosphäre hindurch in den

Weltraum schaut. Bei der «Occultation» sieht der Sensor durch die Atmosphäre hindurch eine Lichtquelle (Sonne, Mond, Sterne). Beim Auf- respektive Untergang der Lichtquelle aus der Sicht des Satelliten wird die Atmosphäre vertikal abgetastet. Die Lebensdauer von Satelliten liegt im Bereich von einigen Jahren. Für Langzeitbeobachtungen müssten deshalb die Daten verschiedener Sensoren und Satelliten kombiniert werden. Das ist in der Praxis allerdings sehr schwierig.

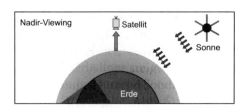

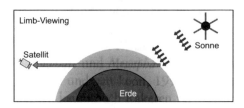

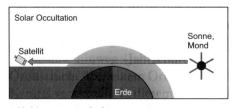

Abbildung 11: Aufnahmegeometrien von Satellitensensoren (nach Noël et al., 1999).

Vom Weltraum aus kann Ozon wie vom Boden aus mittels UV-Absorption in den Huggins-Banden gemessen werden, wobei an der Erdoberfläche oder an Wolken gestreutes Licht verwendet wird. Auch hierzu müssen mehrere Wellenlängen gemessen werden. Es gibt verschiedene Sensoren: der bekannteste ist wohl TOMS (Total Ozone Mapping Spetcrometer, vgl. Abb. 7), der ab November 1978 auf Nimbus-7 flog. Heute ist ein TOMS-Sensor auf dem Satelliten Earth Probe im All (vgl. Anm. 3). Die TOMS-Daten sind in der Forschung sehr beliebt, da sie über eine lange Zeitspanne vorliegen und eine tägliche, fast global Abdeckung haben. Andere Sensoren messen eine grosse Anzahl von Wellenlängen oder ganze Spektren in den Hartley-, Huggins- oder Chappuis-Banden. Sie sind damit in der Lage, neben dem *Gesamtozon* mittels spektraler Verfahren (vgl. Kapitel 2) auch Vertikalprofile zu ermitteln. In diese Gruppe gehören die Sensoren SBUV (Solar Backscatter Ultraviolet instrument) und GOME (Global Ozone Monitoring Experiment). Wieder andere Sensoren messen die Absorption im sichtbaren Bereich. Zu ihnen gehört SAGE II, ein Sonnenokkultationsinstrument, das Vertikalprofile der Ozonkonzentration liefert. SCIAMACHY, der geplante Nachfolgesensor von GOME, kombiniert alle diese Techniken. Dieser Sensor misst Spektren über den ganzen Bereich vom UV über das sichtbare Licht bis ins *Infrarot* mit einer hohen Auflösung. Damit können viele Spurengase gleichzeitig gemessen werden. Überdies kann der Sensor während einer Umlaufbahn mehrere Dutzend Male die Aufnahmegeometrie wechseln (Noël et al., 1999). In Anmerkung 3 sind weitere Beispiele angeführt.

Auch die Messung im *Infrarotbereich* ist vom Weltraum aus möglich. Das hat den Vorteil, dass die Wärmestrahlung der Erde respektive der Atmosphäre als Strahlungsquelle genutzt und somit auch in der Nacht (resp. der Polarnacht) Ozon gemessen werden kann. Dieses Verfahren wird durch den TOVS Sensor (TIROS-N Operational Vertical Sounder) eingesetzt. Er verwendet die Ozonabsorption bei 9.7 µm. Der Nachteil ist, dass dieser Sensor vor allem das Ozon in der unteren *Stratosphäre* «sieht» und die Daten nicht eigentliche Gesamtozonmessungen sind. Andere Beispiele für Sensoren im Bereich des *Infrarots* und der *Mikrowellen* sind die Experimente auf dem Upper Atmosphere Research Satellite (UARS). Von 1991 bis 2001 lieferten diese Sensoren stratosphärische Profile verschiedener Spurengase, darunter Ozon. Dazu wurden Spektren im mittleren *Infrarot* und Ferninfrarot gemessen, wobei verschiedene Aufnahmegeometrien zum Einsatz kamen. Der Microwave Limb Sounder MLS mass Ozonprofile im Mikrowellenbereich.

Chemie der stratosphärischen Ozonschicht

Ozon entsteht in der *Stratosphäre* auf chemischem Weg aus molekularem Sauerstoff O_2. Die Chemie des Sauerstoffs spielt in der *Stratosphäre* eine überragende Rolle, lange Zeit schien es sogar ausreichend, die beobachtete Ozonverteilung allein durch Sauerstoffchemie zu erklären (vgl. Kapitel 7). Der Reaktionszyklus (vgl. auch Solomon, 1999) ist in Abbildung 12 schematisch dargestellt.

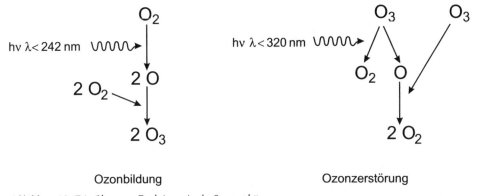

Ozonbildung　　　　Ozonzerstörung

Abbildung 12: Die Chapman-Reaktionen in der Stratosphäre.

Auf der linken Seite ist der ozonbildende Teil des Zyklus gezeichnet. Er beginnt mit der Aufspaltung des Sauerstoffmoleküls O_2 durch *UVC-Strahlung* (Wellenlänge <242 nm). Dabei entstehen zwei Sauerstoffatome (Reaktion R5). Die Sauerstoffatome können wieder mit Sauerstoffmolekülen O_2 reagieren und angeregtes Ozon bilden, wie im vorherigen Kapitel erwähnt (Reaktion R3). Mit einem Stosspartner wird die Energie abgeführt und damit Wärme freigesetzt. Auf der rechten Seite ist der ozonzerstörende Teil des Zyklus dargestellt. Ozon wird durch *UVB-Strahlung*

(Reaktion R2) aufgespalten in atomaren Sauerstoff und O_2. Der atomare Sauerstoff reagiert mit Ozon zu zwei O_2-Molekülen (R6). Durch den gesamten Reaktionszyklus wird *UV-Strahlung* absorbiert und Wärme freigesetzt. Der Vollständigkeit halber sei noch erwähnt, dass sich zwei Sauerstoffatome mit Hilfe eines Stosspartners wieder zu O_2 verbinden können (Reaktion R7). Diese Reaktion ist allerdings nur in der *Mesosphäre* (in ca. 50 bis 100 km Höhe) von Bedeutung, wo die Konzentrationen von atomarem Sauerstoff genügend hoch sind. Diese Sauerstoffchemie (ausser R7) wurde erstmals durch Chapman (1930) postuliert (vgl. Kapitel 7), die Reaktionen werden deshalb gemeinhin «Chapman-Reaktionen» genannt.

O_2	+	$h\nu$ ($\lambda < 242$ nm)			$\rightarrow$	2 O		(R5)
O_2	+	O	+	M	$\rightarrow$	O_3	+ M	(R3)
O_3	+	$h\nu$			$\rightarrow$	O_2	+ O	(R2)
O_3	+	O			$\rightarrow$	$2 O_2$		(R6)
O	+	O	+	M	$\rightarrow$	O_2	+ M	(R7)

In diesem Zyklus werden Ozon und atomarer Sauerstoff sehr schnell ineinander übergeführt (Reaktionen R1 und R3), während die Summe der beiden viel langsamer ändert. Deshalb werden die beiden Sauerstoffformen oft zusammengefasst als ungeradzahliger Sauerstoff oder «odd oxygen» ($= O + O_3$). Reaktion R5 bildet und Reaktion R6 zerstört «odd oxygen». Diese Reaktionen (zusammen mit anderen, die später noch erwähnt werden) bilden ein Gleichgewicht, das von der Temperatur, der *UV-Strahlung* und dem Luftdruck abhängt. Aus der starken Zu- respektive Abnahme dieser Grössen mit der Höhe resultiert das charakteristische Ozonprofil mit einem Maximum in der mittleren *Stratosphäre*. Aber nicht nur die Konzentration, sondern auch die Einstellzeit des Gleichgewichts ändert sich stark mit der Höhe und beträgt zwischen einigen Stunden in der oberen *Stratosphäre* und einigen Jahren (Gleichgewicht wird nicht erreicht) in der untersten *Stratosphäre* (vgl. Steinbrecht et al., 1998; Staehelin et al., 2001).

Da in diesem Reaktionsschema verschiedene photochemische Reaktionen beteiligt sind, wirken sich Schwankungen der in der *Stratosphäre* eintreffenden Strahlung auf die Ozonkonzentration aus. Die wohl stärkste Schwankung ist dabei diejenige des 11-jährigen Zyklus der Sonnenaktivität (Sonnenfleckenzyklus). Obschon dieser die Gesamtstrahlungsenergie der Sonne nur schwach beeinflusst, wirkt er sich im UV-Spektralbereich doch recht stark aus (vgl. Shindell et al., 1999) und bewirkt eine natürliche Schwankung der chemischen Ozonproduktion in der mittleren *Stratosphäre*. Aber auch andere Schwankungen, beispielsweise infolge der 27-tägigen Rotation der Sonne oder auch Ereignisse wie die verminderte Sonnenaktivität währen des späten Maunder Minimums (1685–1715) haben einen Einfluss auf die Ozonschicht (Wuebbles et al., 1998).

Die Ozonkonzentrationen in der *Stratosphäre* wären viel höher als sie tatsächlich sind, wenn nur diese Reaktionen eine Rolle spielen würden. Es gibt nicht nur Sauerstoff in der *Stratosphäre*, und andere Reaktionen, beispielsweise unter Beteili-

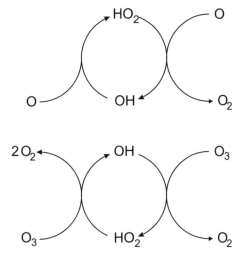

Abbildung 13: Oben: Zerstörung von atomarem Sauerstoff durch OH. Unten: Reaktionsschema des katalytischen Ozonabbaus in der Stratosphäre, am Beispiel von OH.

gung von Wasserstoff, bewirken eine Abweichung vom oben gegebenen Gleichgewicht, was zu einem Ozonabbau führt (vgl. Solomon, 1999). Diese Reaktionen sind schematisch in Abbildung 13 dargestellt und genauer in Anmerkung 4 angeführt. Sie entziehen dem System «odd oxygen». Dabei werden OH und HO_2 ständig ineinander übergeführt. Sie werden deshalb oft auch als HO_x zusammengefasst.

Im oberen Schema von Abbildung 13 wird atomarer Sauerstoff zerstört, im unteren Ozon. Beide Reaktionen werden vom reaktiven Hydroxylradikal OH eingeleitet (vgl. Kapitel 2). Die Hauptquelle für das Hydroxylradikal ist folgende Reaktion:

$$O(^1D) \; + \; H_2O \to \; 2 \; OH \quad (R8).$$

Dies ist eine der wichtigsten chemischen Reaktionen in der Atmosphäre überhaupt. $O(^1D)$ stammt aus der Photolyse von Ozon. Der Wasserdampf in der *Stratosphäre* stammt dabei nicht nur aus dem Aufwärtstransport von Feuchte aus der *Troposphäre*, sondern zu einem erheblichen Teil auch aus der Oxidation von Methan.

Ähnlich wie OH im oben beschriebenen Reaktionszyklus sind auch andere Gase in der Lage, «odd oxygen» katalytisch abzubauen. Der generelle Reaktionsverlauf kann mit dem gleichen Schema illustriert werden (Abb. 13 unten), wobei OH durch «X» zu ersetzen ist. X wird zu XO oxidiert und wieder zu X reduziert, wobei jeweils ein Ozonmolekül verbraucht wird. Der Nettozyklus beträgt stets: $2 \; O_3 \to 3 \; O_2$. Verschiedene Substanzen kommen als X in Frage, unter anderem Br, Cl und NO.

Wie relevant sind diese Prozesse? Kommen diese Gase in der *Stratosphäre* überhaupt vor? Die *Troposphäre* enthält grosse Mengen von Chlorverbindungen in Form mikroskopisch kleiner Salzkristalle. Die wichtigsten natürlichen Quellen für Chlor in der *Stratosphäre* sind aber andere: Methylchlorid (CH_3Cl), das biologisch in den Ozeanen und chemisch bei der Verbrennung von Biomasse entsteht sowie geringe Mengen von Salzsäure (HCL), die bei starken, explosiven Vulkanausbrüchen freigesetzt wird. Eine natürliche Quelle für NO in der *Stratosphäre* ist Lachgas (N_2O), welches von Mikroorganismen in Böden und in Seen produziert wird. Lachgas ist in der *Troposphäre* kaum reaktiv und kann in die *Stratosphäre* eindringen und dort in NO umgewandelt werden. Eine Störung der Stickstoffchemie der oberen *Stratosphäre* kann ausserdem durch solare Protonenereignisse erfolgen (vgl. Solomon, 1999).

In dieses System greift der Mensch nun aber kräftig ein. Die wichtigste Quelle für Chlor sind die *Fluorchlorkohlenwasserstoffe* FCKWs geworden, die bis Ende der Achtzigerjahre als Treib-, Kühl- und Schäummittel in grossen Mengen eingesetzt wurden. FCKWs sind in der *Troposphäre* fast unreaktiv und haben eine extrem lange Lebensdauer. Gelangen sie aber erst in die *Stratosphäre*, ändert sich dies. Bei Wellenlängen von 230 nm (das heisst ab einer Höhe von vielleicht 25 km) werden die Moleküle photolytisch aufgespalten und setzen reaktives Chor frei.

Die Chemie des Chlors in der *Stratosphäre* ist recht kompliziert (vgl. Anm. 4). Chlor kommt in verschiedenen Verbindungen vor. «Aktives» Chlor sind die Radikale Cl und ClO, welche zu katalytischem Ozonabbau führen (Abb. 13 unten). Molekulares Chlor Cl_2 kann photolytisch zu Cl aufgespalten werden. Aktives Chlor kann deaktiviert werden zu HCl (Salzsäure) und $ClONO_2$ (Chlornitrat). Werden die FCKWs aufgespalten, so wandert ein grosser Teil des Chlors direkt in diese Reservoire, und in diesen inaktiven Formen kann Chlor das System wieder verlassen. Wie der Name «Reservoir» aber bereits impliziert, gibt es auch den umgekehrten Vorgang: HCl und $ClONO_2$ können wieder in Cl und ClO übergeführt werden. Diese Aktivierung erfolgt an der Oberfläche von Wolkenkristallen, -tröpfchen oder *Aerosolen* (vgl. Glossar *heterogene Prozesse*, vgl. auch Anm. 4).

In der *Stratosphäre* gibt es normalerweise kaum Wolken. Es ist nur wenig Wasserdampf vorhanden, und dessen Gefrierpunkt ist sehr tief (auf 25 km Höhe liegt er bei ungefähr −85 °C), so dass Wasserwolken selten sind. Bereits über dem Gefrierpunkt von Wasser sind Wolken aus Wasser und Salpetersäure möglich, es gibt dabei verschiedene Arten (vgl. Glossar *stratosphärische Wolken,* Peter und Crutzen, 1994; Peter, 1997; Solomon, 1999). Auch für diese Wolken muss die Temperatur tiefe Werte erreichen (ca. −65 °C). Vor allem über der Antarktis, im *polaren Wirbel*, sinken die Temperaturen in der *Stratosphäre* im Winter regelmässig auf so tiefe Temperaturen, dass dort *stratosphärische Wolken* vorkommen. Durch chemische Vorgänge an den Oberflächen der Wolkenpartikel wird aus den Reservoirgasen aktives Chlor Cl und ClO freigesetzt. Dabei geht ein Teil des Stickstoffs in die Wolkenteilchen über, so dass eine erneute Deaktivierung erschwert ist. Grössere Partikel können aus den Wolken herausfallen und dadurch Stoffe aus dem System entfernen, was wiederum einen Einfluss auf die chemische Balance hat. Das aktive Chlor wird gegen Ende des Winters wichtig. Durch die einsetzende Photochemie nach dem Ende der Polarnacht kann es zu schnellem katalytischem Ozonabbau kommen – dem *Ozonloch*. Dabei kann es vorkommen, dass in einer Höhe von 15 bis 20 km die Ozonkonzentration praktisch auf Null sinkt und die Gesamtozonmenge auf unter 100 DU fällt.

Das *Ozonloch* wurde Anfang der Achtzigerjahre von Mitarbeitern des British Antarctic Survey entdeckt. Die entsprechende Publikation darüber 1985 wirkte auf die Ozonforschungsgemeinde wie ein Schock: Damit hatte niemand gerechnet (vgl. Kapitel 7)! Das *Ozonloch* ist seither nicht verschwunden, sondern erscheint jeden Frühling wieder über der Antarktis und ist – mit Schwankungen von Jahr zu Jahr

– seit den 1980er Jahren noch deutlich grösser geworden. Abbildung 14 zeigt zwei Ozonprofile über dem Südpol. Das Profil Mitte Winter (28. Juli 1999), bei 255 DU *Gesamtozon*, weist ein ausgeprägtes Maximum des Ozons bei 15 bis 20 km auf. Nach Sonnenaufgang, am 29. September 1999, betrug die Ozonsäule nur noch 90 DU. In einer Höhe zwischen 15 und 21 km – dort, wo sonst das Maximum ist – war gar kein Ozon mehr vorhanden. Dass Chloraktivierung an *stratosphärischen Wolken* eine wichtige Rolle gespielt haben könnte, wird auch aus dem Temperaturprofil vom 29. September 1999 ersichtlich. Im Bereich des grossen Ozonverlusts lag die Temperatur bei –85 °C.

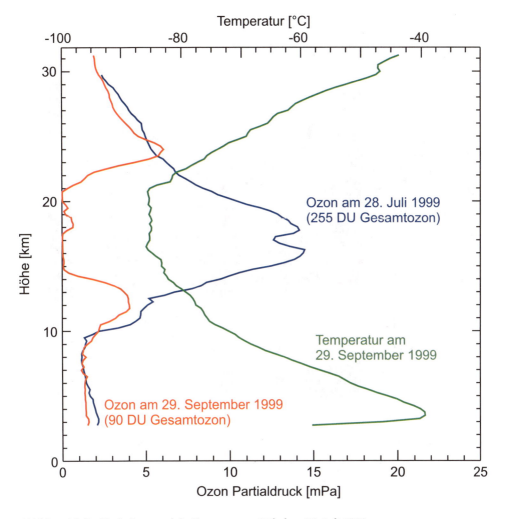

Abbildung 14: Profile des Ozons und der Temperatur am Südpol am 28. Juli 1999 und am 29. September 1999 (Datenquelle: NOAA).

Der Ozonabbau zeigt sich aber nicht nur lokal an Wolken, sondern ist ein gross-räumiges Phänomen. Abbildung 15 zeigt die Messungen des *Gesamtozons* mit dem Instrument TOMS an Bord des Satelliten Earth Probe über der Antarktis am 29. September 2000, also im Südfrühling, kurz nach Beginn des Polartags. Die hell- und dunkelrosaroten Farben bezeichnen Gesamtozonwerte unter 220 DU, was oft als «*Ozonloch*» bezeichnet wird. Das *Ozonloch* war in dem betreffenden Südfrühling riesig, seine Fläche entsprach ungefähr derjenigen der Antarktis! Es reichte auch weit nach Norden und überdeckte an diesem Tag die Südgeorgien-Inseln im Atlan-tik. Im gleichen Frühling wurde das *Ozonloch* in Südchile über der Stadt Punta Arenas beobachtet.

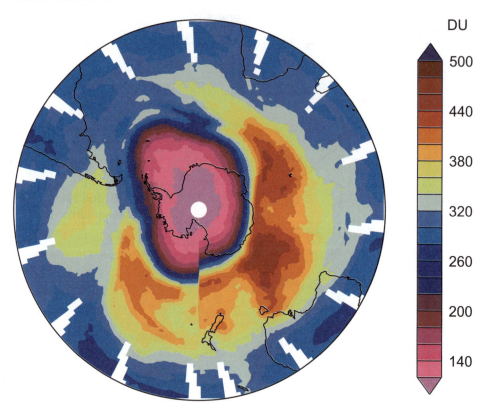

Abbildung 15: Das Ozonloch über der Antarktis am 29. September 2000 (Earth Probe TOMS).
Der offensichtliche Bruch in den Konturen entspricht gewissermassen der Datumsgrenze.
Da der Satellit einen Tag benötigt, um diese Fläche zu überfliegen, gibt es eine Nahtstelle, an welcher
räumlich benachbarte Messpunkte fast einen Tag auseinander liegen. Die Daten wurden vom
TOMS-Team am Goddard Space Flight Center der NASA zur Verfügung gestellt.

Die runde Form des *Ozonlochs* und die sehr hohen Gesamtozongradienten am Rand des *Ozonlochs* zeigen deutlich den Rand des *polaren Wirbels* über der Antarktis. Dieser Wirbel ist sehr stabil, er hält die Luft gefangen und verhindert Austausch mit den Mittelbreiten. Das ist einerseits der Grund für die tiefen Temperaturen, andererseits für den räumlich klar begrenzten Ozonabbau. Irgendwann im Verlauf des Frühlings bricht der Wirbel auf und ermöglicht das Ausströmen der ozonarmen Luftmassen Richtung Mittelbreiten und den Zustrom ozonreicher Luft.

In der Arktis laufen die selben chemischen Vorgänge ab, allerdings, und das ist ein wesentlicher Punkt, ist die Zirkulation hier anders. Auf Grund der anderen Land-Meer-Verteilung und auch der Gebirge ist der *polare Wirbel* in der Regel weniger stabil als derjenige über der Antarktis und die Luft darin weniger isoliert von den Mittelbreiten. Er mäandriert und bricht hin und wieder auf, Luft aus den Mittelbreiten fliesst zu, und die Temperaturen sinken weniger häufig auf Werte, welche *stratosphärische Wolken* erlauben würden. Trotzdem: Auch in der arktischen *Stratosphäre* werden jeden Frühling grosse Ozonmengen zerstört. Im Frühling 2000 wurden in gewissen Höhenlagen bis über die Hälfte des Ozons zerstört. Die Wellen und Ausbuchtungen des Wirbels können dazu führen, dass im Winter Luft Richtung Süden über die polare Tag/Nacht-Grenze hinwegtransportiert werden kann und photochemische Prozesse in Gang kommen. Möglich ist auch die Bildung von stratosphärischen Wolken durch die Wellenbildung in der Strömung auf der Rückseite von Gebirgen. Im Rahmen verschiedener europäischer Programme (z. B. THESEO) wurden die chemischen Vorgänge in der arktischen *Stratosphäre* äusserst intensiv untersucht.

Chemischer Ozonabbau durch Chlor kommt nicht nur in den polaren Regionen vor. Chloraktivierung und Entzug von Stickstoff kann auch auf der Oberfläche von Sulfataerosolen erfolgen. Diese sind in der *Stratosphäre* stets in kleinen Mengen vorhanden. Besonders nach grossen Vulkanausbrüchen kann diese Art des Ozonabbaus aber einen merklichen Effekt haben, beispielsweise nach dem Ausbruch des Pinatubo im Sommer 1991 (vgl. Solomon, 1999).

Der Ausstoss der FCKWs wurde Ende der 1980er Jahre durch das Montrealer Protokoll und Folgeprotokolle stark eingeschränkt. Die Verweildauer von FCKWs in der *Troposphäre* ist allerdings lang, so dass ein Effekt dieser Massnahmen auf die Ozonzerstörung nicht sofort zu erwarten ist. Immerhin zeigen die neuesten Messungen doch eine Stagnation oder zumindest ein verlangsamtes Wachstum der FCKW-Konzentrationen in der Atmosphäre. Das Problem des *Ozonlochs* ist damit noch nicht gelöst. Erst mittel- bis langfristig, im Bereich von Jahrzehnten, ist mit einer Erholung der Ozonschicht zu rechnen. Bis dahin wird sich das *Ozonloch* über der Antarktis jeden Frühling wieder öffnen und kann bei ungünstigen meteorologischen Verhältnissen sogar noch grösser werden.

Einfluss der Zirkulation auf die Ozonverteilung in der Stratosphäre

Die Rolle des *polaren Wirbels* wurde bereits im vorherigen Abschnitt bei der Entstehung des *Ozonlochs* angesprochen. Die Zirkulation spielt generell eine grosse Rolle in der Ozonverteilung der *Stratosphäre* – nicht nur durch die chemischen Vorgänge. In der unteren *Stratosphäre* oder während der Polarnacht ist die chemische Lebensdauer von Ozon sehr lang, im Bereich von Jahren. Es stellt sich kein chemisches Gleichgewicht ein, und über kurze Zeitskalen kann die Chemie sogar fast vernachlässigt werden. Schwankungen der Ozonmenge sind in diesem Fall in erster Linie die Folge von Transportvorgängen (vgl. Staehelin et al., 2001).

Die atmosphärische Zirkulation ist auch die Ursache für die in Kapitel 2 beschriebene mittlere geographische Verteilung des *Gesamtozons*. Obwohl in der tropischen *Stratosphäre* am meisten Ozon gebildet wird, ist die Ozonschicht dort am dünnsten (vgl. Abb. 7). Der Grund dafür ist ein globales Muster der meridionalen (in nord-südlicher oder süd-nördlicher Richtung verlaufenden) stratosphärischen Zirkulation in der Winterhemisphäre, die Brewer-Dobson-Zirkulation (Dobson et al., 1946; Brewer, 1949; vgl. Holton et al., 1995): Die Luft steigt in den Tropen durch hochreichende Konvektion von der *Troposphäre* in die *Stratosphäre* auf. Die tropische *Tropopause* ist sehr hoch und sehr kalt, die Luft verliert dabei praktisch ihren gesamten Wasserdampfgehalt. Von hier fliesst die Luft polwärts und abwärts. In den aktiven Wettersystemen der Mittelbreiten kann sie in die *Troposphäre* eindringen, oder sie gelangt in den polaren Wirbel, wo sie sich durch Abstrahlung abkühlt und sinkt (vgl. Anm. 5). Das in der tropischen *Stratosphäre* produzierte Ozon wird durch die meridionale Zirkulation ständig weggeführt und durch ozonarme Luft aus der *Troposphäre* ersetzt. In den subpolaren Breiten sind die Gesamtozonwerte am grössten; sie sinken dann wieder Richtung Pol, vor allem im Winter, wenn es für Ozon nur Senken, aber keine Quellen gibt. In der Sommerhemisphäre ist die meridionale Zirkulation viel schwächer.

Auch die zonale (in west-östlicher oder öst-westlicher Richtung verlaufende) Zirkulation hat in der *Stratosphäre* ihre Besonderheiten. In den Tropen herrschen in der mittleren *Stratosphäre* jeweils ungefähr ein Jahr östliche und dann ein Jahr westliche Winde, die sogenannte «*Quasi Biennial Oscillation*» (vgl. auch Labitzke und van Loon, 1999; Baldwin et al., 2001). In den Aussertropen werden im Winter oft starke Westwinde beobachtet. Sie umschliessen den *polaren Wirbel*. Dieser Tiefdruckwirbel ist im Winter ein stabiles Gebilde und kann dann die ganze *freie Troposphäre* und die *Stratosphäre* umfassen und weit in die *Mesosphäre* reichen. Im Frühling bricht der Wirbel zusammen (sogenanntes «final warming») und wird im Sommer oberhalb von etwa 15 km durch Ostwinde und ein polares Hochdruckgebiet ersetzt.

Der arktische *polare Wirbel* bricht manchmal bereits im Spätwinter plötzlich zusammen, was zu starker Erwärmung (bis 40 °C innerhalb von Tagen!) der mittleren *Stratosphäre* führen kann. Diese Erwärmungen werden «Berliner Phänomen», «sudden stratospheric warmings» oder «major midwinter warmings» genannt (vgl. Labitzke und van Loon, 1999). Für das *Gesamtozon* der Mittelbreiten kann die Dynamik des stratosphärischen *polaren Wirbels* eine wichtige Rolle spielen, besonders dann, wenn sich der Wirbel über die Mittelbreiten verlagert (vgl. James et al., 2000). Aber auch ausserhalb des Wirbels kann der Gesamtozongehalt in den Mittelbreiten in Abhängigkeit der Zirkulation sehr stark schwanken. Der Vorbeizug von grossräumigen Wettersystemen in der *Troposphäre* geht oft einher mit markanten Schwankungen des *Gesamtozons*.

In Abbildung 16 sind diese Vorgänge schematisch skizziert. Oben ist ein Vertikalschnitt durch die *Tropo-* und *Stratosphäre* gezeigt, wobei die Ozonkonzentration durch die Stärke des violetten Farbtons angedeutet wird. In der rechten Situation findet im Bereich der untersten *Stratosphäre*, wo die Ozonkonzentration relativ gering ist, eine Konvergenz im horizontalen Strömungsfeld statt. Darüber entsteht eine Aufwärtsbewegung, wobei an jedem Punkt ozonreiche durch ozonarme Luft ersetzt wird. Wird diese Bewegung auf der Höhe des Konzentrationsmaximums durch eine horizontale Divergenz kompensiert, dann vermindert sich innerhalb einer vertikalen Luftsäule die Ozonmenge. Diese Situation ist typisch über einem Hochdruckgebiet oder -rücken in der *Troposphäre*. Im umgekehrten Fall ist hohes *Gesamtozon* verbunden mit Tiefdruckgebieten in der *Troposphäre*. Der gleiche Sachverhalt kann auch mit Hilfe der sogenannten *Vorticity* (Wirbelgrösse) erklärt werden

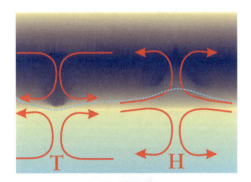

(vgl. Vaughan und Price, 1991; Appenzeller et al., 2000). Eine ebenso grosse Rolle wie die vertikalen Bewegungen spielt die horizontale Komponente der Zirkulation. Da wie erwähnt in Nord-Süd-Richtung auch grosse Ozongradienten bestehen, kann *Advektion* von Luft aus der tropischen *Stratosphäre* zu einer Abnahme des *Gesamtozons* führen (Abb. 16 unten, vgl. dazu auch Hood und Zaff, 1995; Hood et al., 1999).

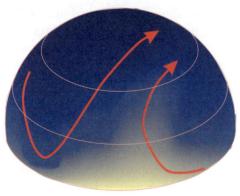

Abbildung 16: Schema der Kopplung zwischen dem Gesamtozon und der Zirkulation. Oben: Vertikalschnitt durch Tropo- und Stratosphäre (blaue Linie: Tropopause), unten: horizontale Sicht.

Auf den folgenden Seiten sind diese Zusammenhänge anhand von drei Beispielen näher beschrieben. Abbildung 17 zeigt die Verteilung des *Gesamtozons* sowie die geopotentiellen Höhe der 500 hPa-Druckfläche (ungefähr auf 5 km Höhe) über dem Raum Atlantik/Europa am 13. Februar 1993. Es handelte sich um eine mehrere Tage dauernde Hochdrucklage. In der Schweiz war es sonnig, hatte kaum Wind, und in den Bergen war es fast schon frühlingshaft warm. In Arosa, der Schweizer Gesamtozon-messstation, wurden damals 243 DU gemessen. Das ist ein sehr tiefer Wert für diese Jahreszeit. Die TOMS-Daten zeigten über ganz Mitteleuropa eine ausgedünnte Ozon-schicht (220–250 DU). Über dem Atlantik erreichte das *Gesamtozon* dagegen hohe Werte, bis zu 400 DU, und dazwischen lag eine von Südwest nach Nordost verlaufen-de Zone mit einem scharfen räumlichen Gradienten. Das 500 hPa-Geopotentialfeld für diesen Tag zeigt ein ausgeprägtes Hochdruckgebiet über Mitteleuropa und nord-westlich davon einen Tiefdrucktrog. Der Druckgradient dazwischen zeichnet den Verlauf einer *planetaren Welle* nach. Maxima und Minima im *Gesamtozon* stimmen von ihrer Lage her gut mit dem «Wellental» und dem «Wellenberg» im Druckfeld überein. Auch die Zonen mit dem starken Gradienten stimmen räumlich überein. Die Beziehung zwischen den Feldern des *Gesamtozons* und der geopotentiellen Höhe dürfte in diesem Fall eine Folge sowohl von horizontaler wie auch vertikaler Strömung sein.

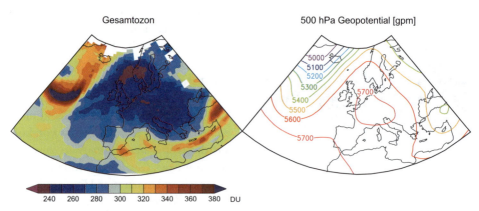

Abbildung 17: Gesamtozon (links, TOMS) und geopotentielle Höhe der 500 hPa-Druckfläche (rechts, gpm, NCEP/NCAR Reanalysedaten, vgl. Kalnay et al., 1996) über dem Atlantik und Europa am 13. Februar 1993.
Die TOMS-Daten wurden vom TOMS-Team am Goddard Space Flight Center der NASA zur Verfügung gestellt.

Solche Situationen mit zirkulationsbe-dingten starken Verminderungen des *Gesamtozons* sind nicht selten. Sie wer-den unglücklicherweise *Miniozonlöcher* («Ozone Mini Holes») genannt. Sie ha-ben nichts zu tun mit dem durch chemi-schen Ozonabbau verursachten antark-tischen *Ozonloch* (vgl. James, 1998). Ihre räumliche Ausdehnung ist in der Regel wesentlich kleiner. Die *Miniozonlöcher* haben in den letzten Jahren viel Aufmerksamkeit seitens der Forschung erhalten, es gab sie aber schon früher. Ein solches Ereignis trat beispielsweise vom 20. bis 22. November 1953 über Nordwesteuropa auf. Abbildung 18 zeigt die Situation am 21. November. Die Gesamtozonwerte an den Stationen auf den Britischen Inseln sanken bis unter 200 DU, auch über Arosa und Uppsala (Schweden) war die Ozonmenge eher gering. Nur die Stationen auf den Spitzbergen und Azoren wiesen normale Werte auf. Im Geopotentialfeld der 300 hPa-Fläche (auf ca. 9 km Höhe) tritt eine stark nordwärts ausgreifende Welle hervor, mit hohem Druck über West- und Mitteleuropa. Die Temperaturverteilung auf der 30 hPa-Fläche (ca. 25 km Höhe) zeigt sehr tiefe Temperaturen im Wellenberg. Tiefe Temperaturen auf dieser Höhe sind ein Indikator für aufsteigende Luft (in der *Stratosphäre* liegt die kalte Luft unten, die warme oben). Auch in diesem Fall dürften die tiefen Gesamtozonwerte ein Folge von horizontalen und vertikalen Vorgängen sein: *Advektion* von ozonarmer, subtropischer Luft auf der Westseite des Rückens und aufsteigende Bewegung über der Nordsee. Die Daten aus dieser Zeit – *das Gesamtozon* wie auch die meteorologischen Felder – sind zwar mit Vorsicht zu beurteilen, trotzdem gehören die Gesamtozonwerte wohl mit zu den tiefsten je über Europa gemessenen Werten. Deutlich unterschritten wurden sie allerdings am 30. November 1999, als der TOMS-Sensor über der Nordsee einen Tiefstwert von 165 DU registrierte! In einer dünneren Ozonschicht sind auch die *Miniozonlöcher* ausgeprägter.

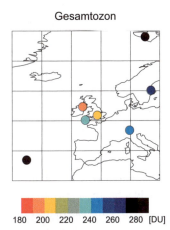

Gesamtozon

180 200 220 240 260 280 [DU]

Abbildung 18: Gesamtozon an sieben Stationen in Europa am 21. November 1953, sowie Tagesmittelwerte der geopotentiellen Höhe der 300 hPa-Fläche und der Temperatur auf der 30 hPa-Fläche am selben Tag (Kalnay et al., 1996). Die Gesamtozonwerte (vgl. Brönnimann und Farmer, 2001) wurden zur Umrechnung von der Ny-Choong- auf die modifizierte Bass Paur-Skala der Ozonabsorption mit 1.416 multipliziert.

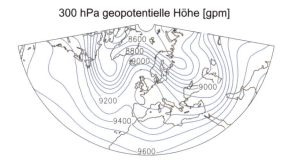

300 hPa geopotentielle Höhe [gpm]

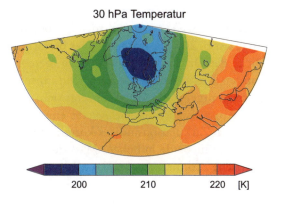

30 hPa Temperatur

200   210   220   [K]

43

Es gibt auch die entgegengesetzte Situation: eine dicke Ozonschicht bei abwärts gerichteter Strömung in der unteren *Stratosphäre* verbunden mit einer tiefen *Tropopause* und einem Tiefdruckgebiet in der *Troposphäre*. Die räumliche Skala ist dabei in der Regel kleiner. Tiefdruckgebiete in der oberen *Troposphäre*, die sich vom Wellentrog abgekoppelt haben, können eine relativ kleine Ausdehnung haben. Die Ausbuchtung der *Tropopause* nach unten ist dabei oft ausgeprägt, und es kann zum irreversiblen Eindringen von stratosphärischer Luft in die *Troposphäre* kommen (vgl. Kapitel 4). In Abbildung 19 ist eine Situation mit lokal dicker Ozonschicht am 17. März 1999 gezeigt. Die Gesamtozonverteilung (oben) zeigt eine Stelle mit extrem dicker Ozonschicht (bis gegen 500 DU), die sich vom Schwarzen Meer Richtung Westen bewegt hatte und deren Zentrum am 17. März über Italien lag. Der Tropopausendruck (Mitte) folgt genau dem gleichen Muster: eine stark ausgetiefte *Tropopause* (sie lag demzufolge bei hohem Druck) über Norditalien, der nördlichen Adria und dem nördlichen Balkan. Diese Ausbuchtung kann als Höhentief betrachtet werden. Das Satellitenbild im «Wasserdampfkanal» zeigt in dunklen Farben Regionen mit trockener Luft in der oberen *Troposphäre*. Deutlich sind dünne Bänder von trockener und feuchter Luft nebeneinander erkennbar, die sich um das Höhentief herum bewegten (vgl. Appenzeller und Davies, 1992; Appenzeller et al., 1996a). Bei diesen Bändern handelte es sich vermutlich um stratosphärische Luft in der oberen *Troposphäre*. Im nächsten Kapitel wird diese Frage wieder aufgegriffen.

Angesichts dieser drei Beispiele erstaunt es nicht, dass das *Gesamtozon* hohe Korrelationen mit verschiedensten meteorologischen Variablen zeigt (z. B. Steinbrecht et al., 1998). Klimatologisch interessant ist, dass diese Korrelationen nicht nur die synoptische Zeitskala (Dauer von Wetterlagen, d. h. ein paar Tage) betreffen, sondern auch auf längeren Zeitskalen bestehen. In Abbildung 20 ist dies anhand der Gesamtozonreihe von Arosa auf der Basis von Monatsmittelwerten gezeigt. Das ist die längste Messreihe der Welt. Die Messungen wurden im Sommer 1926 von F. W. P. Götz begonnen, später von H. U. Dütsch und seit 1988 von MeteoSchweiz weitergeführt (vgl. Staehelin et al., 1998a). Als meteorologische Variablen wurden die Druck- und Temperaturreihen des Säntis (2490 m ü. M., vgl. Abb. 42) gewählt sowie die geopotentielle Höhe der 300 hPa-Druckfläche nahe bei Arosa. Die hohe Korrelation zwischen dem *Gesamtozon* und der 300 hPa-Fläche im Februar und zwischen dem *Gesamtozon* und der Temperatur auf dem Säntis im August springt ins Auge (Abb. 20, vgl. Anm. 6). Dies bestätigt, dass enge Beziehungen zwischen der Dicke der Ozonschicht und lokalen meteorologischen Variablen der oberen und unteren *Troposphäre* vorhanden sind. Interessant ist die Abhängigkeit von der grossräumigen Zirkulation. Es zeigt sich, dass sowohl die Höhe der 300 hPa-Fläche über Arosa als auch das *Gesamtozon* eng mit verschiedenen in der Klimaforschung gängigen Zirkulationsindizes korrelieren (Brönnimann et al., 2000b). Sie unterliegen somit beide in hohem Mass der Steuerung durch die grossräumige atmosphärische Zirkulation.

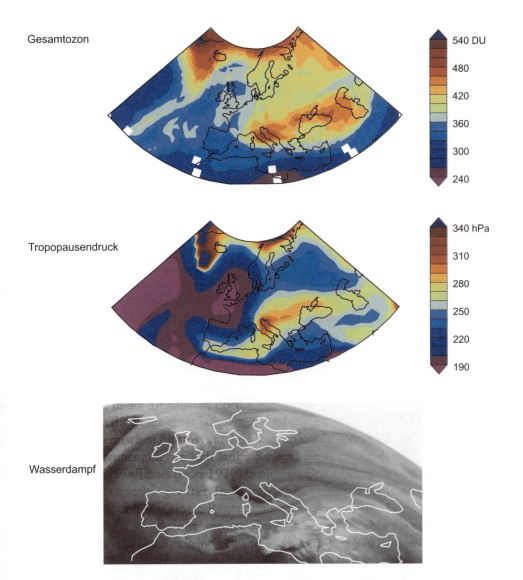

*Abbildung 19: Gesamtozon (oben, TOMS), Tropopausendruck (Mitte, NCEP/NCAR Reanalysedaten)
und Satellitenbild im Wasserdampfkanal (5.7–7.1 μm) (unten, METEOSAT) am 17. März 1999
(vgl. Brönnimann et al., 2001a). Die Gesamtozondaten wurden vom TOMS-Team am Goddard Space
Flight Center der NASA zur Verfügung gestellt, das Satellitenbild von EUMETSAT, © EUMETSAT.*

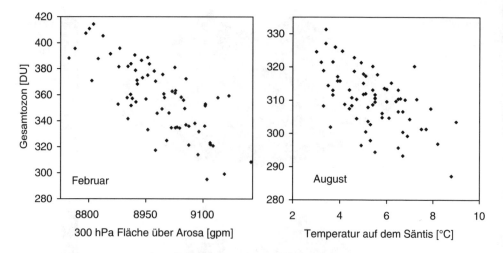

Abbildung 20: Monatsmittelwerte des Gesamtozons in Arosa (Juli 1926 bis Dezember 1999) als Funktion der Höhe der 300 hPa-Fläche am Gitterpunkt 47.5° N/10° E (links, im Februar) respektive der Temperatur auf dem Säntis (rechts, im August). Die geopotentielle Höhe der 300 hPa-Fläche wurde für die Zeit bis 1947 aus Schmutz et al. (2001) entnommen, für die Zeit danach aus Kalnay et al. (1996).

Bei den genannten Zirkulationsindizes handelt es sich um den *Nordatlantischen Oszillationsindex* (NAOI, vgl. Wanner et al., 2001), den *Arktischen Oszillationsindex* (AOI, Thompson und Wallace, 1998) sowie den Eurasischen Zirkulationsindex EU1 (Luterbacher et al., 1999). Der NAOI misst die Stärke von Islandtief und Azorenhoch, den beiden Aktionszentren, die das Wetter in Europa bestimmen. Die *Arktische Oszillation* ist der Nordatlantischen sehr ähnlich, ist aber statistisch definiert auf der Basis des gesamten aussertropischen nordhemisphärischen Bodendruckfelds (vgl. Glossar). Beide Indizes messen die Stärke der Westwindzirkulation, während der EU1-Index die meridionale Zirkulation über Europa erfasst. Auch an anderen europäischen Standorten korreliert das *Gesamtozon* während den Wintermonaten gut mit dem NAOI und anderen Zirkulationsindizes (Appenzeller et al., 2000; Steinbrecht et al., 2001). Für andere Regionen der Erde sind andere Zirkulationsmuster wichtig. So zeichnen sich im *Gesamtozon* der Tropen die Folgen von El Niño / Southern Oscillation ab (Stephenson und Royer, 1995). Wichtig ist dort auch die *Quasi Biennial Oscillation*.

Langsame Veränderungen und Trends der Dicke der Ozonschicht

Die atmosphärische Zirkulation der Nordhemisphäre weist niederfrequente Schwankungen im Bereich von Jahren bis Jahrzehnten auf. Das bedeutet, dass auch langsame Änderungen in der Ozonschichtdicke mit der Zirkulation zusammenhängen könnten. In Abbildung 21 sind Wintermittelwerte (November bis April) des *Gesamtozons* über Arosa und der Höhe der 300 hPa-Fläche über Arosa (mit umge-

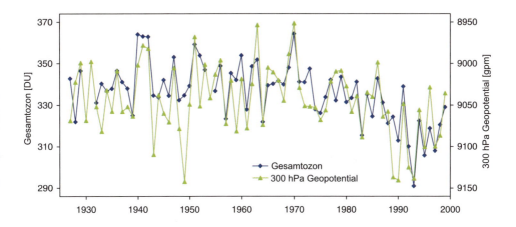

Abbildung 21: Wintermittelwerte (November–April) des Gesamtozons über Arosa (Skala links) und der geopotentiellen Höhe der 300 hPa-Fläche über Arosa (umgedrehte Skala, rechts, vgl. Abbildung 20) von 1926 bis 1999.

drehter Skala) als Zeitreihen aufgetragen. Die Übereinstimmung der beiden Kurven ist ausserordentlich gut. Die beiden Kurven zeigen gleiche Schwankungen von Winter zu Winter, selbst auf der Basis von Fünfjahresmittelwerten gibt es einen starken Zusammenhang (vgl. Anm. 6). Auch der langfristige Verlauf ist verblüffend ähnlich: Beide Kurven fallen nach etwa 1970 stark ab. Ist der Ozonschwund in der *Stratosphäre* doch nicht durch chemischen Ozonabbau verursacht, sondern die Folge einer langsamen Änderung der Zirkulation?

Um den chemischen Einfluss auf die Ozonschichtdicke von demjenigen der Zirkulation zu trennen, eignen sich lange Reihen, die auch vor dem Einsetzten des anthropogenen Einflusses (etwa 1970) genügend Daten haben. Schliesslich hat die Zirkulation auch vorher gewirkt. Im folgenden Beispiel wurde die Reihe von Arosa ab 1931 verwendet. Mit einem Regressionsmodell (vgl. Anm. 7) können die verschiedenen Einflüsse getrennt werden. Dabei wird als Variable für den chemisch verursachten Trend eine Funktion gewählt, die bis Januar 1970 konstant ist und von da an um eine Einheit pro Jahr zunimmt. In einem späteren Schritt können weitere Variablen dazugenommen werden. Für jeden Kalendermonat wurde ein separates Modell geschätzt. Wird der chemische Trend alleine betrachtet (die unterbrochene Linie und die graue Fläche in Abb. 22), so zeigt sich ein klarer Einfluss auf die Ozonschichtdicke über Arosa, vor allem in den Wintermonaten. Die Abnahme des *Gesamtozons* beträgt etwa 1 DU pro Jahr oder etwa 3% pro Jahrzehnt. Im Sommer ist der Trend schwächer. Dies wird oft dadurch erklärt, dass die ozonabbauenden chemischen Reaktionen vor allem im Winter und Frühling wirksam sind. Auch Modellrechnungen zeigen dies. Was allerdings mit rein chemischen Simulationen nicht übereinstimmt, ist das Ausmass des Ozonrückgangs: Aufgrund von Simulationen mit *numerischen Modellen* würde ein weniger starker Rückgang erwartet (vgl. Staehelin et al., 1998b; Appenzeller et al., 2000).

Wenn zusätzlich zum Trend noch weitere Einflussfaktoren im Regressionsmodell berücksichtigt werden, kann der Einfluss des (chemischen) Trends besser von demjenigen der Zirkulation getrennt werden. Staehelin et al. (1998b, 2001) haben solche Trendstudien für die Reihe von Arosa durchgeführt, das folgende Beispiel orientiert sich an diesen Arbeiten. Als Variablen wurden wieder Temperatur und Luftdruck auf dem Säntis genommen, dazu die Zeitreihen der ersten drei Hauptkomponenten des 300 hPa-Druckfeldes über Westeuropa (das sind Variablen, welche die Stärke der wichtigsten drei Variabilitätsmuster messen). Als «natürliche chemische» Variablen wurden die Sonnenfleckenzahl (als Mass für die Stärke der *UV-Strahlung*) und die um sechs Monate zeitverzögerte stratosphärische *Aerosoltrübung* der Nordhemisphäre (als Mass für Ozonabbau an vulkanischen Partikeln) definiert. Die Modellstatistik ist in Anmerkung 7 detailliert ausgeführt. Der Einbezug dieser erklärenden Variablen hat einen starken Einfluss auf die Schätzung des chemischen Trends (Abb. 22). Dieser ist zwar immer noch signifikant negativ in fast allen Monaten, auch zeigt sich immer noch der erwartete Jahresgang mit stärkerem Rückgang im Spätwinter und Frühling und schwachem im Spätsommer. Jedoch ist der Trend insgesamt weniger stark negativ, vor allem im Winter und Frühling, und die Fehlerbalken sind deutlich kleiner geworden. Die Schätzung ist also genauer.

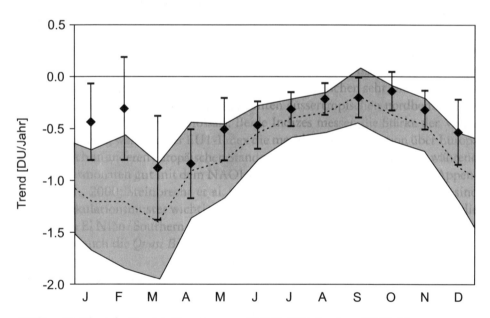

Abbildung 22: Chemischer Trend des Gesamtozons von 1970 bis 1999 über Arosa {DU/Jahr} und 95%-Vertrauensintervall, basierend auf einem Regressionsmodell für die Zeitspanne 1931 bis 1999. Unterbrochen/schattiert: Nur chemischer Trend berücksichtigt, Symbole/Balken: chemischer Trend in einem Modell mit sieben weiteren Variablen (vgl. Anm. 7).

Der beobachtete Trend bezieht sich auf das *Gesamtozon*. Um nur den stratosphärischen Trend zu messen, müsste der troposphärische Anteil berücksichtigt werden (vgl. Staehelin et al. 1998b, 2001). Da in der *Troposphäre* die Ozonmenge seit 1970 zugenommen hat, würde daraus ein stärker negativer Trend resultieren. Aus diesen Analysen lässt sich ableiten, dass der beobachtete Rückgang der Ozonschichtdicke im Winter über Arosa zu einem gewissen Teil durch andere Faktoren als Ozonabbau durch FCKWs erklärbar ist. Andererseits ist und bleibt die vom Menschen verursachte Ozonzerstörung die Hauptursache, das zeigt auch dieses Trendmodell.

Anhand der *Umkehrmessungen,* langer Reihen von Ozonsondierungen und Satellitendaten lässt sich auch die vertikale Struktur des Ozontrends in der *Stratosphäre* studieren. Die stärksten prozentualen Abnahmen, im Bereich von -7% pro Jahrzehnt, werden dabei in 40 km Höhe sowie in der unteren *Stratosphäre* zwischen 15 und 25 km verzeichnet (Staehelin et al., 2001). Zum Trend des *Gesamtozons* trägt jedoch vor allem die untere *Stratosphäre* bei.

Die räumliche Struktur der Ozontrends lässt sich am besten anhand von Sateltendaten (TOMS) untersuchen, allerdings erst seit 1979 und nur ausserhalb der Polarnacht. Der lineare Trend der Februarmittelwerte von 1979 bis 2000 ist in Abbildung 23 dargestellt. Die Ozonschicht ist fast überall dünner geworden. Deutlich zeigt sich aber eine räumliche Struktur, mit stärkerem Rückgang über den

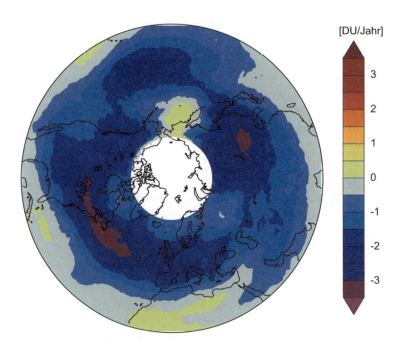

Abbildung 23: Trends {DU/Jahr} der jährlich gemittelten Februarwerte der TOMS-Daten von 1979 bis 2000 (Nimbus-7 und Earth Probe) für die aussertropische Nordhemisphäre, berechnet mit linearer Regression. Die Daten wurden vom TOMS-Team am Goddard Space Flight Center der NASA zur Verfügung gestellt.

nördlichen Breiten als über den Subtropen. Auch entlang eines Breitengrades gibt es Unterschiede. Am stärksten ist der Rückgang in einem langgestreckten Band über dem Nordatlantik und Nordamerika. Wie im Fall des Gesamtozonrückgangs über Arosa können auch diese räumlichen Strukturen nicht allein chemisch begründet werden. Erst der Einbezug der Zirkulationsvariabilität hilft, diese Strukturen zu erklären (vgl. Hood und Zaff, 1995; Hood et al., 1997; Peters und Entzian, 1999).

Interessant ist, dass das räumliche Muster des Trends ähnlich aussieht wie das Muster der *Nordatlantischen* oder *Arktischen Oszillation* (vgl. Thompson und Wallace, 1998; Thompson et al., 2000). Die selben Modi, welche die niederfrequente Klimavariabilität der Nordhemisphäre bestimmen, beeinflussen also auch die Trends der Dicke der stratosphärischen Ozonschicht. Dabei kann die Zirkulation einen stärkeren chemischen Ozontrend vortäuschen. An anderen Standorten kann aber auch das Gegenteil eintreten: nämlich dass der chemische Trend erst durch den Einbezug zusätzlicher Variablen zum Vorschein kommt, weil er vorher «vertuscht» war. Das ist zum Beispiel für Reykjavik der Fall (vgl. Appenzeller et al., 2000).

Die Ozonschicht als Klimafaktor

Ozon interagiert mit elektromagnetischer Strahlung in verschiedenen Wellenlängen. Es absorbiert *UV-Strahlung*, absorbiert und emittiert *Infrarotstrahlung*. Das hat nicht nur Konsequenzen für die Chemie des Ozons und für die Messmöglichkeiten. Ozon verändert auch den Strahlungshaushalt des Planeten, und das hat Auswirkungen für das Klimasystem. Welchen Einfluss haben Veränderungen der Ozonschicht auf unser Klima? Diese Frage ist mittlerweile ein wichtiger Bestandteil der Klimaforschung geworden, und es werden grosse Forschungsanstrengungen unternommen. In diesem Abschnitt kann dazu nur ein erster Überblick gegeben werden, anderswo finden sich detailliertere Übersichten (Shine und Forster, 1999; WMO, 1999; IPCC, 2001).

Die Ozonschicht absorbiert *UVB-Strahlung* und setzt diese in Wärme um. Dieser Vorgang bewirkt die Temperaturstruktur der *Stratosphäre* und hat Einfluss auf die Zirkulation. Wenn die Ozonschicht dünner wird, kühlt zunächst einmal die *Stratosphäre* ab, da weniger Strahlung absorbiert und weniger Wärme freigesetzt wird. Tatsächlich hat sich in den letzten Jahren die *Stratosphäre* global abgekühlt, das zeigen die Beobachtungen ganz klar (vgl. WMO, 1999; Ramaswamy et al., 2001). Nur ein kleinerer Teil davon kann durch zunehmende *Treibhausgaskonzentration* in der *Troposphäre* erklärt werden, der grösste Teil der Zunahme ist vermutlich bedingt durch eine dünner werdende Ozonschicht. Eine Abkühlung der *Stratosphäre* kann sich auf die Zirkulation und auch auf die Chemie der *Stratosphäre* auswirken. Beispielsweise könnte es sein, dass die kritische Temperatur zur Bildung von *stratosphärischen Wolken* häufiger unterschritten wird, was den Ozonabbau beschleunigen würde. Somit würde sich die Ozonzerstörung durch eine positive Rückkopplung selbst verstärken.

In diesem Sinne verstärkt der *Treibhauseffekt* durch CO_2, Methan und Ozon in der *Troposphäre* den Ozonabbau in der *Stratosphäre*. Dabei spielen aber noch weitere Effekte mit, und eine Beurteilung der Gesamtwirkung ist fast nicht möglich (vgl. Staehelin et al., 2001). Die zunehmende Methankonzentration in der *Troposphäre* beispielsweise führt zu höheren Wasserdampfkonzentrationen in der *Stratosphäre*. Damit wird die Wahrscheinlichkeit von *stratosphärischen Wolken* zusätzlich erhöht. Gleichzeitig verändert sich vermutlich aber auch die Zirkulation.

Eine Ausdünnung der Ozonschicht hat auch Folgen für die *Troposphäre*. Dabei gibt es direkte und indirekte Effekte. Bei den direkten Effekten sind drei Prozesse zu unterscheiden (Shine, 1999):

– Mehr *UV-Strahlung* erreicht die *Troposphäre* (erwärmender Effekt),
– Weniger *Infrarotstrahlung* wird von der Ozonschicht in Richtung Erdober-fläche emittiert, da weniger Ozon vorhanden ist (abkühlender Effekt),
– Weniger *Infrarotstrahlung* wird von der Ozonschicht in Richtung Erdober-fläche emittiert, da die Ozonschicht kälter ist (abkühlender Effekt).

Um die Auswirkungen abschätzen zu können, werden diese Veränderungen in *numerischen Modellen* simuliert. Dabei werden Änderungen in der stratosphärischen Zirkulation in der Regel vernachlässigt, und es wird ein Strahlungsgleichgewicht in der *Stratosphäre* angenommen. Die Auswirkungen sind abhängig von der ange-nommenen Form des Ozonprofils und der Tropopausenhöhe (WMO, 1999). Die meisten Modelle stimmen aber dahingehend überein, dass die Effekte in ihrer Sum-me eine abkühlende Wirkung auf das Klima haben. Der neue IPCC Bericht (IPCC, 2001) nimmt ein negatives *Forcing* (*Forcing* = Strahlungsantrieb an der *Tropopause*) als Folge des Ozonschwunds in der *Stratosphäre* von 1979 bis 2000 von -0.15 W/m^2 an. Das ist zwar relativ klein verglichen mit dem *Treibhauseffekt* von beispielsweise CO_2 oder auch Methan seit der Industrialisierung. Trotzdem muss angesichts der viel schnelleren Veränderungen der Ozonschicht verglichen mit den langlebigen *Treibhausgasen* der Klimaeffekt im Auge behalten werden.

Die indirekten Effekte einer dünner werdenden Ozoschicht betreffen in erster Linie die Chemie. Durch die höhere *UV-Strahlung* in der *Troposphäre* werden einige photochemische Vorgänge verändert, welche wiederum die Lebensdauer von *Treib-hausgasen* in der *Troposphäre* beeinflussen können. Auf diese Prozesse wird im 5. Kapitel näher eingegangen. Eine weitere indirekte Wirkung betrifft die Zirkulati-on. Im letzten Abschnitt wurde bereits auf die Kopplung zwischen der troposphä-rischen und der stratosphärischen Zirkulation hingewiesen, so dass die Frage im Raum steht, ob und wie sich eine veränderte stratosphärische Zirkulation auf die Zirkulation der *Troposphäre* auswirken wird. Das ist eine äusserst interessante und aktuelle Fragestellung. Ein solcher indirekter Einfluss wäre natürlich nicht be-schränkt auf den menschgemachten Rückgang der Ozonschicht. So ist beispielswei-se der Einfluss des 11-jährigen Sonnenfleckenzyklus auf das Klimasystem noch längst nicht verstanden. Zwar sind Folgen davon messbar und sind unbestritten, aber was die Mechanismen angeht, bleibt noch viel Raum für Spekulationen. Da sich der Sonnenzyklus im UV-Spektralbereich wesentlich stärker auswirkt als auf die Gesamtenergie, vermuten einige Forscher, dass die Ozonschicht in dieser Frage eine wichtige Rolle spielen könnte (vgl. Shindell et al., 1999). Ähnliches gilt auch für die klimatischen Folgen von grossen Vulkanausbrüchen, welche auf die *Stratosphäre* zweifellos eine viel länger andauernde Wirkung haben als auf die *Troposphäre*.

UVB-Strahlung

Eng verknüpft mit dem stratosphärischen Ozon und deshalb in dieses Kapitel aufgenommen ist die *UVB-Strahlung*. *UV-Strahlung* ist der kurzwelligste Anteil des solaren Spektrums und wird normalerweise eingeteilt in *UVA-* (Wellenlängen von 320 bis 400 nm), *UVB-* (290–320 nm) und *UVC-Strahlung* (< 290 nm, vgl. Abb. 4). Die *UVC-Strahlung* erreicht den Erdboden nicht. *UVB-Strahlung* wird zwar durch die Ozonschicht grösstenteils ferngehalten, Teile davon (Wellenlängen über ca. 300 nm) erreichen aber den Erdboden und setzen hier als besonders energiereiche Strahlung verschiedene chemische und biologische Prozesse in Gang. *UVB-Strahlung* führt beispielsweise zum Sonnenbrand. *UVA-Strahlung* hat ebenfalls biologische Wirkungen, sie bräunt die Haut (verbrennt sie aber nicht) und löst auch verschiedene chemische Reaktionen aus. *UVB-Strahlung* ist vor allem nach der Entdeckung des *Ozonlochs* zu einem eigenen «Global Change»-Thema geworden. Verschiedene schädliche Wirkungen der *UVB-Strahlung* sind dabei untersucht worden: Sie kann langfristig zu Hautkrebs führen, sie verändert das Erbgut von Lebewesen, schädigt Pflanzen und Materialien. Nicht zuletzt beeinflusst sie auch die chemischen Vorgänge in der *Troposphäre*.

UVB-Strahlung kann mit verschiedenen Verfahren gemessen werden. Sogenannte Breitbandmethoden messen die Energie der *UV-Strahlung* innerhalb eines relativ breiten Frequenzbandes. Entsprechend den Eigenschaften des verwendeten Geräts ist das Resultat eine mit einer Empfindlichkeitskurve gewichtete Strahlungsenergie. Oft wird eine der menschlichen Haut ähnliche Empfindlichkeitskurve (Aktionsspektrum) angestrebt, die «erythemische *UV-Strahlung*» gemäss einem Normspektrum (McKinlay und Diffey, 1987). Die erythemische *UV-Strahlung* wird beispielsweise von der MeteoSchweiz in Arosa seit 1993 gemessen. Da viele biologische und chemische Vorgänge nach ähnlichen Aktionsspektren wie demjenigen der menschlichen Haut ablaufen, wird die erythemische *UV-Strahlung* oft als Mass für *UV-Strahlung* genommen; sogar die UVB-Photolyserate von Ozon (die Geschwindigkeit von Reaktion R2) wird dadurch gut angenähert. Andere Geräte messen die Energie im UV-Bereich in schmalen Frequenzbändern, beispielsweise mittels Interferenzfilter. Diese Methoden sind präziser und eignen sich besser zur Trendabschätzung. Eine weitere Möglichkeit ist die Messung von hochaufgelösten Spektren. Diese Messungen werden für Prozessstudien zum Einfluss von Wolken und Aerosolen und mit dem Ziel der Weiterentwicklung von Strahlungsmodellen verwendet. Das ist ein wichtiges Einsatzgebiet, denn man kann die *UV-Strahlung* nicht nur messen, sondern – zumindest für den wolkenlosen Fall – auch recht genau numerisch modellieren (vgl. Anm. 8).

In der Schweiz hat die Erforschung der *UV-Strahlung* Tradition. Seit den 1920er Jahren forschen Schweizer Wissenschaftlerinnen und Wissenschaftler in diesem Bereich an der Weltspitze, und heute verfügt die Schweiz über viel Forschungserfahrung. Zu erwähnen sind insbesondere das Weltstrahlungszentrum in Davos, die MeteoSchweiz sowie die ETH Zürich. Die MeteoSchweiz und das Weltstrahlungszentrum betreiben gemeinsam ein UV-Messnetz, das als Teil des Strahlungsmessnetzes «CHARM» (Swiss Radiation Monitoring Network) in das Global Atmosphere Watch Programm (GAW) der WMO eingebettet ist (Heimo et al., 1999).

Die abwärtsgerichtete *UVB-Strahlung* an einem Ort ist vor allem abhängig vom Sonnenstand, von der Höhe über Meer und von der Bewölkung. Abbildung 24 zeigt links oben drei Tagesgänge der erythemisch gewichteten *UV-Strahlung* in Arosa 1997. Die gepunktete Kurve zeigt die Strahlung an einem schönen Tag im Sommer, am 15. Juni. Die Form des Tagesgangs weist auf ungestörte Einstrahlung hin. Die durchgezogene Linie zeigt die Strahlung am 27. Juni desselben Jahres, bei annähernd gleichem Sonnenstand, aber mit Bewölkung. In diesem Fall hat die Bewölkung die *UV-Strahlung* stark vermindert, zum Teil bis auf weniger als 10%. Der Einfluss der Bewölkung ist allerdings von der Art der Bewölkung und vom Einfallswinkel abhängig. Hohe Schleierwolken (Cirren) können die *UV-Strahlung* sogar leicht verstärken. Auch hochreichende Gewitterwolken können, wenn sie nicht über dem Messort liegen aber von der Seite angestrahlt werden, die Strahlung über den Wert für wolkenlosen Himmel erhöhen. Der Einfallswinkel der Sonne hat einen grossen Einfluss. Da *UV-Strahlung* stärker gestreut wird als sichtbare Strahlung, ist hier die Abhängigkeit vom Sonnenstand noch viel ausgeprägter. Die ausgezogene dicke Kurve zeigt die Strahlung an einem wolkenlosen Tag im Dezember. Die UV-Strahlung war trotz guten Bedingungen sehr gering. Die Mittagswerte sind im Juni mehr als zehnmal höher als im Dezember, die Tagessumme ist sogar 16 Mal höher!

Selbst bei gleichbleibend wolkenlosem Himmel und gleichem Sonnenstand kann die *UV-Strahlung* stark variieren. Ursache dafür ist vor allem die Dicke der stratosphärischen Ozonschicht. Aber auch *Aerosole* in der *Stratosphäre* oder in der *Troposphäre* spielen eine Rolle. Um diese Einflüsse näher zu untersuchen, können Strahlungsmodelle sehr hilfreich sein. Die zweite Figur (Abb. 24 oben rechts) zeigt modellierte UVB-Strahlungswerte für Arosa (vgl. Anm. 8) jeweils am Mittag für 78 ausgewählte Schönwettertage aus verschiedenen Jahren. Dabei wurde lediglich das *Gesamtozon* zusätzlich zum Einfallswinkel in das Modell genommen. Wiederum wird der sehr ausgeprägte Jahresgang sichtbar. Es zeigen sich aber auch Unterschiede, die nicht durch den Sonnenstand erklärt werden können, sondern nur durch die Schwankungen des *Gesamtozons*. Besonders im Februar gibt es beträchtliche Unterschiede zwischen einzelnen Tagen. Die Messungen an diesen Tagen zeigen fast die gleichen

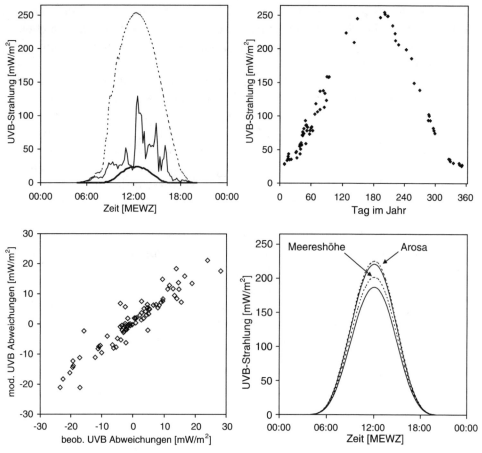

*Abbildung 24: Oben links: Drei Tagesgänge
der erythemischen UV-Strahlung in Arosa (unterbrochen: 15. Juni 1997, durchgezogen: 27. Juni
1997, dicke Linie: 23. Dezember 1997), oben
rechts: modellierte erythemische UV-Strahlung in
Arosa an 78 Schönwettertagen (1993–1998) jeweils
am Mittag, unten links: beobachtete und modellierte
Abweichungen der erythemischen UV-Strahlung
vom mittleren Jahresverlauf für Arosa am Mittag an
78 Schönwettertagen (vgl. Brönnimann et al.,
2000a). Unten rechts: Modellierte Tagesgänge der
erythemischen UV-Strahlung am 21. Juni 1997 in
Arosa und auf Meereshöhe, wobei die optische Aerosoldicke in den untersten 5 km der Atmosphäre im
Vergleich zum Standardprofil verdoppelt (durchgezogen) oder halbiert wurde (unterbrochen). Nähere
Angaben zu den Modellrechnungen sind in Anmerkung 8 zusammengestellt.*

Schwankungen. Dies wird ersichtlich,
wenn von Modellrechnungen und Messungen der mittlere Jahresgang subtrahiert wird und die Abweichungen ge-
geneinander aufgetragen werden (Abb.
24, links unten). Die Übereinstimmung
ist ausgezeichnet. Das bedeutet, dass
Schwankungen der *UV-Strahlung* in
Arosa von Tag zu Tag bei wolkenlosem
Himmel in erster Linie eine Folge der
sich ändernden Dicke der stratosphärischen Ozonschicht sind.

Aerosole haben ebenfalls einen Einfluss auf die *UV-Strahlung*, was in Abbildung 24 (unten rechts) anhand des Modells gezeigt ist. Dargestellt ist der Ta-

gesgang der erythemischen *UV-Strahlung* am 21. Juni in Arosa und auf Meereshöhe, wenn die optische Aerosoldicke in den untersten 5 km der Atmosphäre im Vergleich zum Normalprofil verdoppelt respektive halbiert wird (vgl. Anm. 8). Der grösste Teil der *Aerosole* befindet sich unterhalb der Höhenlage von Arosa, deshalb ist hier der Unterschied klein. Auf Meereshöhe macht sich aber durchaus ein Effekt bemerkbar. Die angenommene Schwankung der *Aerosoltrübung* ist recht gross, doch kann der obere Wert in der verschmutzten Luft von Grossstädten wie beispielsweise Athen erreicht oder übertroffen werden. Hier können die *Aerosole* einen wichtigen modifizierenden Effekt auf die *UV-Strahlung* und dadurch auf die chemischen Vorgänge haben. In der Schweiz sind die vorkommenden Schwankungsbreiten der *Aerosoltrübung* um Vieles kleiner.

Die stratosphärische Ozonschicht ist in den letzten Jahrzehnten überall dünner geworden. Es wird als Folge davon erwartet, dass die *UVB-Strahlung* am Boden zunimmt. Nur ist ein solcher Trend schwierig festzustellen. Die Messungen zeigen an einigen Orten zwar eine Zunahme, an anderen aber eine Abnahme. Der Einfluss der anderen erwähnten Faktoren wie zum Beispiel Bewölkung auf den Trend ist sehr gross. Zudem gibt es nur wenige qualitativ genügend gute, lange Messreihen. Die meisten Reihen reichen nur acht bis zehn Jahre zurück. Ausserdem gibt es gegenläufige Vorgänge, welche zu einer Abnahme der *UVB-Strahlung* führen, zum Beispiel die zunehmende Absorption durch höhere bodennahe Ozonkonzentrationen und mehr *Aerosole* (Brühl und Crutzen, 1989; Liu et al., 1991).

In diesen Abschnitten ist nur die abwärtsgerichtete *UVB-Strahlung* betrachtet und die *Albedo*, also die Rückstreuung an der Erdoberfläche vernachlässigt worden. Das ist nicht ganz zulässig: Selbst für die abwärtsgerichtete Strahlung spielt die *Albedo* eine gewisse Rolle. Da *UVB-Strahlung* in der Atmosphäre sehr stark gestreut wird, kann das an der Oberfläche zurückgestreute Licht in der Atmosphäre wieder zurückgestreut werden. Die von oben auf eine Fläche auftretreffende Strahlung kann auf diese Weise von der Rückstrahlung an einem 20 Kilometer weit entfernten Ort noch beeinflusst sein (Degünther et al., 1998). Die *Albedo* dürfte ein weiterer (hier nicht berücksichtigter) Grund für Schwankungen der abwärtsgerichteten *UV-Strahlung* in Arosa sein. Die meisten Oberflächen reflektieren im *UVB-Bereich* kaum, nur Schnee und Wolken haben hohe Albeden (ähnlich wie im sichtbaren Bereich), und auch Sand reflektiert einen beträchtlichen Anteil (Feister und Grewe, 1995). Deswegen erfordert der Aufenthalt am Strand oder im Schnee einen besonderen Schutz der Haut.

Eine wichtige Rolle spielt die *Albedo* bei chemischen Berechnungen, wo die sphärisch integrierte Strahlung ausschlaggebend ist. In besonderem Mass gilt dies für die chemischen Vorgänge über hellen Oberflächen wie beispielsweise über Schichtwolken. Die Messstation auf dem Chaumont, auf 1140 m ü. M., auf der ersten Jurakette angrenzend ans Schweizer Mittelland gelegen (vgl. Abb. 42), wird von solchen Situationen beeinflusst. Im Frühling und Herbst liegt über dem Mittelland häufig eine Nebeldecke, deren helle Obergrenze oft knapp unterhalb des

Chaumont zu liegen kommt und die für die photochemischen Vorgänge in einer langsam darüber hinweg ziehenden Luftmasse wichtig sein könnte. Abbildung 25 zeigt drei Satellitenbilder (Meteosat) von Mitteleuropa an drei Tagen ohne Bewölkung über dem Chaumont am Mittag. Die weisse Ellipse stellt einen (verzerrten) Kreis mit 50 km Radius um den Chaumont dar. Das ist ungefähr die Fläche, welche bei kleinen Windgeschwindigkeiten für photochemische Vorgänge im Bereich von einigen Stunden berücksichtigt werden muss. Links ist eine Situation mit tiefer *Albedo* im Sommer illustriert. Eine typische Situation mit Nebel über dem Mittelland ist in der Mitte dargestellt. Rechts ist schliesslich eine winterliche Situation mit einer Schneedecke im Mittelland gezeigt. Auch diese helle Oberfläche könnte für die chemischen Vorgänge eine Rolle spielen.

18. Aug 92, Albedo = 0.06   26. Sep 97, Albedo = 0.31   16. Jan 95, Albedo = 0.40

Abbildung 25: Satellitenbilder im sichtbaren Kanal (Meteosat) des westlichen Alpenraums für drei Tage: eine sommerliche Schönwetterlage (links), eine Situation mit einer Hochnebeldecke über dem Mittelland (Mitte) und eine winterliche Situation mit Schneedecke (rechts). Die Ellipse markiert den für die Albedoberechnung verwendeten Umkreis mit 50 km Radius um den Chaumont (vgl. Brönnimann et al., 2000a). Die Zahlenwerte sind geschätzte UV-Albeden für diese Flächen. © EUMETSAT

Meteosat misst nicht im UV-Bereich, jedoch können aus den Messungen im sichtbaren Bereich auf einfache Weise UV-Albeden grob geschätzt werden (vgl. Anm. 8). In Abbildung 25 sind die geschätzten Werte für den Umkreis um den Chaumont eingezeichnet. Im Sommer ist die *Albedo* sehr gering. Die Nebeloberfläche im mittleren Bild füllt zwar nur einen Teil des Kreises, trotzdem führt das zu einer kräftig erhöhten *Albedo*. Im winterlichen Fall mit Schneedecke steigt die *Albedo* sogar auf 0.4. Auf die gleiche Weise können aus einer Zeitreihe von Satellitenbildern Zeitreihen der UV-Albedo für den Standort Chaumont geschätzt werden. Abbildung 26 zeigt oben die geschätzten UV-Albeden am Mittag für 156 ausgewählte Schönwettertage zwischen 1991 und 1998. Deutlich wird der starke Jahresgang sichtbar. Im Winter ist die *Albedo* bei Schneebedeckung hoch. Auch die Hochnebelhäufigkeit ist im Winter grösser, und es gibt ausgeprägte Schwankungen der Albedo. Im Sommer sind die *Albeden* klein und schwanken kaum. Im Herbst werden die Nebelereignisse häufiger.

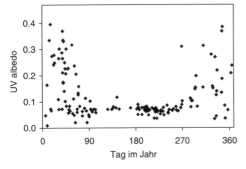

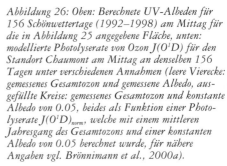

Abbildung 26: Oben: Berechnete UV-Albeden für 156 Schönwettertage (1992–1998) am Mittag für die in Abbildung 25 angegebene Fläche, unten: modellierte Photolyserate von Ozon $J(O^1D)$ für den Standort Chaumont am Mittag an denselben 156 Tagen unter verschiedenen Annahmen (leere Vierecke: gemessenes Gesamtozon und gemessene Albedo, ausgefüllte Kreise: gemessenes Gesamtozon und konstante Albedo von 0.05, beides als Funktion einer Photolyserate $J(O^1D)_{norm}$, welche mit einem mittleren Jahresgang des Gesamtozons und einer konstanten Albedo von 0.05 berechnet wurde, für nähere Angaben vgl. Brönnimann et al., 2000a).

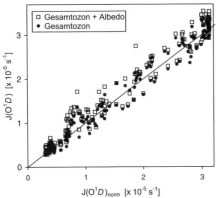

Dank den tagesspezifischen Werten für *Gesamtozon* und *Albedo* können für diese 156 Tage detaillierte Strahlungssimulationen vorgenommen werden. So kann die in der Chemie der Atmosphäre äusserst wichtige Ozonphotolyserate $J(O^1D)$ (die Geschwindigkeit von Reaktion R2), welche bei Wellenlängen unter 310 nm abläuft, für den Standort Chaumont berechnet werden (vgl. Anm. 8). Die Resultate (jeweils für Mittag) sind in Abbildung 26 (unten) verglichen mit einer Simulation mit konstanter *Albedo* (0.05), beides dargestellt als Funktion einer Photolyserate, die unter Verwendung eines mittleren Jahresgangs des *Gesamtozons* und konstanter *Albedo* von 0.05 berechnet wurde. Es zeigt sich, dass die Änderungen der *Albedo* die *UVB-Strahlung* zwar stark beeinflussen, dass in diesem Wellenlängenbereich aber die Schwankungen des *Gesamtozons* eine mindestens ebenso grosse Rolle spielen. Besonders im Spätwinter, wenn die Strahlung noch nicht so hoch ist, kann die Schwankungsbreite einen Faktor 2 ausmachen. Im *UVA-Bereich* dagegen (nicht gezeigt) ist es vor allem die *Albedo*, welche zu Schwankungen führt.

Für chemische Betrachtungen kann es sehr wichtig sein, sowohl den Gesamtozongehalt als auch die *Albedo* tagesspezifisch mit einzubeziehen. Schwankungen um einen Faktor 2 der Photolyseraten können vorkommen. In Kapitel 5 wird darauf eingegangen, was solche Änderungen für die Chemie in den entsprechenden Luftpaketen bedeutet.

Zusammenfassung und Fazit

Der grösste Teil des atmosphärischen Ozons befindet sich in der *Stratosphäre*, in 15 bis 50 km Höhe. Die räumliche Verteilung und zeitliche Entwicklung des Ozons in der *Stratosphäre* unterliegt Schwankungen, die durch chemische Vorgänge und durch die atmosphärische Zirkulation verursacht sind. Die bekannteste chemische Störung der Ozonschicht ist diejenige durch anthropogene *Fluorchlorkohlenwasserstoffe* und Halone (bromhaltige organische Substanzen). Bruchstücke dieser Moleküle führen jeden Frühling über der Antarktis zum *Ozonloch*, das heisst, zu einer Ausdünnung der Ozonschicht unter 220 DU auf einer grossen Fläche. In gewissen Höhenbereichen kann das Ozon sogar vollständig verschwinden. Über der Arktis ist der Ozonabbau geringer, aber auch dort gibt es im Frühling oft eine starke Ausdünnung der Ozonschicht. Der Ozonschwund zeigt sich global. Über der Schweiz ist ein Rückgang der Ozonschichtdicke von etwa 0.8 DU/Jahr oder 2–3% pro Jahrzehnt in den letzten dreissig Jahren feststellbar.

Die Zirkulation in der unteren *Stratosphäre* trägt ebenfalls ihren Teil zur Variabilität der Ozonschichtdicke bei. Das betrifft nicht nur Schwankungen im Bereich von Tagen – das bekannteste Beispiel sind hier die *Miniozonlöcher* – sondern auch langfristige Veränderungen. Interessant dabei ist, dass die selben Muster, welche die Klimavariabilität der Nordhemisphäre dominieren, auch in den räumlichen Mustern der Ozontrends in der *Stratosphäre* erscheinen. Die Zirkulation muss deshalb berücksichtigt werden, wenn Trendanalysen der Ozonschichtdicke durchgeführt werden. Gleichzeitig beeinflusst die stratosphärische Ozonschicht das Klima am Erdboden. Der Ozonrückgang der letzten Jahrzehnte hat vermutlich eine leicht abkühlende Wirkung auf unser Klima ausgeübt. Veränderungen des stratosphärischen Ozons können möglicherweise zu Änderungen der Zirkulationsmuster führen.

Die Ozonschichtdicke beeinflusst massgeblich die *UVB-Strahlung* am Boden. *UVB-Strahlung* wiederum ist wichtig für verschiedene biologische und chemische Vorgänge. Vor allem im Frühling, wenn die Variabilität der Ozonschichtdicke am höchsten ist, kann die *UVB-Strahlung* als Folge von kurzfristigen Veränderungen der Ozonschicht innerhalb von Tagen um bis zu einen Faktor 2 schwanken. Die Rückstrahlung an hellen Oberflächen spielt aber auch eine Rolle, besonders für chemische Betrachtungen.

Die Ozonschicht wird heute durch zahlreiche Satelliten ständig beobachtet, Satelliten sind die idealen Messplattformen für eine ganze Reihe von Spurengasen in der *Stratosphäre*. Trotzdem: Obschon die NASA die Ozonschicht seit den 1970er Jahren beobachtet, entging ihr der starke Ozonrückgang über der Antarktis (vgl. S. 144). Die Entdeckung des *Ozonlochs* 1985 war deshalb eine Überraschung für die ganze Forschungsgemeinde – und gleichzeitig ein Rückschlag für die NASA. Die Entdeckung des *Ozonlochs* hatte weitreichende Aktivitäten auf verschiedenen Ebenen zur Folge, mit ganz unterschiedlichen Stossrichtungen: Aufklärung (vgl.

Abbildung 27: Titelseite eines Aufklärungscomix der amerikanischen Umweltbehörde zum Ozonloch aus dem Jahr 1993 (von der EPA zur Verfügung gestellt).

Abb. 27), medizinische Prävention («Between eleven and three, stay under a tree!»),
Forschungsaktivitäten und politische Bemühungen. Letztere zeigten Wirkung: Der
Ausstoss von FCKWs ist seit Ende der Achtzigerjahre stark vermindert worden. Aus
dem Schock über die Entdeckung des *Ozonlochs* ist ein Vorzeigeerfolg für die globale
Umweltpolitik entstanden. Bereits zeigt sich auch in den Messungen der FCKWs
in der Atmosphäre eine Stagnation oder sogar Rückgang. Man rechnet für die
nächsten Jahrzehnte deshalb mit einer langsamen Erholung der Ozonschicht. Aber:
Sind wir vor Überraschungen sicher?

4 Ozon in der freien Troposphäre

Einleitung

Wenn in den Medien von Ozon in der Atmosphäre die Rede ist, dann ist meistens entweder Ozon «oben» (in der *Stratosphäre*) oder «unten» (in der *planetaren Grenzschicht*) gemeint. Die *freie Troposphäre* für sich genommen interessiert normalerweise weniger. Auch in der Wissenschaft fristete das Thema Ozon in der *freien Troposphäre* lange Zeit eher ein Schattendasein. Im Hinblick auf «Ozon oben» und «Ozon unten» kommt die *freie Troposphäre* zunächst als Transportweg in Frage. Stratosphärische Luft kann in die *freie Troposphäre* eindringen, von wo Ozon durch *Subsidenz* oder andere Prozesse unter Umständen bis in die *planetare Grenzschicht* gelangen kann. Umgekehrt können Schadstoffe aus der Grenzschicht durch Konvektion, durch Aufgleiten auf andere Schichten oder im Zusammenhang mit Frontdurchgängen in die *freie Troposphäre* gelangen. Die *freie Troposphäre* ist aber nicht nur ein Transportmedium sondern auch ein Ort für chemische Vorgänge. Immerhin umfasst sie weit mehr als die Hälfte der atmosphärischen Masse und einen grösseren Teil der Luftfremdstoffe. Die *freie Troposphäre* ist ein riesiger chemischer Reaktor. Dabei spielt Ozon als Oxidationsmittel eine wichtige Rolle, es bestimmt die *Oxidationskapazität* der Atmosphäre mit und beeinflusst verschiedene andere Spurengase bis hin zur Lebensdauer von *Treibhausgasen*. Zudem ist Ozon besonders in der oberen *Troposphäre* auch selber ein starkes *Treibhausgas*. Diese beiden Gründe haben dazu geführt, dass die Untersuchung der Ozonchemie in der *freien Troposphäre* in den letzten Jahren zu einem vorrangigen Ziel der internationalen atmosphärenchemischen Forschung geworden ist.

Besonderes Interesse gilt zur Zeit den chemischen Vorgängen in der tropischen *freien Troposphäre*. In diesem Bereich wurden in den letzten Jahren grosse Feldkampagnen durchgeführt (z. B. INDOEX im Indischen Ozean, PEM-Tropics B im Pazifik, vgl. Lelieveld et al., 2001; Singh et al., 2001). Der Einfluss von Biomassenverbrennung auf die Ozonbildung wird oft diskutiert (Thompson et al., 2001), und die Quantifizierung von NO_x-Emissionen durch Blitze ist ein noch nicht befriedigend gelöstes Problem. Auch die Rolle der Konvektion und damit des Transports von Schadstoffen aus der *planetaren Grenzschicht* in die *freie Troposphäre* ist noch wenig erforscht. Für die nördlichen Breiten ist der Flugverkehr ein Hauptthema. Die grossen Flugkorridore befinden sich ungefähr auf der Höhe der *Tropopause*, einer Region, wo Ozon eine besonders starke Treibhauswirkung hat.

Auch die untere *freie Troposphäre* wird intensiv erforscht. Sie erschliesst sich in den Hochgebirgen vom Erdboden aus, was für eingehende chemische Untersuchungen natürlich viele Möglichkeiten eröffnet. Hier können auch Langzeitbeobachtungen durchgeführt werden. Die Schweiz ist dank der Forschungsstation auf dem

Jungfraujoch (vgl. Abb. 28 und 42) in diesem Bereich international mit an der Spitze.

Auch dieses Kapitel beginnt mit einem Überblick über die Messinstrumente und Plattformen, welche bei der Erforschung der Chemie der *freien Troposphäre* zum Einsatz kommen. Danach wird zuerst die Tropopausenregion und die obere *Troposphäre* betrachtet und die Frage des troposphärischen Ozons als *Treibhausgas* diskutiert. Etwas ausführlicher dargelegt und anhand eines Fallbeispiels und einfacher Auswertungen diskutiert wird die Frage der Intrusionen stratosphärischer Luft in die *freie Troposphäre*. Nach einem kurzen Abschnitt über Ferntransport wird die Ozonchemie der *freien Troposphäre* eingehender besprochen. Am Schluss dieses Kapitels wird die untere *freie Troposphäre* und der Austausch zwischen der *planetaren Grenzschicht* und der *freien Troposphäre* betrachtet.

Über Ozon in der *freien Troposphäre* gibt es meines Wissens keine umfassenden Werke, aber es gibt einige empfehlenswerte Artikel zu einzelnen Themen. Eine Übersicht über wesentliche Merkmale der globalen Ozonverteilung mit Hilfe von numerischen Modellen geben Lelieveld und Dentener (2000) sowie das bereits erwähnte «Ozone Assessment» (WMO, 1999). Crutzen et al. (1999) und Jacob (1999, 2002) bieten einen guten Überblick zur Chemie. Die Ozonverteilung der *freien Troposphäre* wird in Logan (1999a) beschrieben. Über Transportvorgänge in der *freien Troposphäre* der Nordhemisphäre hat Stohl (2001) mehrere interessante Arbeiten vorgelegt (vgl. auch Stohl und Trickl, 1999; Cooper et al., 2001). Wotawa et al. (2000) haben den regionalen Ozontransport zu den Alpen untersucht. Ein Übersichtsartikel über Ozonschichtungen in der *freien Troposphäre* und der Grenzschicht haben McKendry und Lundgren (2000) verfasst.

Messmethoden

Eine direkte Beprobung der *freien Troposphäre* vom Boden aus ist von hohen Gebirgsstationen aus möglich. Ein Hauptproblem dabei ist, dass die Stationen nicht immer in der *freien Troposphäre* sind. Dies muss von Fall zu Fall anhand verschiedener Messungen beurteilt werden, und oft ist die Entscheidung nicht einfach. In der Schweiz werden vor allem auf dem Jungfraujoch auf 3580 m ü. M. Messungen durchgeführt, es gibt aber ein ganzes Netz solcher Stationen, darunter sind beispielsweise Izaña (Teneriffa), Zugspitze (Deutschland), Sonnblick (Österreich) und Mauna Loa (Hawaii). Diese Stationen sind Teil des bereits im Zusammenhang mit dem UV-Messnetz erwähnten «Global Atmosphere Watch»-Projekts (GAW) der WMO. Das Sphinx-Observatorium auf dem Jungfraujoch ist in Abbildung 28 gezeigt. Auf dem Dach wird die Luft angesaugt und im Inneren des Gebäudes den Messgeräten zugeführt. Eine ganze Reihe von Forschungsgruppen führt hier nebeneinander zahlreiche Messungen durch: Langzeitbeobachtung, mittelfristige Programme (über zwei, drei Jahre) und kürzere Kampagnen. Neben den in-situ

Abbildung 28: Das Sphinx-Observatorium auf dem Jungfraujoch auf 3580 m ü. M. Auf dem Dach wird Luft angesaugt und im Inneren des Gebäudes analysiert (Foto: S. Brönnimann).

Messungen werden vom Jungfraujoch aus mit Fernerkundungsmethoden auch die höheren Atmosphärenschichten erforscht (*Mikrowellen*, FTIR, LIDAR).

Abgesehen von Ballonsondierungen, die bereits im vorigen Kapitel beschrieben wurden, sind Flugzeuge die idealen Plattformen für in-situ Messungen von Ozon und anderen Grössen in der *freien Troposphäre*. In vielen grossen experimentellen Studien über die Chemie der *freien Troposphäre* werden speziell ausgerüstete Forschungsflugzeuge eingesetzt. In den letzten Jahren sind im Rahmen verschiedener Projekte auch Linienflugzeuge als Messplattformen eingesetzt und mit entsprechenden Messgeräten ausgerüstet worden. Linienflugzeuge sind fast ständig in der Luft. Auf diese Weise konnten die Konzentrationen verschiedener Spurengase in der Tropopausenregion innerhalb weniger Jahre bereits während vielen Tausend Flügen gemessen werden (vgl. beispielsweise Abb. 8 und Abb. 30). Wegen der hohen Geschwindigkeit der Flugzeuge müssen die Instrumente technisch ausgeklügelter konstruiert sein als in Messstationen, dazu kommen Gewichts- und Sicherheitsaspekte. Gemessen werden verschiedene Spurengase, manchmal auch die Aerosolzahl und -eigenschaften sowie wolkenphysikalische Grössen. Eine Institution mit grosser Erfahrung auf dem Gebiet der chemischen Messungen mit Flugzeugen ist das Deutsche Zentrum für Luft- und Raumfahrt DLR.

Neben in-situ Messungen kommen auch Fernerkundungsmethoden zum Einsatz. Eine sowohl vom Boden aus wie auch flugzeuggestützt oft verwendete Fernerkundungsmethode ist das LIDAR (Light Detection And Ranging). Bei dieser Methode werden Laserpulse in die Atmosphäre ausgesendet und das zurückkommenden Signal gemessen. Aus der Laufzeit kann die Höhe bestimmt werden und aus den spektralen Eigenschaften des Signals die Konzentration. So können Vertikalprofile bis in mehrere Kilometer Höhe gemessen werden, zum Teil bis in die *Stratosphäre*. Zur Ozonmessung werden in der Regel Wellenlängen im *UVC-Bereich* (Hartley-Bande) oder im *UVB-Bereich* (Huggins-Banden) verwendet. Die Bestimmung der Konzentration kann auf differentieller Absorption beruhen (DIAL, vgl. auch Kapitel 2) oder auf der sogenannten Raman-Streuung, einer Frequenzverschiebung des zurückgestreuten Lichts. Das Ozon-LIDAR «sieht» allerdings nicht durch Wolken hindurch und erfasst die untersten 100 bis 200 m nicht. Ein Beispiel einer Messung des Wasserdampf- und Ozongehalts über Lausanne ist in Abbildung 29 gezeigt (aus Lazzarotto et al., 2001).

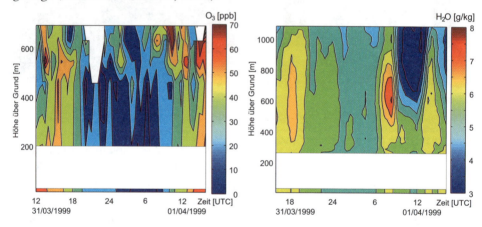

Abbildung 29: Messungen des Ozons (links) und des Wasserdampfgehalts (rechts) vom 31. März bis 1. April 1999 über Lausanne mit dem Raman-LIDAR der EPFL-Lausanne (aus Lazzarotto et al., 2001).

Mit diesen oder anderen LIDAR-Systemen können auch *Aerosol-* und Wasserdampfprofile gemessen werden: Temperatur-, Dichte- und Windprofile sowie das Verhältnis von flüssigen zu festen Wolkenteilchen. LIDAR-Geräte werden oft während Feldkampagnen verwendet, sie können aber auch im Dauereinsatz stehen. LIDAR ist nicht auf bodengestützte Anwendungen beschränkt, Geräte können auch mit Blick nach oben oder unten auch in Flugzeuge eingebaut werden. In der Schweiz ist die EPFL in Lausanne an der Entwicklung von LIDAR-Systemen zur Ozonmessung beteiligt.

Auch aus Satellitenmessungen kann Information über Ozon in der *freien Troposphäre* gewonnen werden. Wie bereits in Kapitel 2 und 3 ausführlich dargelegt, gibt es verschiedene Methoden, um mittels spektraler oder anderer Information aus Satellitendaten Profile zu berechnen (SAGE II, GOME, SBUV/2). Allerdings werden die Profile in der *Troposphäre* oft unsicher. Etwas genauer kann die gesamte troposphärische Ozonsäule angegeben werden, indem von einem «Nadir-Viewing» Sensor (TOMS) die stratosphärischen Anteile aus SAGE II oder SBUV/2 subtrahiert werden (Fishman et al., 1990). Der SCIAMACHY-Sensor wird mit dem gleichen Prinzip troposphärische Säulenkonzentrationen für Ozon, NO_2, CO, CH_4, H_2O, N_2O, SO_2, HCHO und BrO angeben können (Noël et al., 1999). Die ganze Entwicklung steht erst an ihrem Anfang. Zukünftige Sensoren (z. B. TES auf dem Satelliten Aura, vgl. Anm. 3) werden noch besser in die *Troposphäre* hinunter «sehen».

Ozon als Klimagas in der oberen Troposphäre

Ozon absorbiert *Infrarotstrahlung* in einem Spektralband, wo kaum anderen Gase (wie Wasserdampf und CO_2) absorbierend wirken («Infrarotfenster»). Deswegen ist Ozon ein effizientes *Treibhausgas*. Gemäss Modellrechnungen ist die Treibhauswirkung am grössten in der oberen *Troposphäre*, das heisst in ungefähr 7 bis 10 km Höhe. Schätzungen des IPCC (2001) gehen davon aus, dass die Zunahme des troposphärischen Ozons seit 1750 einem Treibhausantrieb (*Forcing*) von +0.35 W/m^2 entspricht. Das ist ein nicht zu vernachlässigender Beitrag zum anthropogenen *Treibhauseffekt*. Zum Vergleich: Auf das CO_2 entfallen auf den selben Zeitraum gerechnet +1.46 W/m^2. Unter anderem aus diesem Grund ist die Verteilung von Ozon in der mittleren und oberen *freien Troposphäre* zu einem wichtigen Thema geworden. Im Unterschied zu CO_2 ist Ozon aber ein sehr reaktives Gas mit verhältnismässig kurzer Lebensdauer, ein Gas, das dauernd neu gebildet wird. Deshalb müssten die wichtigsten chemischen Vorgänge bei Simulationen des zukünftigen Klimas mit *numerischen Modellen* mitberücksichtigt werden. Das stellt allerdings hohe Anforderungen an die Modellentwicklung und die Rechenleistung der Computer. Einige Klimamodelle haben bereits chemische Module, welche die Chemie der *Troposphäre* simulieren. Die chemischen Schemen sind aber in der Regel vereinfacht und die Resultate noch nicht befriedigend. Zweifellos wird aber die Zukunft in diese Richtung weisen.

Auch im Bereich der Messungen sind grosse Anstrengungen im Gang. Im Rahmen des MOZAIC-Projekts (Cho et al., 1999) wurden zahlreiche Linienflugzeuge (Airbus) mit Messgeräten versehen. Seit 1993 konnten Daten von weit über 10 000 Flügen zusammengetragen und daraus eine mehrjährige Klimatologie verschiedener Spurengase in der Tropopausenregion erstellt werden. Der Nachteil dieser Messungen ist, dass vor allem die Situation in den vermutlich verschmutzten Flugkorridoren gemessen wird. Solche Daten für Ozon auf der 236 hPa-Druckfläche (Flugkorridor in ca. 10 km Höhe) sind in Abbildung 30 dargestellt. Ein Teil der jahreszeitlichen und räumlichen Unterschiede in der Konzentration ist auf die Lage der *Tropopause* zurückzuführen. In den grauen und schwarzen Flächen (in den polaren Gegenden und im Frühling in den Mittelbreiten) lag die 236 hPa-Fläche bereits oft in der *Stratosphäre*. In den Tropen ist die *Tropopause* höher, und die 236 hPa-Fläche

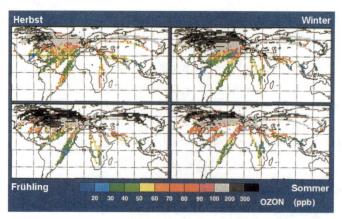

Abbildung 30: Mittlere Ozonkonzentration auf der 236 hPa-Druckfläche in verschiedenen Jahreszeiten aus MOZAIC-Daten zwischen September 1994 und August 1996 (aus Cho et al., 1999).

befindet sich in der *Troposphäre*. Das ist aber nicht der einzige Grund für die Unterschiede. Auch innerhalb der oberen *Troposphäre* zeigt die Ozonkonzentration ein Nord-Süd-Gefälle, wie bereits in Kapitel 2 auf der 400 hPa-Fläche festgestellt.

Was ist der Grund für die hohen Ozonkonzentrationen in den Mittelbreiten und Subtropen? Eine Vermutung ist, dass Stickoxide aus dem Flugverkehr in dieser Höhenlage zu photochemischer Ozonbildung führen. Forscher der ETH Zürich haben diese Frage im Rahmen des Projekts NOXAR untersucht. Dabei wurde mit einem Swissair-Jumbo ein Jahr lang die Stickoxidkonzentration gemessen (Brunner et al., 1998). Es konnte gezeigt werden, dass hohe Stickoxidkonzentrationen in der oberen *Troposphäre* zu einem Teil, aber längst nicht nur, durch den Flugverkehr verursacht sind. Verschiedene Fälle mit sehr hohen Konzentrationen wurden mit Konvektion von Luft aus der Grenzschicht während Gewitter oder mit direkter NO_x-Emission durch Blitze in Verbindung gebracht. Aus einem Vergleich mit Modellrechnungen wurde abgeleitet, dass bis auf eine Höhe von etwa 9 km (300 hPa-Fläche) Konvektion und damit vertikaler Transport von verschmutzter Luft aus der *planetaren Grenzschicht* die wichtigste Stickoxidquelle ist. Oberhalb dieser Höhe spielen die Emissionen durch Blitze eine grosse Rolle. Nur im Winter ist der Flugverkehr die Hauptquelle für Stickoxide (Grewe et al., 2001). Trotzdem gibt der Flugverkehr den Wissenschaftler/innen zu denken. Wenn dessen Wachstum so schnell voranschreitet wie vor den Terroranschlägen vom 11. September 2001 vorausgesagt, wird der Flugverkehr bald eine grosse Wirkung auf die Chemie der oberen *Troposphäre* haben.

Photochemische Bildung aus Stickoxiden ist nicht die einzige Quelle für Ozon in der oberen *Troposphäre*. Ozon kann auch transportiert worden sein. Es kann aus der *planetaren Grenzschicht* heraufgemischt worden sein oder aus der *Stratosphäre* eingedrungen sein. Beide Prozesse werden in den folgenden Abschnitten diskutiert.

Intrusion von stratosphärischer Luft in die freie Troposphäre

Die starke Temperaturinversion in der *Stratosphäre* unterbindet zwar den Austausch von stratosphärischer und troposphärischer Luft weitgehend, aber eben nicht völlig. Bei Frontenbildung oder im Zusammenhang mit Höhentiefs kann es vorkommen, dass stratosphärische Luft in die *Troposphäre* eindringt (vgl. Stohl und Trickl, 1999). Diese Luft zeichnet sich unter anderem durch hohen Gehalt an Ozon und einigen stratosphärischen Radionukliden sowie tiefe Konzentrationen von Wasserdampf und den kurzlebigeren der am Boden ausgestossenen Schadstoffen (Stickoxiden, SO_2) aus. Sie kann wieder in die *Stratosphäre* zurückkehren, oder sie kann in der *freien Troposphäre* verbleiben, bis sie sich soweit mit der Umgebungsluft vermischt hat, dass nicht mehr von stratosphärischer Luft gesprochen werden kann. Dieser Vorgang kann aber einige Tage dauern. So kommt es vor, dass relativ «frische» stratosphärische Luftpakete bis auf die Höhe von Bergstationen vordringen und dort zu einer kurzen, aber starken Zunahme der Ozonkonzentration führen. Man erkennt solche Ereignisse anhand der oben beschriebenen Merkmale. Für das Jungfraujoch sind einige Intrusionsereignisse untersucht worden (vgl. Davies und Schüpbach, 1994; Zanis et al., 1999a; Schüpbach et al., 1999).

Im vorigen Kapitel wurde bereits ein Beispiel mit hohen Gesamtozonwerten und tiefer *Tropopause* am 17. März 1999 vorgestellt (Abb. 19, vgl. Brönnimann et al., 2001a für die folgenden Ausführungen). Vom 13. bis 17. März zog damals ein Höhentief vom Schwarzen Meer in Richtung Alpen, verbunden mit einer lokal sehr niedrigen *Tropopause*. In solchen Situationen kann stratosphärische Luft in die *Troposphäre* eindringen. Bereits die dunklen Bänder im Wasserdampfbild von Meteosat (Abb. 19) sind ein Hinweis auf ungewöhnlich trockene Luft im Bereich der oberen *Troposphäre* (vgl. Appenzeller und Davies, 1992; Appenzeller et al., 1996a). Die trockene Luft reichte aber noch viel weiter herunter. Auf der 700 hPa-Druckfläche (entspricht etwa 3000 m ü. M.) zeigte sich am frühen Morgen des 17. März eine schmale Zone mit sehr trockener Luft, die sich von Polen bis Italien erstreckte und über den Alpen minimale Feuchtewerte erreichte (bis 0.1 g/kg). Sehr trockene Luft wurde auch an den Bergstationen beobachtet, beispielsweise auf der Zugspitze. Auf dem Jungfraujoch sank die Feuchte in der Nacht vom 16. zum 17. März unter 10% (Abb. 31). Gleichzeitig wurden zwei kurze Ozonspitzen von 72 und 81 ppb gemessen. Derart hohe Konzentrationen um diese Jahreszeit deuten auf Luft aus der oberen *Troposphäre* oder *Stratosphäre* hin. Solche Luft müsste tiefe Konzentrationen der kürzerlebigen Gase haben, welche vor allem in der unteren *Troposphäre* vorkommen. Tatsächlich war die Stickoxidkonzentration ($NO_x = NO + NO_2$) mit ungefähr 50 ppt (= 0.05 ppb) sehr niedrig.

Das Ereignis war von kurzer Dauer, das weist auf eine kleine räumliche Skala hin. Woher stammte diese Luft? Die Methode der Rückwärtstrajektorien kann hier weiterhelfen: Luftpakete werden anhand vorhandener dreidimensionaler Windfelder, die in der Regel aus einem *numerischen Wettermodell* stammen, Schritt für Schritt

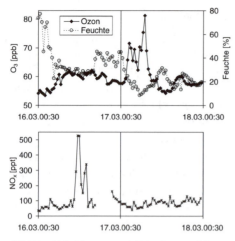

Abbildung 31: Messwerte von NO_x, Ozon und der relativen Feuchte (Halbstundenwerte) auf dem Jungfraujoch am 16. und 17. März 1999.

zurückverfolgt. Es gibt verschiedene frei erhältliche Trajektorienmodelle, mit welchen sich diese Berechnungen durchführen lassen (vgl. Anm. 9), wir verwenden hier das HYSPLIT4-Modell. In Abbildung 32 sind 96-Stunden-Rückwärtstrajektorien mit Ankunft am Morgen des 17. März in der westlichen Schweiz auf 2500 m über Grund dargestellt. Die Ankunftspunkte wurden zusätzlich variiert und um 1° in alle Himmelsrichtungen versetzt («Ensembles»), um die Zuverlässigkeit der Trajektorien beurteilen zu können. Der Weg der ozonreichen Luft kann demnach bis über Polen auf ungefähr 4 km Höhe zurückverfolgt werden . Wird weiter zurückgerechnet, haben kleine Änderungen in den Ankunftskoordinaten einen grossen Effekt auf das Ergebnis, besonders Versetzungen des Zielpunktes quer zur Strömungsrichtung. Die Luftpakete können ebenso gut von Grönland, vom Ural oder der Kolahalbinsel wie vom Balkan stammen. Allerdings kommen die mittleren drei Trajektorien alle von Russland her. Dort hat vermutlich das Intrusionsereignis stattgefunden: Vier Tage vor dem Ereignis auf dem Jungfraujoch lag nördlich des Schwarzen Meers ein starkes Höhentief. Gesamtozonwerte über 500 DU wurden dort beobachtet.

Die Trajektorien stimmen ungefähr mit dem Band trockener Luft im Meteosatbild (Abb. 19) überein und liegen auch etwa in der gleichen Achse wie die trockene Luft auf der 700 hPa-Fläche. Der Vorstoss von trockener Luft von Nordosten nach Südwesten in Richtung Alpen lässt sich mit einem meteorologischen Datensatz gut

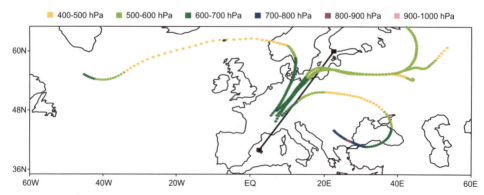

Abbildung 32: 96-Stunden-Rückwärtstrajektorien (Ensembles) mit Ankunft in Kerzersmoos auf 2500 m über Grund am 17. März 6 Uhr UTC. Die Linie zeigt die Lage des Querschnitts in Abb. 33 (vgl. Brönnimann et al., 2001a). Die Berechnungen wurden mit dem HYSPLIT4-Modell der NOAA durchgeführt (vgl. Anm. 9).

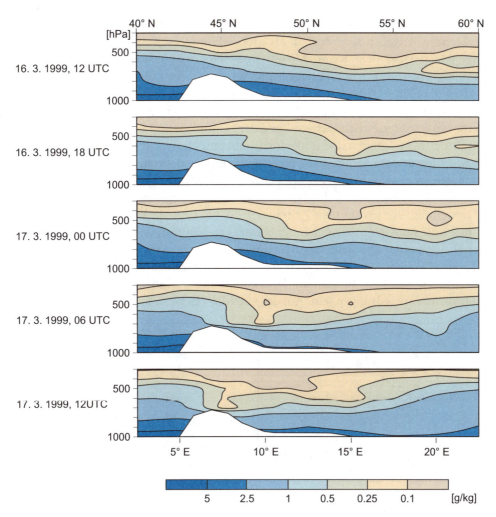

Abbildung 33: Links: Serie von Querschnitten der spezifischen Feuchte {g/kg} entlang der in Abb. 32 eingezeichneten Linie vom Boden bis auf die 300 hPa-Druckfläche. Die weisse Fläche gibt die Topographie an (Datenquelle: NCEP/NCAR-Reanalysedaten, Figur vgl. Brönnimann et al., 2001a).

nachvollziehen. Abbildung 33 zeigt eine sechsstündliche Abfolge von Vertikalschnitten der spezifischen Feuchte vom Boden bis auf die 300 hPa-Druckfläche entlang der in Abbildung 32 eingezeichneten Linie. Die Querschnitte zeigen bereits am Anfang trockene Luft in der mittleren *Troposphäre* über der Ostsee. Es entwickelte sich dann eine immer tiefer hinunter reichende Zunge trockener Luft. Diese erreichte die Alpen am Morgen des 17. März, also genau zum Zeitpunkt der Ozonspitzen auf dem Jungfraujoch.

Intrusionen stratosphärischer Luft in die *Troposphäre* sind häufige Ereignisse. Eine stark ausgebuchtete oder gefaltete Tropopause kommt bei jedem Höhentief vor, nur dringt die stratosphärische Luft nicht immer gleich tief in die *Troposphäre* ein. Es ist deshalb schwierig, Zahlen zu nennen, ohne eine genaue Definition anzugeben. Die folgenden Angaben sind deshalb als grober Hinweis auf die Grössenordnung zu verstehen. Über dem Raum Mittel- und Südeuropa fanden Appenzeller et al. (1996a) etwa ein Intrusionsereignis pro Woche. In der Luftsäule der freien *Tropo-sphäre* über einem Standort in den Alpen befindet sich an einigen Prozenten aller Tage stratosphärische Luft (vgl. Stohl et al., 2000; Elbern et al., 1997). Es gibt aber eine starke jahreszeitliche Schwankung der Häufigkeit und Stärke solcher Ereignis-se. In den Mittelbreiten sind starke Intrusionsereignisse im Winter und Frühling am häufigsten und im Sommer fast nicht vorhanden (vgl. Stohl, 2001).

Intrusionsereignisse im Zusammenhang mit Höhentiefs verlaufen typischerweise so wie oben beschrieben. Das ist in Abbildung 34 nochmals gezeigt. Für diese Darstellung wurden aus dem Zeitraum 1988 bis 1996 28 Wintertage mit mögli-chen Intrusionsereignissen über der Schweiz ausgewählt, und zwar aufgrund ihrer stark nach oben abweichenden Gesamtozonwerte in Arosa (vgl. Anm. 10). Die *Tropopause* reichte an diesen Tagen über Zentraleuropa deutlich weiter herunter als normalerweise (Abb. 34 oben links), es könnte also stratosphärische Luft in die *freie Troposphäre* eingedrungen sein. Auf der 400 hPa-Fläche (auf ca. 7 km Höhe) war die

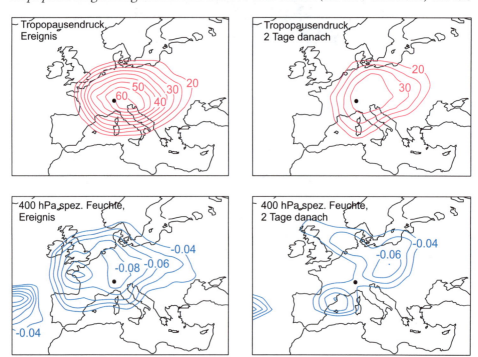

Abbildung 34: Mittlere Abweichung des Tropopausendrucks (oben, hPa, nur Abweichungen >20 hPa sind dargestellt) und der spezifischen Feuchte auf 400 hPa (unten, g/kg, nur Abweichungen unter -0.04 g/kg sind dargestellt) an Wintertagen mit grossen positiven Abweichungen des Gesamtozons über Arosa (links), respektive zwei Tage nachher (rechts) in der Zeit von 1988 bis 1996 . Die mittleren Abweichungen beziehen sich auf die langjährigen Monatsmittel über diese Zeit. Der Punkt markiert die Lage von Payerne. Datenquelle: NCEP/NCAR-Reanalysedaten (Kalnay et al., 1996).

Luft sehr trocken (unten links), allerdings im Vergleich zur Vertiefung der *Tropopause* leicht nordwärts respektive nordwestwärts verschoben. Die entsprechenden Felder zwei Tage nach den Ereignissen sind in der rechten Hälfte von Abbildung 34 gezeigt. Die Eindellung der *Tropopause* ist viel schwächer geworden, hat sich aber kaum von der Stelle bewegt. Dagegen erscheinen die beiden Zentren mit trockener Luft auf der 400 hPa-Fläche deutlich als trockene «Spuren». Sie haben sich im Gegenuhrzeigersinn um die mittlere Lage des Höhentiefs herum bewegt, ähnlich wie die trockene Luft auf dem Satellitenbild vom 17. März 1999.

Tägliche dreidimensionale Daten der Ozonverteilung in der *Troposphäre* stehen leider nicht zur Verfügung. Wir begnügten uns deshalb mit den Sondierungen von Payerne. In Abbildung 35 sind die mittleren Ozonprofile in Payerne für alle Wintertage, für die Ereignistage sowie für die beiden folgenden Tage dargestellt. An den Ereignistagen war die Ozonkonzentration in der oberen *Troposphäre* (7–9 km) leicht erhöht, ein oder zwei Tage nach Ereignissen im Bereich zwischen 6 und 8 km (ungefähr 400 hPa). Dabei dürfte es sich um stratosphärisches Ozon handeln, jedoch kann man aus Abbildung 34 vermuten, dass wohl anderswo als in Payerne nach eingedrungenem stratosphärischem Ozon zu suchen wäre.

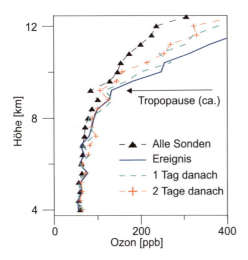

Sind alle Fälle von hohen Ozonkonzentrationen in der freien *Troposphäre* auf stratosphärische Luft zurückzuführen? Abbildung 36 zeigt 5-Tages-Rückwärtstrajektorien mit Ankunft auf 5250 m ü M. über Payerne für sämtliche Sondierungen zwischen 1972 und 1999, an welchen auf der 500 hPa-Druckfläche die Ozonkonzentration über 110 ppb lag. Insgesamt gab es 14 derartige Ereignisse. In drei oder vier Fällen stammte die Luft gemäss diesen Berechnungen aus der unteren *freien Troposphäre*. Diese Ereignisse können kaum direkt auf stratosphärische Intrusionen zurückgeführt werden. Vier Mal kam die Luft jedoch ziemlich direkt von der *Stratosphäre* über

Abbildung 35: Mittelwerte der Ozonsondierungen (3 mal wöchentlich) von Payerne an allen Wintertagen, an Tagen mit grossen positiven Abweichungen des Gesamtozons über Arosa von 1988 bis 1996 im Winter (wie Abb. 34), sowie ein und zwei Tage danach (Figur wurde von Eleni Galani und Prodromos Zanis zur Verfügung gestellt).

Grönland in die Schweiz. In den übrigen Fällen stammte die Luft gemäss diesem Modell aus Höhen zwischen 300 und 400 hPa. Hier ist die *Stratosphäre* zumindest die wahrscheinlichere Quelle als die Grenzschicht. Die gestellte Frage kann also nicht abschliessend beantwortet werden. Im nächsten Abschnitt wird näher auf Ferntransport eingegangen.

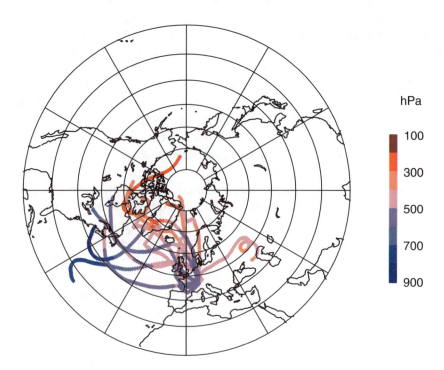

hPa

100
300
500
700
900

Abbildung 36: 5-Tages-Rückwärtstrajektorien mit Ankunft über Payerne auf 5250 m ü. M. für alle Ereignisse mit Ozonkonzentrationen über 110 ppb auf der 500 hPa-Druckfläche in den Sondierungen (1972 bis 1999). Basierend auf NCEP Reanalysedaten, berechnet mit dem HYSLPIT4-Modell der NOAA (vgl. Anm. 9).

Zum Schluss soll noch die methodische Frage betrachtet werden, wie der Fluss von stratosphärischem Ozon in die *freien Troposphäre* quantifiziert werden kann. Für den Gesamtmassenaustausch durch die *Tropopause* der extratropischen nördlichen Hemisphäre hindurch gibt es auf meteorologischen Daten beruhende Abschätzungen (Appenzeller et al., 1996b). Die Annahme dabei ist, dass sich Luft nur entlang isentroper Flächen (Flächen gleicher *potentieller Temperatur*) frei bewegen kann. Die *Tropopause* schneidet in einigen Bereichen isentrope Flächen, auf denen folglich der Stratosphären-Troposphären-Austausch stattfinden muss. Die Massenbilanz des Volumens, das zwischen der untersten ganz in der *Stratosphäre* liegenden isentropen Fläche und der *Tropopause* «gefangen» ist, entspricht dann ungefähr dem Massenaustausch durch die *Tropopause*. Das Volumen wird dabei von oben durch auskühlende (d. h. sich nicht auf isentropen Flächen bewegende) absinkende stratosphärische Luft nachgefüllt. Ein hochaufgelöster meteorologischer Datensatz kann auch dazu verwendet werden, Zehntausende von Trajektorien in der *Troposphäre* und *Stratosphäre* starten zu lassen und zu verfolgen, ob sie durch die Tropopause dringen oder nicht. Stohl (2001) hat eine solche Klimatologie von Trajektorien vorgelegt. Für die Quantifizierung des aus der *Stratosphäre* stammenden Ozonanteils werden oft Simulationen mit globalen meteorologischen und chemischen Modellen verwendet (Roelofs und Lelieveld, 1997). Dabei wird das Ozon aus der *Stratosphäre* «markiert» und kann so in der *Troposphäre* wiedergefunden werden. Dabei stellt sich das Problem, ab wann Ozon nicht mehr «stratosphärisch» ist; schliesslich wird ja dauernd Ozon photolytisch zerstört und aus den Bruchstücken Sekundenbruchteile später wieder neu gebildet. Ein vierter Ansatz schliesslich beruht auf der Messung von stratosphärischen Tracern: Spurengasen, die nur in der *Stratosphäre* entstehen können und deren Konzentration in der *Troposphäre* Rückschlüsse auf den Transport durch die Tropopause ermöglicht. Im Rahmen der Projekte VOTALP und STAC-CATO wurden zu diesem Zweck die Konzentrationen verschiedener Beryllium-Isotope (Be-7 und Be-10) an mehreren Stationen in den Alpen kontiunuierlich gemessen.

Aus diesen Arbeiten wird klar, dass ein beträchtlicher Teil des Ozons in der freien *Troposphäre* stratosphärischen Ursprungs ist. Diese Anteil ist aber wiederum stark abhängig von der Höhe, der Jahreszeit und dem Ort. Und er ist auch abhängig davon, wie man stratosphärisches Ozon in der *freien Troposphäre* definiert.

Ferntransport

Die Frage, wie lange stratosphärische Luft nach dem Eindringen in die *Troposphäre* noch als solche bezeichnet werden kann, führt zur generellen Frage des Ferntransports. Die chemische Charakteristik eines Luftpakets in der *freien Troposphäre* wird einerseits durch Mischungsvorgänge, andererseits durch chemische Reaktionen verändert. Weil die *UV-Strahlung* nicht so stark ist wie in der *Stratosphäre*, aber gleichzeitig die Temperaturen niedrig und die Konzentrationen anderer Gase gering sind, ist die chemische Lebensdauer von Ozon in der *freien Troposphäre* recht lang. Entsprechend können auch die Transportwege lang sein. Nicht nur die *Stratosphäre* ist eine mögliche «externe» Quelle für Ozon in der *freien Troposphäre*, sondern auch die *planetare Grenzschicht*. Ein ozonreiches Luftpaket aus der *planetaren Grenzschicht* kann sich, einmal in der *freien Troposphäre* angelangt, mit Luft aus der *freien Troposphäre* mischen. Es ist aber auch möglich, dass ein Luftpaket relativ kompakt über weite Strecken transportiert wird. Im ersten Fall leisten die Spurengase der Grenzschicht einen kleinen Beitrag zum grossräumigen Mittelwert. Im zweiten Fall handelt es sich um eigentliche Abluftfahnen, die auch nach mehreren Tausend Kilometern noch erkennbar sind und eventuell sogar einer Quellregion zugeordnet werden können. In den Vereinigten Staaten mehren sich besorgte Wissenschaftler/innen, die befürchten, dass die stark steigenden Emissionen von Ozonvorläuferschadstoffen in China und Ostasien die amerikanischen Bestrebungen zur Verminderung der bodennahen Ozonbelastung zunichte machen (Jacob et al., 1999, vgl. auch Wilkening et al., 2000). Für Europa kommt vor allem Amerika als Quelle in Frage, während die europäische Abluftfahne meist über Asien zieht. Stohl und Trickl (1999) haben den Transport von Ozon von Nordamerika bis nach Europa in einem Beispiel diskutiert. Über Europa war das entsprechende Luftpaket, in der oberen *Troposphäre*, immer noch deutlich als ehemalige Grenzschichtluft zu erkennen (vgl. auch Stohl, 2001).

Im Folgenden sei ein Beispiel aus der Schweiz dargestellt. In der Sondierung von Payerne wurde am 29. April 1988 auf der 500 hPa-Druckfläche eine Ozonkonzentration von 102 ppb gemessen. Das ist ein recht hoher Wert, typische Werte für diese Jahreszeit sind zwischen 40 und 80 ppb. Die berechneten 7-Tages-Rückwärtstrajektorien für diesen Fall (Ensembles) sind in Abbildung 37 dargestellt. Natürlich ist eine Trajektorienrechnung über eine so lange Zeit mit Unsicherheiten behaftet. Allerdings stimmen die fünf Trajektorien untereinander gut überein. Demnach stammte die Luft aus der Grenzschicht des Südostens der USA, strömte danach über den Atlantik Richtung Nordosten und wurde dabei angehoben. Über dem östlichen Atlantik drehte die Strömung leicht, die Luft ist floss südostwärts und erreichte Payerne schliesslich von Südwesten her. Um diese Jahreszeit kann in der Grenzschicht bereits recht effizient Ozon produziert werden (vgl. nächstes Kapitel). Es ist anzunehmen, dass die hohe Ozonkonzentration unter anderem durch «Photosmog» aus dem amerikanischen Südosten und der Ostküste verursacht waren.

Der Weg des Luftpakets von der Grenzschicht des Südosten der USA über den Atlantik in die obere oder mittlere *freie Troposphäre* über Europa ist sehr typisch für Ferntransport. Stohl (2001) hat diesen Fall in seiner bereits erwähnten Trajektorienklimatologie oft angetroffen. Dieser «klassische» Fall des Transports über den Atlantik wird «Warm Conveyor Belt» genannt (vgl. Cooper et al., 2001). Auch er steht – wie die Intrusion stratosphärischer Luft – im Zusammenhang mit einem wandernden Tiefdruckgebiet. Luft der Grenzschicht über der amerikanischen Ost-

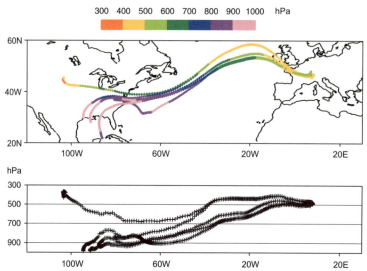

Abbildung 37: 7-Tages-Rückwärtstrajektorien mit Ankunft über Payerne auf der 500 hPa-Druckfläche am 29. April 1988 um 12 UTC, basierend auf NCEP Reanalysedaten, berechnet mit dem HYSLPIT4-Modell der NOAA. Der Ankunftspunkt wurde um 1° in alle Richtungen variiert. Unten sind die Vertikalkomponenten dargestellt (vgl. Anm. 9).

küste wird im Warmsektor vor einer Kaltfront gehoben, fliesst zuerst typischerweise in nordöstliche Richtung und aufwärts und danach in der *freien Troposphäre* westlich in Richtung europäische Atlantikküste. Es wäre jetzt interessant zu zeigen, wie gross der Einfluss von Ferntransport amerikanischer Vorläuferschadstoffe oder Ozon für die Ozonkonzentration in der *freien Troposphäre* über der Schweiz ist. Zur Zeit liegen zu dieser Frage aber noch keine Arbeiten vor.

Chemie des Ozons in der freien Troposphäre

Die *freie Troposphäre* ist nicht nur ein Transportmedium für Ozon und andere Schadstoffe, es finden auch chemische Umsätze statt. Das Verständnis der Chemie der *freien Troposphäre* wird als wichtig eingestuft. Dabei geht es nicht nur um die Verschmutzung der Luft, sondern auch um die Klimarelevanz der chemischen Vorgänge. Auch in der *freien Troposphäre* spielt die Sauerstoffchemie und die «odd oxygen»-Bilanz eine entscheidende Rolle, viele der wichtigen Reaktionen sind die gleichen wie im vorigen Kapitel besprochen. Im Unterschied zur *Stratosphäre* ist aber keine *UVC-Strahlung* vorhanden, um O_2 aufzuspalten, dafür meist genügend Wasserdampf, um mit einem signifikanten Anteil des angeregten atomaren Sauerstoffs $O(^1D)$ zu reagieren, bevor dieser in den Grundzustand $O(^3P)$ übergehen und Ozon zurückbilden kann. Daraus entsteht eine Chemie, in welcher das OH-Radikal (Hydroxylradikal) im Zentrum steht. Das Schema der Sauerstoffchemie ist in Abbildung 38 oben rechts gezeigt (für die Reaktionsgleichungen vgl. Anm. 11). Ozon wird durch *UVB-Strahlung* aufgespalten, der angeregte Sauerstoff reagiert mit Wasserdampf und bildet Hydroxylradikale. Dabei wird Ozon photochemisch zerstört.

Das äusserst reaktive Hydroxylradikal kann in einem katalytischen Zyklus Ozon abbauen, im Prinzip genau so wie in der *Stratosphäre*. Das OH-Radikal wird dabei zum Wasserstoffperoxiradikal HO_2; die beiden werden deshalb oft als HO_x zusammengefasst. Dieser Reaktionszyklus ist in Abbildung 38 unten rechts dargestellt (vgl. Anm. 11). Anders als die *Stratosphäre* ist die *freie Troposphäre* – werden keine weiteren Reaktionen und Gase mehr berücksichtigt – eine photochemische Senke für Ozon. Es gibt aber auch andere Gase in der *Troposphäre*, deren chemischer Einfluss eine Rolle spielt. Ein wichtige Gruppe von Spurengasen sind die Stickoxide. NO_2 kann photolytisch (durch *UVA-Strahlung*) aufgespalten werden, wobei NO und atomarer Sauerstoff im Grundzustand entsteht:

$$NO_2 + h\nu \ (\lambda < 420 \text{ nm}) \quad \rightarrow \quad NO + O(^3P) \qquad (R9)$$

$O(^3P)$ kann dann mit molekularem Sauerstoff zu Ozon reagieren (Reaktion R3). Die Photolyse von NO_2 gefolgt von R3 ist die einzige ozonbildende Reaktion in der *Troposphäre*. NO reagiert aber wiederum mit Ozon zu NO_2:

$$NO + O_3 \quad \rightarrow \quad NO_2 + O_2 \qquad (R10)$$

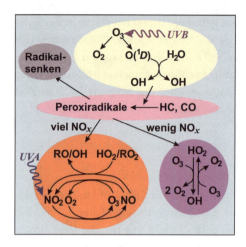

Abbildung 38: Schematische Darstellung der Ozon-chemie in der Troposphäre.

Tagsüber im Sommer sind diese Reaktionen alle schnell, und es stellt sich wie in der *Stratosphäre* ein Gleichgewicht ein, das «photostationäre Gleichgewicht». Die Ozonkonzentration in diesem Gleichgewicht kann auf folgende Weise formuliert werden:

$$[O_3] = J_{NO2} [NO_2] / k_{NO+O3} [NO],$$

wobei J_{NO2} die Photolyserate von NO_2 darstellt und k_{NO+O3} die Geschwindigkeit von Reaktion R10. Eckige Klammern bezeichnen Konzentrationen. Ozon kann sich in diesem Gleichgewicht nicht anreichern. Eine solche Netto-Ozonbildung ist nur möglich, wenn weitere Reaktionen berücksichtigt werden. Diese führen denn auch zu einer andauernden leichten Abweichung vom photostationären Gleichgewicht. Anhand der obigen Gleichung kann leicht nachvollzogen werden, in welche Richtung die Störung des Gleichgewichts gehen muss: NO muss in NO_2 übergeführt werden, ohne dass dabei Ozon zerstört wird, also in Umgehung von Reaktion R10. Dies geschieht allgemein durch Reaktion von NO mit Peroxiradikalen (vgl. Anm. 11), wobei es sich hier entweder um das Wasserstoffperoxiradikal HO_2 oder um organische Peroxiradikale RO_2 handeln kann:

| RO_2 | + | NO | $\rightarrow$ | NO_2 | + | RO | (R11) |
| HO_2 | + | NO | $\rightarrow$ | NO_2 | + | OH | (R12) |

R steht für einen organischen Rest. Jedesmal, wenn diese Reaktion stattfindet, wird ein Ozonmolekül eingespart. Peroxiradikale spielen deshalb in der Ozonbildung der *Troposphäre* eine entscheidende Rolle. Dieser Reaktionszyklus ist in der Abbildung 38 unten links dargestellt.

HO_2 kann aus der Reaktion von OH mit Ozon stammen, aber es gibt auch andere Quellen für organische und Peroxiradikale. Eine wichtige Quelle ist die Oxidation von Spurengasen wie Kohlenmonoxid oder Kohlenwasserstoffen durch das OH-Radikal (vgl. Anm. 11). Dieser Mechanismus ist in Abbildung 38 in der Mitte dargestellt. Auf diese Weise können OH-Radikale nicht nur den Ozonabbau, sondern auch die Ozonbildung beschleunigen. Die Abbaumechanismen von Kohlenwasserstoffen «gehören» räumlich traditionellerweise in den Bereich der *planetaren Grenzschicht* und werden deshalb erst im nächsten Kapitel eingehender behandelt. Die Peroxiradikale haben jedoch auch andere Reaktionsmöglichkeiten als die Reaktion mit NO oder mit Ozon und werden so aus dem System entfernt. Das ist in

Abbildung 38 oben links angedeutet. Da die Radikalsenken vor allem im Zusammenhang mit der Ozonbildung in der *planetaren Grenzschicht* eine Rolle spielen, werden auch sie erst im nächsten Kapitel näher betrachtet.

Es ist eine offene Frage, welche Spurengase zu welchem Anteil zur Radikal- und schliesslich zu Ozonbildung in der *freien Troposphäre* beitragen. Neue Forschungen deuten darauf hin, dass unter anderem die Photolyse und Oxidation organischer Substanzen wie Aceton eine wichtige Quelle für HO_x ist (vgl. Jaeglé et al., 2001). Generell tragen die weniger reaktiven und daher längerlebigen Kohlenwasserstoffe, insbesondere Methan, sowie Kohlenmonoxid einen grossen Teil zur Peroxiradikalbildung in der *freien Troposphäre* bei. Die Quellen dafür befinden sich entweder in der *planetaren Grenzschicht*, oder es handelt sich um Produkte des Abbaus anderer Kohlenwasserstoffe in der Atmosphäre. Kohlenmonoxid entsteht bei der Verbrennung von fossilen Brennstoffen oder von Biomasse, zum Beispiel bei Waldbränden, durch Praktiken der tropischen Landwirtschaft oder bei der Verwendung von Holz als Brennstoff. Der Einfluss von Biomassenverbrennung auf die Chemie der Atmosphäre ist derzeit ein hochaktuelles Forschungsthema (Wotawa und Trainer, 2000; Thompson et al., 2001). Wichtige Quellen für NO_x in der *freien Troposphäre* sind, wie eingangs bereits erwähnt, Blitze und Emissionen von Flugzeugen sowie natürlich der Transport von Stickoxiden aus der *planetaren Grenzschicht* in die *freie Troposphäre*. Die Frage der natürlichen und anthropogenen Quellen von Spurengasen, welche für die Chemie der globalen *freien Troposphäre* relevant sind, ist noch nicht gelöst. Die Beobachtungen decken sich nicht immer mit den Erwartungen, und viele Quantifizierungen stehen noch auf wackeligen Beinen (vgl. auch Singh et al., 2001; Prinn et al., 2001).

Mit den oben aufgeführten Reaktionen lassen sich sowohl Reaktionszyklen bilden, welche zu Ozonbildung führen (Peroxiradikale reagieren mit NO, in Abb. 38 links gezeichnet) als auch solche, welche zu Ozonabbau führen (Wasserstoffperoxiradikale reagieren mit Ozon, in Abb. 38 rechts gezeichnet). Was dominiert jetzt? Diese Frage ist nicht einfach zu beantworten. Die Lösung hängt zu einem grossen Teil von der Stickoxidkonzentration ab. Ab einer NO-Konzentration von etwa 20 bis 80 ppt (oder 0.02 bis 0.08 ppb) wird angenommen, dass die Produktion von Ozon dominiert (Carpenter et al., 1997), jedoch ist diese Grenze von weiteren Faktoren wie der Jahreszeit, der geographischen Breite und der Höhe über Meer abhängig. In der oberen *Troposphäre* ist die Schwelle tiefer und die Konzentration so, dass Ozon in-situ produziert werden kann. Hier zeigt sich auch ein Sommermaximum der Ozonkonzentration, das mit photochemischer Produktion in Verbindung gebracht wird. Insgesamt ist die *freie Troposphäre* eine Quelle für Ozon (vgl. Parrish et al., 1999; Jacob, 2001; Jaeglé et al., 2001). In ländlichen Gebieten und in der unteren *freien Troposphäre* in Europa hat sich die Ozonkonzentration auf Grund der sich vervielfachenden Emissionen in den letzten fünf Jahrzehnten grob verdoppelt (vgl. Staehelin et al., 1994).

Auf dem Jungfraujoch wurden in den letzten 5 Jahren unter der Leitung von Eva Schüpbach drei intensive Feldkampagnen durchgeführt, um die Ozonbildung in der *freien Troposphäre* besser zu verstehen (FREETEX'96, '98 und 2001). Dabei wurden neben vielen anderen Spurengasen auch Peroxiradikale gemessen. Die Feldexperimente fanden jeweils im Winter/Frühling statt, unter nicht immer angenehmen Arbeitsbedingungen für die ständig dort arbeitenden Forscher (Abb. 39). Für die detaillierten wissenschaftlichen Ergebnisse sei auf die zahlreichen Fachpublikationen hingewiesen (z. B. Zanis et al., 1999b, 2000a, b). Hier sei nur ein kleines Beispiel angefügt. Abbildung 40 zeigt den mittleren Tagesgang der Peroxiradikal- und Ozonkonzentration während sechs Schönwettertagen der FREETEX'98-Kampagne. Der Tagesgang der Peroxiradikalkonzentration mit einem ausgeprägten Maximum am Mittag bestätigt klar die photochemische Herkunft. Die Stickoxidkonzentrationen lagen an diesen Tagen um 0.1 ppb oder darüber. Unter solchen Verhältnissen können die Peroxiradikale zur Ozonbildung beitragen. Zanis et al. (2000b) haben dies für eine leicht andere Auswahl von Tagen aus dieser Kampagne durch Modellrechnungen und Messungen bestätigt. Der mittlere Ozontagesgang dieser Tage zeigt denn auch einen Anstieg während den Tagesstunden.

In diesem Beispiel dominierte auf dem Jungfraujoch, in der *freien Troposphäre*, vermutlich das ozonaufbauende chemische Regime. Ende März 1998 wurden aber auch im Flachland hohe Ozonwerte verzeichnet (vgl. S. 101), mit welchen die Ozonpro-

Abbildung 39: Kalibration der Peroxiradikalmessungen auf dem Jungfraujoch während der FREETEX 2001-Kampagne (Foto: S. Brönnimann).

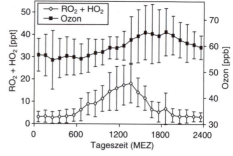

Abbildung 40: Mittlerer Tagesgang der Peroxiradikal- (HO$_2$ + RO$_2$) und Ozonkonzentration auf dem Jungfraujoch während sechs Tagen der FREETEX'98-Kampagne mit mindestens 90% relativer Sonnenscheindauer (24., 25., 26., 29., 30. und 31. 3.). Die Symbole sind Stundenmittelwerte, die Fehlerbalken zeigen eine Standardabweichung, ausgehend von 1-Minuten-Werten. Die Daten wurden von Paul Monks, Graham Mills und Prodromos Zanis zur Verfügung gestellt (vgl. Zanis et al., 2000b).

duktion auf dem Jungfraujoch möglicherweise in Zusammenhang steht. Ein anderes Beispiel, bei welchem vermutlich das ozonabbauende Regime zum Tragen kam, ist die bereits erwähnte stabile Hochdruckepisode im Februar 1993 (vgl. Kapitel 3, Abb. 17). Bei solchen Lagen dominiert in der unteren *Troposphäre* oft *Subsidenz*, das heisst grossräumig absinkende Luft. Damit wird die Grenzschichtinversion verstärkt und der Transport von verschmutzter Luft aus der Grenzschicht entlang der Täler und Hänge ins Gebirge vermindert. In Abbildung 41 sind für die Periode vom 10. bis

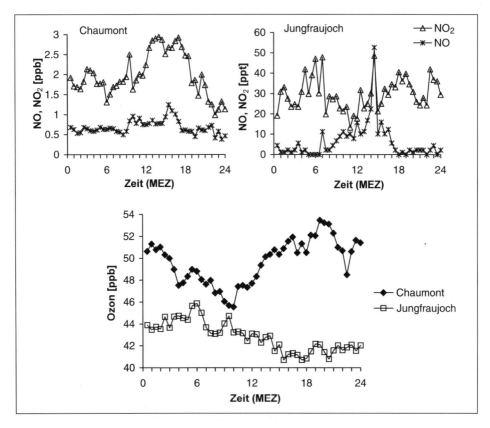

Abbildung 41: Mittlerer Tagesgang der NO- und NO₂-Konzentration (oben, Mediane) sowie der Ozonkonzentration (unten, Mittelwerte) auf dem Chaumont und dem Jungfraujoch für die Zeit vom 10. bis 15. Februar 1993 (vgl. Brönnimann und Neu, 1998).

15. Februar die mittleren Tagesgänge der Ozon- und Stickoxidkonzentrationen an den Standorten Jungfraujoch und Chaumont (1140 m ü. M.) gezeigt (vgl. Brönnimann und Neu, 1998).

Die Konzentrationen von NO und NO_2 waren auf dem Jungfraujoch sehr gering, in der Regel unterhalb von 50 ppt (parts per trillion). Das ist typisch für saubere Luft der *freien Troposphäre*. Diese Situation war offenbar weder durch Emissionen noch durch Transport gestört. Das zeigt sich an den charakteristischen Tagesgängen der Stickoxidkonzentrationen (hier wurde der Medianwert genommen). In der Nacht war kein NO vorhanden, da alles NO durch Ozon oxidiert worden war und es keine lokalen Emissionen gab. NO begann nach Sonnenaufgang anzusteigen und erreichte ein Maximum am Mittag, gleichzeitig sank NO_2 auf minimale Werte. Das ist ein starkes Indiz dafür, dass dieses NO vor allem photochemischen Ursprungs war (Reaktion R9).

Es ist angesichts der sehr niedrigen Stickoxidkonzentrationen zu vermuten, dass Ozon photochemisch abgebaut wurde. Der mittlere Ozontagesgang (Mittelwerte) über diese Zeit ist in der unteren Figur gezeigt. Tatsächlich nahm die Ozonkonzentration tagsüber ab und während der Nacht zu, genau wie das bei einer photochemischen Senke für Ozon tagsüber und einem «Auffüllen» (Mischung aus einem Reservoir) während der Nacht erwartet würde. Allerdings ist ein solcher mittlerer Ozontagesgang, genau wie oben, nicht mehr als ein erstes Indiz für die chemischen Vorgänge.

Lokale Transportprozesse und Export von verschmutzter Luft aus der planetaren Grenzschicht in die freie Troposphäre

Neben der Intrusion stratosphärischer Luft und der Ozonbildung in der *freien Troposphäre* übt auch die *planetare Grenzschicht* einen Einfluss auf die Ozonkonzentration in der *freien Troposphäre* aus. Bereits im Abschnitt über den Ferntransport wurde die *planetare Grenzschicht* als Ozonquelle betrachtet. In diesem Abschnitt wird genauer erklärt, wie der Austausch an der Obergrenze der *planetaren Grenzschicht* erfolgt. Dabei wird das gleiche Beispiel wie im vorigen Abschnitt verwendet, die Episode im Februar 1993.

Die Station auf dem Chaumont liegt auf 1140 m ü. M., viel näher an den Emissionsquellen des Mittellands als beispielsweise das Jungfraujoch. Oft, aber nicht immer, liegt die Station innerhalb der *planetaren Grenzschicht*. Während der betrachteten Periode lag der Chaumont oberhalb einer Hochnebeldecke, die jeweils am Morgen das Mittelland bedeckte und sich in den frühen Nachmittagsstunden auflöste. Die Station befand sich oberhalb oder innerhalb der starken *Inversion* über dem Schweizer Mittelland. Die Messungen zeigen nicht wie auf dem Jungfraujoch die Verhältnisse der *freien Troposphäre*. Das betrifft zum Einen die Grössenordnung der Stickoxidkonzentrationen, die auf dem Chaumont 50–100 Mal grösser waren als auf dem Jungfraujoch. Andererseits unterscheiden sich auch die mittleren Tagesgänge (Medianwerte). Sowohl NO als auch NO_2 erreichten auf dem Chaumont ihr Maximum tagsüber. Das ist ein Hinweis darauf, dass trotz der starken *Inversion* die Hangaufwinde entlang des Südosthangs genügend stark waren, um Luftschadstoffe aus der stark verschmutzten *planetaren Grenzschicht*, wo die Stickoxidkonzentrationen nochmals rund 10 Mal grösser waren als auf dem Chaumont, aufwärts zu befördern. Der Chaumont war tagsüber also zwar über der Grenzschicht, aber doch nicht in der *freien Troposphäre*. Unter diesen Verhältnissen konnte vermutlich sogar trotz der noch nicht so starken Sonnenstrahlung Ozon gebildet werden: Der mittlere Ozontagesgang zeigt ein deutliches Maximum am Nachmittag und am frühen Abend. Dieses Maximum war um Vieles höher als die gleichzeitig im Schweizer Mittelland gemessenen Maxima und auch höher als das Maximum auf dem Jungfraujoch in der freien *Troposphäre*.

In der Nacht hörte der leichte Hangaufwind auf, und entlang der Jurahänge setzten Kaltluftabflüsse ein. Dadurch wurde auf der Höhe der Bergrücken Luft aus der *freien Troposphäre* nachgesogen und in das System der Kaltluftabflüsse eingespiesen. In diesem Beispiel waren die nächtlichen Stickoxidwerte auf dem Chaumont deutlich geringer als am Tag. Mit 2 bis 2.5 ppb waren sie aber immer noch so hoch, dass sicher nicht von Luft aus der «*freien Troposphäre*» gesprochen werden kann. Hier wäre es wohl angebracht, die Schicht oberhalb des Nebels als zusätzliche, zwischengeschaltete Schicht zu bezeichnen, in der sich, wenn auch in weit geringerem Mass als in der Grenzschicht, ebenfalls Schadstoffe anreichern können.

Durch Vorgänge wie den oben beschriebenen findet ein Austausch von Luft zwischen der *planetaren Grenzschicht* und der *freien Troposphäre* statt. Thermische Windsysteme wie Hangaufwinde oder Talwinde sind dabei besonders wichtig. Die Alpen mit ihren steilen Tälern und Flanken und mit ihren grossen Heiz- und Abkühlungsflächen spielen deshalb in diesem Austausch in kontinentalem Massstab möglicherweise eine wichtige Rolle. Im Rahmen des VOTALP Projekts wurden vertikale Austauschprozesse in den Alpen unter anderem durch Messungen im Misox in der Südschweiz intensiv studiert (vgl. Prévôt et al., 2000; Furger et al., 2000), und aus diesen Analysen ist zu vermuten, dass durch die Hang- und Talwinde ein beträchtlicher Export von verschmutzter Grenzschichtluft in die *freie Troposphäre* stattfindet.

Nicht nur Gebirge spielen eine wichtige Rolle beim Export von verschmutzter Grenzschichtluft in die freie *Troposphäre*. Begünstigt wird ein solcher Export beispielsweise auch, wenn Abluftfahnen von Küstenstädten über das Meer transportiert werden. Dabei spielen auch Grenzschichtprozesse eine Rolle, indem sich über dem Meer eine neue, weniger hohe Grenzschicht herausbildet und die Abluftfahne dadurch vom Boden abgehoben wird. Dies kann beispielsweise vor der amerikanischen Ostküste geschehen. Im Rahmen verschiedener grosser experimenteller Projekte werden derartige Vorgänge zur Zeit untersucht. Das NARE-Projekt (North Atlantic Regional Experiment, vgl. IGACtivities Newsletter No. 24, August 2001) befasst sich mit dem Export verschmutzter Luft von Nordamerika über den Nordatlantik, und im Rahmen des auf *Aerosole* ausgerichteten Projekts ACE-2 (Aerosol Characterisation Experiment) wurden unter anderem Charakteristika des Transports der westeuropäischen Abluftfahne zu den Kanarischen Inseln untersucht. In den bereits erwähnten Projekten INDOEX im Indischen Ozean und PEM im Pazifik werden solche Vorgänge ebenfalls untersucht.

Ein weiterer wichtiger Austauschprozess zwischen der Grenzschicht und der *freien Troposphäre* ist derjenige durch Gewitter und hochreichende Konvektion. In Gewitterzellen kann frisch verschmutzte Luft recht direkt bis in die obere *Troposphäre* transportiert werden. Dieser Vorgang wurde bereits im Abschnitt über die Tropopausenregion kurz vorgestellt. Bei Messungen im Rahmen des NOXAR-Projekts wurde Grenzschichtluft auf der Höhe der Flugkorridore der Verkehrsflugzeuge festgestellt. Dieser Vorgang ist vor allem in den Tropen wegen der viel stärkeren hochreichenden Konvektion sehr effizient.

Zusammenfassung und Fazit

Die *freie Troposphäre* ist mehr als nur die Schicht zwischen der *planetaren Grenzschicht* und der *Stratosphäre*, zwischen dem «Sommersmog» und dem «*Ozonloch*». Sie ist selber ein wichtiger Bestandteil des atmosphärenchemischen Systems. Hier finden entscheidende Transportprozesse statt. Einerseits sind es Austauschprozesse durch die obere und untere Abgrenzung der *freien Troposphäre*: die *Tropopause* und die Grenzschichtinversion. Andererseits findet innerhalb der *freien Troposphäre* Ferntransport von Luftschadstoffen statt. Auch chemische Vorgänge spielen eine wichtige Rolle. Ozon wird in der *freien Troposphäre* je nach Stickoxidkonzentration chemisch produziert oder zerstört, wobei insgesamt die Produktion überwiegt. Das Verständnis der in der *freien Troposphäre* ablaufenden Chemie ist wichtig für die Klimaforschung. Einerseits ist Ozon selber ein *Treibhausgas*, andererseits bestimmt es die *Oxidationskapazität* der *Troposphäre* entscheidend mit und steuert so die zukünftigen Konzentrationen anderer *Treibhausgase*. Wichtige Forschungsschwerpunkte in diesem Bereich sind der Einfluss des Flugverkehrs sowie die Quantifizierung der Emissionen durch Blitze und Biomassenverbrennung und deren Folgen für die Ozonbildung.

Die Erforschung der *freien Troposphäre* ist oft auf recht aufwändige Messverfahren wie teure Flugzeugkampagnen oder Satelliten angewiesen. Fernerkundungsverfahren vom Boden aus bieten sich als Alternative an. In der Schweiz erschliesst sich die *freie Troposphäre* direkt an Gebirgsstationen wie beispielsweise auf dem Jungfraujoch. Dies sind bevorzugte Laboratorien für luftchemische Messungen aller Art.

5 Ozon in der Grenzschicht

Einleitung

Die *planetare Grenzschicht* umfasst die untersten 1 bis 1.5 km der Atmosphäre. Hier befindet sich unsere Kulturlandschaft, unsere Bauwerke, kurz: unser Lebensraum. Ozon und andere Gase betreffen uns und unsere Umwelt hier ganz direkt, als giftige Gase, als Luftschadstoffe. Die *planetare Grenzschicht* ist heute während «Smoglagen» eine grosse Ozonquelle. In diesem Kapitel wird die Problematik des Grenzschichtozons mit Blick auf die Schweiz vorgestellt. Im Vordergrund steht die Frage nach dem Sommersmog, seiner Entstehung und möglicher Abhilfemassnahmen. Dabei werden die chemischen Vorgänge noch detaillierter als bisher diskutiert, aber auch die meteorologischen Prozesse in der Grenzschicht sind von Bedeutung. Chemische und meteorologische Vorgänge sind bei der Entstehung von Sommersmog eng miteinander verknüpft. Das Kapitel ist etwas umfangreicher als die anderen, zugunsten einer ausführlichen Diskussion der gegenwärtigen Situation und der zeitlichen Entwicklung der sommerlichen Ozonmaxima in der Schweiz. Die Prozesse an der Grenzfläche zwischen der Atmosphäre und der Biosphäre respektive dem Boden werden in einem separaten Kapitel behandelt.

Der «Sommersmog» betrifft uns von allen Ozonproblemen am direktesten. Die Nähe zum eigenen Handeln ist hier am offensichtlichsten, besonders weil die wesentlichen wissenschaftlichen Grundlagen längst bekannt und unbestritten sind. Es geht jetzt vor allem darum, das aus den Arbeiten der letzten Jahre gewonnene Wissen umzusetzen, die bereits getroffenen Massnahmen zu überwachen und neue Strategien zu entwickeln. Trotzdem ist Grundlagenforschung in diesem Bereich immer noch nötig. Die Chemie der planetaren Grenzschicht kann lokal sehr unterschiedlich sein, und sie ändert sich ständig. Neue Schadstoffe kommen hinzu, alte fallen weg. Auch unser Blickwinkel ändert sich, und bisher «harmlose» Stoffe können auf einmal als besonders gesundheitsgefährdend gelten. Früher wurde unsere Atemluft vor allem durch Schwefel- und Stickoxide verschmutzt, dann durch Ozon. Heute gefährden Feinstäube, organische Verbindungen und Allergene unsere Gesundheit. Damit wird die Erforschung der chemischen und physikalischen Vorgänge in der Grenzschicht beinahe zu einer Daueraufgabe. Mit Blick auf Ozon und auf die Situation in der Schweiz und in anderen industrialisierten Länder sind bereits sehr viele Arbeiten durchgeführt worden. Das hier gewonnene Wissen könnte jetzt Anderen zugute kommen: Neue Megastädte wachsen heran, die vor riesigen Luftproblemen stehen.

Das Kapitel beginnt wie die vorangegangenen mit einer Übersicht über die Messmethoden. Darin eingeschlossen ist ein Abschnitt über das Schweizer Luftbeobachtungsmessnetz NABEL. Dann folgen die thematischen Abschnitte, die wiederum der Gliederung «von oben nach unten» folgen: Von der Grenze zur *freien Troposphäre* über die Vertikalverteilung innerhalb der Grenzschicht zur *bodennahen Schicht*. Zuerst wird der Einfluss der *freien Troposphäre* – oder sogar der *Stratosphäre* – auf das Ozon in der Grenzschicht betrachtet. Danach folgt ein Abschnitt über den «Hintergrundanteil» des Grenzschichtozons. Der Hauptteil des Kapitels behandelt anhand zahlreicher Beispiele die chemische Ozonbildung in der Grenzschicht während Ozonepisoden im Sommer und im Frühling. Dabei werden vertikale Ozonprofile diskutiert, Modellrechnungen vorgestellt und der Einfluss von Transport, chemischer Bildung und lokaler Emissionen betrachtet. Im letzten Teil wird vor allem auf die Situation in der Schweiz und die langfristige Entwicklung der bodennahen Ozonbelastung eingegangen.

Eine gute Übersicht zum Problem des Grenzschichtozons generell und vor allem zur Situation in der Schweiz gibt der Schlussbericht des Projekts POLLUMET (BUWAL, 1996a; vgl. auch Prévôt, 1994; Künzle und Neu, 1994). Auch der schon etwas ältere Bericht des National Research Council (1991) bietet immer noch viel Lesenswertes. Bereits erwähnt wurde das Buch von Baumbach (1993) sowie eine Serie von Übersichtsartikeln, welche im Rahmen des Programms NARSTO entstanden sind (Atmospheric Environment, Vol. 34 (2000), 1853ff). Die Resultate des europäischen EUROTRAC-Projekts wurden durch Borrell und Borrell (2000) zusammengefasst (siehe auch Hov, 1997). Der Bericht der UK Photochemical Oxidants Review Group (UK-PORG, 1997) zur Ozonsituation in Grossbritannien bietet einen umfassenden wissenschaftlichen Überblick. Als Referenz für die chemischen Vorgänge in verschmutzter Luft sei auf die beiden Übersichtsartikel von Sillman (1999) und Jenkin und Clemitshaw (2000) sowie auf das Lehrbuch der Atmosphärenchemie von Jacob (1999) hingewiesen.

Messmethoden

Auch in der *planetaren Grenzschicht* kann Ozon sowohl in-situ als auch mittels Fernerkundungsverfahren gemessen werden. Bei den in-situ-Messungen kommen als Plattformen einerseits Ballone oder andere Flug- und Fahrgeräte in Frage, andererseits Messstationen am Boden oder auf Türmen. Anstelle von frei fliegenden Ballonen werden in der Grenzschicht oft Fesselballone eingesetzt. Das erlaubt quasikontinuierliche Messungen mit verschiedenen Geräten. Manchmal werden auch Leichtflugzeuge, vielleicht in Zukunft Zeppeline, verwendet. Die Messverfahren sind dieselben wie in den Kapiteln über die *Stratosphäre* und die *freie Troposphäre* dargestellt und werden hier nicht mehr näher erläutert.

Die Vorteile von bodengestützten Messungen an Stationen liegen auf der Hand. Stromversorgung, Witterungseinflüsse, Erreichbarkeit und Wartung stellen keine Probleme dar. Die Geräte zur Messung, Datenerfassung und Kalibration müssen für den Einsatz in Messstationen weder leicht noch besonders billig sein, dafür sollten sie eine lange Lebensdauer und eine gute absolute Genauigkeit und Langzeitstabilität haben. Bodenstationen werden an repräsentativen Standorten errichtet, die Luft wird auf ca. 4 bis 6 m über dem Boden angesaugt, und gleichzeitig werden oft meteorologische Messungen durchgeführt. Normalerweise wird das Verfahren der UV-Absorption verwendet (z. B. im NABEL-Netz, s. unten). Dieses Verfahren ist genügend genau und kann zeitlich einigermassen hochaufgelöste Messungen liefern. Andere Verfahren, beispielsweise Chemilumineszenz, sind aber ebenso möglich.

Eine dichte Informationsquelle mit Daten über längere Zeit stellen Messnetze dar, also mehrere Stationen, die an gut ausgewählten Punkten und mit gleichen Bedingungen messen. In der Schweiz gibt es verschiedene solche Netze. Für Forschungszwecke am besten geeignet ist das NABEL (Nationales Beobachtungsnetz für Luftfremdstoffe, vgl. EMPA, 2000). Das Netz umfasst 16 Stationen, die alle wichtigen Immissionssituationen repräsentieren: städtische und ländliche Standorte, in Agglomerationen, an Autobahnen, Waldstationen, alpine und hochalpine Stationen und Standorte auf der Alpensüdseite. In Abbildung 42 sind die Standorte eingetragen. Die Stationen messen nicht nur Ozon, sondern gleichzeitig auch eine Reihe von anderen Schadstoffen (NO, NO_2, SO_2, sowie zum Teil CO, Kohlenwasserstoffe, Staub) und alle wesentlichen meteorologischen Grössen. Als Beispiel ist in Abbildung 43 die Station Magadino im Tessin (Südschweiz) gezeigt. Sie steht bei Cadenazzo mitten in der Magadinoebene auf dem Gelände einer landwirtschaftlichen Schule. An dieser Station werden im Sommer oft sehr hohe Ozonwerte gemessen, wenn am späten Nachmittag die Abluftfahne der Metropole Mailand die Alpen erreicht. Zwei Stationen sind auf Türmen: In Davos wird auf einem 35 m hohen Turm gemessen, und auf der Lägeren steht oder stand ein 45 m Messturm, um die Schadstoffkonzentrationen über dem Kronendach eines Waldes zu messen. Der erste Turm auf der Lägeren fiel im Dezember 1999 dem Wintersturm «Lothar» zum Opfer. Seit Februar 2001 steht jetzt ein neuer Turm. Die Messgeräte befinden sich in einem kleinen Gebäude am Boden (ähnlich wie in Abb. 43). Abbildung 44 zeigt die Geräte im Inneren einer Station, hier im Sphynx-Observatorium auf dem Jungfraujoch.

Manchmal werden bestehende Fernsehtürme zu Messzwecken genutzt. Das beste Beispiel dieser Art ist ein 610 m hoher Turm in North Carolina in den USA. Hier werden bis auf eine Höhe von 433 m auf verschiedenen Höhen kontinuierliche Messungen von Ozon und anderen Grössen vorgenommen (Aneja et al., 2000).

Auch mobile Messplattformen kommen am Boden zum Einsatz. Mit Messfahrzeugen lässt sich die «Abluftfahne» einer Stadt abfahren. Ein anderes Beispiel sind Züge. Im TROICA-Projekt wurde die transsibirische Eisenbahn als Messplattform verwendet, um die Spurengaskonzentration entlang eines Längsschnitts durch den ganzen eurasischen Kontinent zu messen (Crutzen et al., 1997). In Frankreich werden mittels TGV Messungen durchgeführt (MOZART-Projekt). Interessante quasi-kontinuierliche Messungen sind auch an steilen Luftseilbahnen möglich (Reiter, 1990).

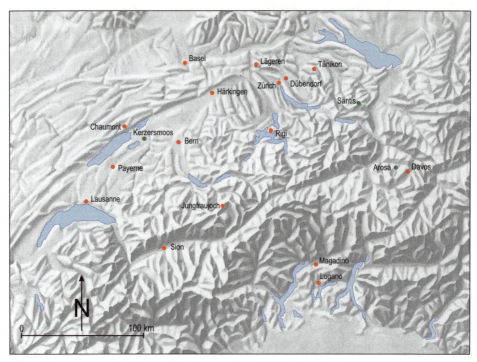

Abbildung 42 (oben): Standorte des Schweizer NABEL-Messnetzes (rote Punkte) sowie andere in diesem Buch diskutierte Standorte. Das Relief ist dem Schweizer Mittelschulatlas entnommen (© Eidgenössische Erziehungsdirektorenkonferenz).

Abbildung 43 (oben): Ansicht der NABEL-Station Magadino bei Cadenazzo (Foto: S. Brönnimann).
Abbildung 44 (rechts): Ozon- und andere Messgeräte in der NABEL-Station Jungfraujoch (Foto: S. Brönnimann).

In der Grenzschicht kommen aber auch Fernerkundungsmethoden zum Einsatz. Bereits im letzten Kapitel erwähnt wurden LIDAR-Messungen. Sie werden oft in Feldkampagnen verwendet, welche das Studium der Grenzschichtchemie zum Ziel haben. Allerdings erfassen sie die untersten 100–200 m der Atmosphäre nicht. Dafür lassen sich auch eine Vielzahl anderer Substanzen messen, unter anderem sogar das kurzlebige OH-Radikal.

Ein weiteres Fernerkundungsverfahren ist das DOAS (Differential Optical Absorption Spectroscopy, vgl. Anm. 3). Dabei wird die spektrale Absorption des kontinuierlichen Lichts einer Lampe gemessen. Die Lichtstrecken betragen einige 100 m bis einige Kilometer. Oft werden Linienmessungen (z. B. quer über ein Tal) vorgenommen, durch mehrfache Spiegelung können aber auch fast Punktmessungen durchgeführt werden. Das Verfahren, und das ist ein grosser Vorteil, erlaubt neben der Ozonmessung die gleichzeitige Messung einer ganzen Reihe von anderen, für die Ozonchemie relevanter Substanzen (SO_2, NO_2, NO_3, HONO sowie einige Kohlenwasserstoffe). DOAS kommt in vielen Feldexperimenten zum Zug und wird zum Langzeitmonitoring verwendet, da es ein relativ kostengünstiges System ist. Mit DOAS kann auch Tomographie betrieben werden: Durch eine bestimmte Sender-Empfänger-Geometrie können mit Hilfe dieses Messkonzepts dreidimensionale Konzentrationsverteilungen innerhalb eines Volumens bestimmt werden. Die Universität Heidelberg, wo das DOAS-System entwickelt wurde, ist in der Weiterentwicklung und Anwendung der DOAS-Technik stark engagiert.

«Natürliches Ozon» und Hintergrundozon

Wie hoch wäre die Ozonkonzentration in der *planetaren Grenzschicht* ohne die vom Menschen verursachten Schadstoffemissionen? Eine mögliche, allerdings schwer quantifizierbare Quelle für solches «natürliches Ozon» ist chemische Bildung aus natürlichen biogenen und geogenen Gasen. Eine weitere Quelle ist die Einmischung von Ozon aus der *freien Troposphäre*; Ozon, das letztlich zu einem grossen Teil aus der *Stratosphäre* stammt – photochemische Produktion in der *freien Troposphäre* einmal ausgeschlossen. Im letzten Kapitel wurde die Frage der Intrusionen stratosphärischer Luft in die *freie Troposphäre* anhand verschiedener Beispiele diskutiert. Können stratosphärische Luftpakete direkt bis in die Grenzschicht vordringen, oder erst nach längerem Aufenthalt in der *freien Troposphäre*, wenn kaum mehr von stratosphärischer Luft gesprochen werden kann?

Während des vorher diskutierten Intrusionsereignisses am 17. März 1999 fand im Kerzersmoos im Seeland (vgl. Abb. 42) eine Feldkampagne des Geographischen Instituts der Universität Bern statt. Dabei wurden Messungen des Ozonprofils mittels eines Fesseldrachens an einer 1500 m langen Nylonschnur durchgeführt. Es handelte sich um eine Bisenlage (Nordostwind) mit starken Winden bis 20 m/s bereits wenig über dem Boden. Besonders interessant waren die drei Aufstiege vom Vormittag des 17. März, als der Drachen mehrmals die Grenzschichtinversion durchstiess und in die *freie Troposphäre* eindrang.

Abbildung 45 zeigt die Vertikalprofile der Feuchte, der *virtuell-potentiellen Temperatur* und des Ozons der drei Aufstiege. Die Grenzschichtinversion ist sowohl beim Wasserdampf als auch bei der *virtuell-potentiellen Temperatur* und der Ozonkonzentration deutlich sichtbar, auf ungefähr 1000 m ü. M. Oberhalb der Grenzschicht war

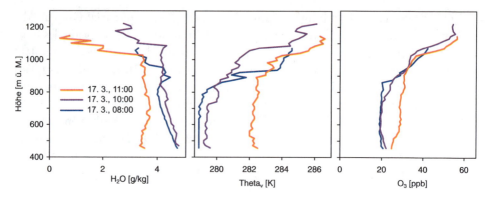

Abbildung 45: Profile der Feuchte, der virtuell-potentiellen Temperatur (Theta) und der Ozonkonzentration am Vormittag des 17. März 1999 über dem Kerzersmoos (vgl. Cattin, 1999; Brönnimann et al., 2001a)

die Ozonkonzentration um 20–30 ppb höher als in der Grenzschicht. Die Feuchte war dagegen tiefer. Am ausgeprägtesten war dies beim letzten Aufstieg, mit Feuchten unter 0.5 g/kg und Ozonkonzentrationen bis 60 ppb. Kurz zuvor war auf dem Jungfraujoch eine Ozonspitze von 81 ppb bei sehr geringer Feuchte gemessen worden, und diese Spitze wurde auf eine stratosphärische Intrusion zurückgeführt (vgl. S. 67–69). Beim Luftpaket über dem Kerzersmoos könnte es sich deshalb ebenfalls um ein ursprünglich stratosphärisches Luftpaket gehandelt haben, das bis auf die Höhe der Grenzschichtinversion vorgestossen war, sich aber bereits mit troposphärischer Luft gemischt hatte.

Stratosphärische Intrusionen erreichen in der Regel den Erdboden nicht direkt (vgl. Davies und Schüpbach, 1994). Das ozonreiche Luftpaket unmittelbar über der Grenzschicht kann aber als Reservoir dienen, das allmählich in die Grenzschicht eingemischt wird. Möglicherweise ist der leichte Ozonanstieg vom zweiten zum dritten Profil auf Heruntermischung zurückzuführen. Direkter Transport von stratosphärischem Ozon via *freie Troposphäre* in die Grenzschicht ist in Verbindung mit Gebirgseffekten möglich (vgl. Schüpbach et al., 1999).

Wieviel des in der Grenzschicht gemessenen Ozons stammt aus der *Stratosphäre?* Schätzungen aus Modellen liegen für die nördlichen Mittelbreiten bei grob 15–20% (Roelofs und Lelieveld, 1997). Der Eintrag von stratosphärischem Ozon im Jahresgang ist im Frühling am ausgeprägtesten, wie bereits erwähnt. Das ist in Übereinstimmung mit dem Frühlingsmaximum der Ozonkonzentration, das sich in alten Reihen findet, beispielsweise am Mt. Souris vor 130 Jahren (Volz und Kley, 1988). Dieses historische Frühlingsmaximum, das auch in anderen Reihen aus den 1930er und 1950er Jahren hervortritt (vgl. Staehelin et al., 1994), wird in der Regel als Folge des Stratosphären-Troposphären-Austauschs interpretiert. Heute zeigen einige Stationen ebenfalls ein Frühlingsmaximum der Ozonkonzentration. Es ist aber umstritten, ob auch dafür der stratosphärische Eintrag verantwortlich ist. Andere Autoren sehen heute eher chemische Vorgänge als Ursache (Penkett und Brice,

1986). Das ist mit ein Grund, weshalb dem Studium von Ozonepisoden im Frühling ein hoher Stellenwert beigemessen wird (vgl. Parrish et al., 1999; Monks, 2000).

Eingangs wurde die Frage gestellt, wie die Ozonkonzentration in der Grenzschicht ausschauen würde, wenn es keine Schadstoffemissionen gäbe. Dann stammte alles Ozon aus der *Stratosphäre* oder aus der geringen photochemischen Ozonbildung aus natürlichen Emissionen, sogenanntes «natürliches Ozon». Nirgends auf der Welt finden sich aber noch diese natürlichen Verhältnisse, überall ist die Atmosphäre vom Menschen chemisch beeinflusst. Man könnte deshalb auch fragen, wie die Ozonkonzentration in der Grenzschicht ausschauen würde, wenn es nur geringe lokale bis regionale Schadstoffemissionen gäbe. Zusätzlich zum natürlichen Ozon müsste jetzt Ozon berücksichtigt werden, das grossräumig gebildet und transportiert wird. Man nennt dies «*Hintergrundozon*». Die Frage ist reichlich hypothetisch, ist aber interessant im Hinblick auf Reduktionsmassnahmen. Der Hintergundozonwert ist kaum durch lokale oder regionale Emissionen beeinflusst und kann deshalb mit Massnahmen auf dieser Skala nicht verändert werden.

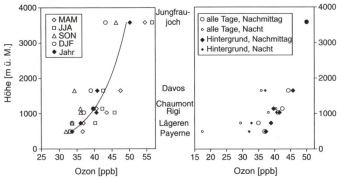

Abbildung 46 (links): Die NABEL-Station auf dem Chaumont auf 1140 m ü. M. (Foto: S. Brönnimann).

Abbildung 47(unten): Links: Mittlere Ozonkonzentration an verschiedenen Stationen in Abhängigkeit der Höhe über Meer und der Jahreszeit für Hintergrundbedingungen (<3 ppb NO$_x$). Rechts: Mittlere nachmittägliche (12–16 Uhr) und nächtliche (0–4 Uhr) Ozonkonzentration an Hintergrundtagen und an allen Tagen (vgl. Brönnimann et al., 2000d). Die Datenbasis ist 1992 bis 1998. Jahresmittelwerte wurden als Mittel der jahreszeitlichen Werte gerechnet. MAM = März, April und Mai etc. Die Kurve zeigt ein angepasstes logarithmisches Profil.

Der Einfluss der lokalen und regionalen Emissionen auf die Ozonkonzentration an einem Ort ist nicht immer gleich gross. Man kann sich der Frage also nähern, indem man aus einer mehrjährigen Stationsmessreihe nur Situationen auswählt, bei welchen dieser Einfluss gering war. Im Folgenden sei eine Auswertung für sechs Schweizer Standorte auf verschiedenen Höhen vom Mittelland bis in die Hochalpen präsentiert (vgl. Abb. 42, 46, für nähere Information vgl. Brönnimann et al., 2000d). Abbildung 47 zeigt links die Ozontagesmittelwerte an Tagen mit weniger als 3 ppb NO_x im Tagesmittel in Abhängigkeit der Höhe und der Jahreszeit. Diese Tage sind aus chemischen Gesichtspunkten miteinander vergleichbar. Allerdings erfüllen beispielsweise auf der Lägeren im Winter nur 1.2% aller Tage diese Bedingung, auf dem Jungfraujoch im Sommer sind es 98.5%! Die Ozonkonzentration unter den so definierten «Hintergrundbedingungen» nimmt mit der Höhe zu, von etwa 32 ppb in Payerne bis knapp 50 ppb auf dem Jungfraujoch. Zumindest in den untersten 1000 m des Profils liegen die Konzentrationen an Hintergrundtagen über dem Mittelwert aller Tage. Dieser Unterschied ist vor allem durch die nächtlichen Werte bestimmt. Das geht aus der rechten Figur hervor, wo Nachmittags- und Nachtmittelwerte der Ozonkonzentration verglichen werden. In Payerne und auf der Lägeren sinken die Konzentrationen normalerweise während der Nacht sehr stark, vor allem wegen der Titration durch NO (der Begriff Titration wird oft für die Reaktion von Ozon mit NO verwendet, um darauf aufmerksam zu machen, dass der Vorgang reversibel ist). An «Hintergrundtagen» ist die Titration klein, und die wichtigste Senke während der Nacht ist die trockene Deposition. Diese ist jedoch abhängig von der topographischen Lage und der Vegetation rund um die Station. Das erklärt möglicherweise auch die Unterschiede zwischen den Stationen. Kapitel 6 wird sich noch näher mit der trockenen Deposition auseinandersetzen. Nicht nur der Tagesgang ist anders, sondern auch der Jahresgang. Zunächst einmal ist er kleiner unter Hintergrundbedingungen als im Mittel über alle Tage. Aber auch der Zeitpunkt des Maximums ändert sich. Wenn «Hintergrundbedingungen» noch strenger formuliert werden als in diesem Beispiel, tritt anstelle des normalen Sommermaximums sogar ein Frühlingsmaximum auf (vgl. Brönnimann et al., 2000d).

Was sind «Hintergrundbedingungen» meteorologisch gesehen? Abbildung 48 zeigt eine Statistik der Wetterlagenhäufigkeit (vgl. Anm. 12) pro Jahreszeit und Station für die jeweils unverschmutztesten 10% der Tage (gemessen an ihrem NO_x-Mittelwert) für die Stationen Payerne, Rigi und Jungfraujoch. Hintergrundbedingungen sind je nach Station und Jahreszeit an unterschiedliche Wetterlagen gebunden. Je höher der Standort, desto eher sind es Hochdrucklagen, welche zu «sauberer» Luft führen. Das gilt vor allem im Winter, wenn Hochdrucklagen oft mit starken Inversionen verbunden sind und die Standorte in eine weniger verschmutzte Luftschicht zu liegen kommen. Im Sommer ist bei Hochdrucklagen die Konvektion stärker, was zum Transport verschmutzter Luft zu den Standorten führen kann. Der Vergleich der Standorte Payerne und Rigi zeigt die Höhenabhängigkeit deutlich: Im Sommer sind die Verteilungen der Wetterlagen innerhalb der weniger ver-

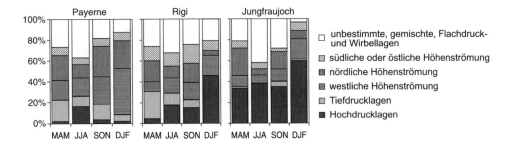

Abbildung 48: Häufigkeit der Wetterlagengruppen an den unverschmutztesten 10% der Tage (gemessen an ihrem NO_x-Mittelwert) pro Jahreszeit und Station für Payerne, Rigi und Jungfraujoch (vgl. Brönnimann et al., 2000d). MAM = März, April und Mai, JJA = Juni, Juli, August, SON = September, Oktober, November, DJF = Dezember, Januar, Februar.

schmutzten Tage an beiden Stationen ähnlich. Die Grenzschicht ist meist gut durchmischt, und beide Stationen befinden sich in der selben Luft. Im Winter kommt die Seebodenalp/Rigi, auf 1040 m ü. M., bei Hochdrucklagen bereits häufig oberhalb der verschmutzten Grenzschicht zu liegen, in eine Art Übergangsschicht wie auf S. 80–81 festgestellt. Im Mittelland sind es dagegen advektive Lagen mit Frontdurchgängen oder starken Winden, welche die verschmutzte Luft im Schweizer Mittelland auszuräumen vermögen und frische Luft nachfliessen lassen.

Chemie des Ozons in der planetaren Grenzschicht

Hintergrundbedingungen sind eher die Ausnahme. Normalerweise wird die Ozonkonzentration in der Grenzschicht vor allem durch chemische Vorgänge bestimmt. Bei entsprechenden Verhältnissen kann dabei die Konzentration bis auf gesundheitsschädliche Werte ansteigen. Ozon ist in der Grenzschicht nicht mehr einfach ein Spurengas, sondern ein Luftschadstoff. Dabei wird der Begriff Sekundärschadstoff verwendet, denn Ozon wird nicht direkt in die Atmosphäre emittiert, sondern entsteht erst dort und kann deshalb auch nur indirekt kontrolliert werden. Primärschadstoffe sind Stoffe, die vom Menschen direkt in die Atmosphäre emittiert werden. Die wichtigsten Beispiele im Zusammenhang mit der Ozonbildung sind NO und Kohlenwasserstoffe. In diesem Abschnitt wird die photochemische Ozonbildung nochmals detailliert betrachtet, wobei an das Kapitel über die *freie Troposphäre* angeknüpft wird.

Wie bereits erwähnt herrscht tagsüber bei schönem Wetter annähernd das photostationäre Gleichgewicht zwischen NO, NO_2 und Ozon. Ozon wird angereichert, wenn Reaktionen dieses Gleichgewicht dahingehend stören, dass NO mit einem anderen Oxidationsmittel als Ozon zu NO_2 oxidiert wird, beispielsweise durch

Peroxiradikale (vgl. Kapitel 4). Letztere entstehen vor allem beim Abbau von Kohlenmonoxid oder Kohlenwasserstoffen. Bis diese vollständig abgebaut sind – die Endprodukte sind CO_2 und Wasserdampf – braucht es oft mehrere Schritte, wobei immer wieder Peroxiradikale gebildet werden können. Die Ozonbildung in verschmutzter Luft kann somit vereinfacht als ein Nebenprodukt der Oxidation von Kohlenwasserstoffen im Beisein von Stickoxiden verstanden werden. Das ist im Folgenden am Beispiel eines möglichen Oxidationszyklus von Methan (CH_4) gezeigt (vgl. Crutzen et al., 1999):

O_3	+	$h\nu$	$\rightarrow$	O_2	+	$O(^1D)$	(R2)
H_2O	+	$O(^1D)$	$\rightarrow$	$2\,OH$			(R8)
CH_4	+	OH $+ O_2$	$\rightarrow$	CH_3O_2	+	H_2O	(R13)
CH_3O_2 +	NO		$\rightarrow$	CH_3O	+	NO_2	(R11)
CH_3O +	O_2		$\rightarrow$	$HCHO$	+	HO_2	(R14)
$HCHO$ +	$h\nu$	$+ 2\,O_2$	$\rightarrow$	$2\,HO_2$	+	CO	(R15)
CO	+	OH $+ O_2$	$\rightarrow$	HO_2	+	CO_2	(R16)
4 (HO_2 +	NO		$\rightarrow$	OH	+	NO_2)	(R12)
5 (NO_2 +	$h\nu$		$\rightarrow$	NO	+	$O(^3P)$)	(R9)
5 (O_2 +	$O(^3P)$		$\rightarrow$	O_3			) (R3)

netto CH_4 + $9\,O_2$ + UV $\rightarrow$ CO_2 + $4\,OH$ + $4\,O_3$

Die gebildeten OH-Radikale können weitere Kohlenwasserstoffmoleküle oxidieren, und auch NO_x wird in diesem Zyklus nicht verbraucht und steht als Katalysator weiter zur Verfügung. Im hemisphärischen bis globalen Massstab und in der *freien Troposphäre* sind CO und CH_4 (Methan) Träger der Ozonbildung (Kley et al., 1994; Crutzen et al., 1999), in der Grenzschicht sind es die reaktiveren Kohlenwasserstoffe (Jenkin und Clemitshaw, 2000).

Radikale spielen in der Chemie der *planetaren Grenzschicht* eine entscheidende Rolle. Es sind reaktive Bruchstücke von Molekülen, für ihre Entstehung braucht es grosse Energiemengen, meist in Form von *UVB-Strahlung*. Die wichtigste Radikalquelle in der Atmosphäre ist, wie in den Kapiteln über die *Stratosphäre* und die *freie Troposphäre* erwähnt, die Photolyse von Ozon und die anschliessende Reaktion mit Wasserdampf. Andere Radikalquellen sind die photolytische Aufspaltung von Formaldehyd (HCHO) und anderen Aldehyden durch *UV-Strahlung* (vgl. obiges Schema und Anm. 13). Neben diesen photochemischen Radikalquellen kann auch die Reaktion von O_3 mit Alkenen (d. h. Olefine, ungesättigte organische Verbindungen) oder von NO_3 mit HCHO oder mit Alkenen *Radikale* bilden. Die Frage, welche Quelle den grössten Beitrag zur Radikalbildung in der *planetaren Grenzschicht* leistet, ist abhängig von der Einstrahlung und dem herrschenden Schadstoffgemisch. In den nördlichen Mittelbreiten überwiegt nur im Dezember und Januar die nicht-photolytische Radikalbildung. Im Februar und März kann die Photolyse von Aldehyden der dominierende Vorgang sein. Ab ungefähr April/Mai trägt die Ozonphotolyse am meisten dazu bei. Die Radikalbildung ist aus dem selben Grund im Sommer am stärksten (Kleinman, 1991). In städtischen Gegenden ist die Photolyse von Aldehyden die bedeutendste Radikalquelle, vor allem im Winter (Jenkin und Clemitshaw, 2000).

Radikale sind sehr reaktiv. Um die Limitierung der Ozonbildung zu verstehen, muss deshalb das weitere Schicksal der *Radikale* und auch der Stickoxide betrachtet werden. Wenn *Radikale* mit stabilen Molekülen reagieren, entstehen dabei wieder neue *Radikale*, es sind also Kettenreaktionen. Einige Beispiele dafür sind im oben gezeigten Schema enthalten (R11 bis R14). Neben der zu Ozonbildung führenden Reaktion von NO mit *Radikalen* gibt es eine Reihe anderer Reaktionsmöglichkeiten für *Radikale* und für Stickoxide, die nicht zu Ozonbildung führen und gleichzeitig Senken für *Radikale* sind. *Radikale* können beispielsweise miteinander reagieren, dabei entstehen Peroxide (Wasserstoffperoxid oder organische Peroxide). HO_x-Radikale können mit Stickoxiden reagieren, wobei HNO_2, HNO_3 (Salpetersäure) oder HNO_4 entsteht. Organische Peroxiradikale können mit NO_2 reagieren und organische Nitrate bilden. Das wichtigste Beispiel ist *Peroxiacetylnitrat* (PAN), ein hochgiftiges Gas. Die genannten Produkte gehören wie Ozon zur Gruppe der *Photooxidantien*. Es sind keine *Radikale*, aber die Moleküle sind nicht sehr stabil; die Rückreaktionen sind möglich. Man spricht in diesem Zusammenhang oft von Reservoirsubstanzen. PAN kann thermisch zerfallen, H_2O_2, HNO_2, HNO_3 und HNO_4 können photolytisch wieder in ihre *Radikale* aufgespalten werden. Die Stoffe können jedoch das System auch verlassen, indem sie beispielsweise in Wolkentröpfchen übergehen und ausgeregnet werden, mit *Aerosolen* reagieren oder trocken deponiert werden. Stickoxide können in der Nacht weiter reagieren (vgl. Anm. 14).

Die oben genannten Reaktionen entfernen *Radikale* oder Stickoxide aus dem System und bremsen damit die Ozonbildung. Je nach herrschendem Schadstoffgemisch sind die einen oder die anderen dieser Reaktionen für die Radikalentfernung verantwortlich. Das hat Konsequenzen für Reduktionsstrategien. Die Ozonbildung in der *planetaren Grenzschicht* kann, was die Primärschadstoffe betrifft, durch die Verfügbarkeit von Stickoxiden oder von Kohlenwasserstoffen limitiert sein. Wenn es nur wenig Stickoxide aber genügend Kohlenwasserstoffe hat, dann gibt es einen Überschuss an *Radikalen*. Diese reagieren dann zum Teil miteinander und bilden Peroxide, ohne dass dabei Ozon entsteht. Diese Situation wird in der Fachliteratur «Low-NO_x-Regime» genannt (Kleinman, 1991, 1994). Wird in diesem Zustand die Stickoxidzufuhr verstärkt, dann werden die *Radikale* «optimaler» zur Ozonbildung ausgenutzt, und es wird mehr Ozon produziert. Irgendwann wird ein Optimum erreicht. Wird die Stickoxidzufuhr weiter gesteigert, dann nimmt die Ozonbildung nicht mehr weiter zu, weil die *Radikale* fehlen. Mehr noch: Die zunehmende Stickoxidkonzentration nimmt sogar noch *Radikale* weg, indem sie zur Bildung von Salpetersäure und PAN führt. Daher nimmt die Ozonbildung ab. Dieser Zustand wird «High-NO_x-Regime» genannt.

Für Reduktionsmassnahmen heisst dies, dass die Verminderung der Stickoxide dann einen positiven Effekt haben kann, wenn es einen Überschuss an *Radikalen* gibt. Sie kann unter Umständen kontraproduktiv sein, wenn die Ozonbildung im «High-NO$_x$»-Regime abläuft. Die Verminderung der Kohlenwasserstoffemissionen kann zwar kaum einen kontraproduktiven Effekt haben, aber ihre Effizienz kann im «Low-NO$_x$-Fall» sehr gering sein. Deshalb wird in der Regel unterschieden zwischen einer NO$_x$- und einer VOC-limitierten Ozonbildung (vgl. Sillman, 1995, 1999). NO$_x$-limitiert ist die Ozonbildung dann, wenn sich eine Senkung der Stickoxidemissionen stärker auf die Ozonspitzen auswirken würde als eine prozentual gleiche Senkung der VOC-Emissionen (*flüchtige organische Verbindungen*).

Hauptemittent von Stickoxiden ist in der Schweiz der motorisierte Verkehr, wobei der Schwerverkehr einen grossen Anteil hat. Auch Industrie, Flugverkehr und Haushalte tragen zu den Stickoxidemissionen bei (vgl. BUWAL, 1995a, b), und auch Böden können Stickoxide emittieren. Anthropogene Kohlenwasserstoffemissionen (es gibt auch natürliche Quellen, vgl. dazu Kapitel 6) stammen vor allem aus der Industrie, ausserdem aus den Haushalten und dem Verkehr. Nur über eine Veränderung der Primärschadstoffe kann der Mensch in das chemische System eingreifen. Was ist jetzt günstiger: Soll man den Verkehr drosseln und damit die Stickoxidzufuhr in die Atmosphäre vermindern? Oder soll man bei der Industrie ansetzen und die Kohlenwasserstoffe vermindern? Es versteht sich von selbst, dass diese Frage politisch hochbrisant ist.

Modellstudien wie auch experimentelle Arbeiten im Rahmen der Projekte POLLUMET und TRACT ergaben, dass in der Schweiz während Sommersmoglagen eine NO$_x$-Limitierung vorherrscht, sobald sich die Luftmassen einige Kilometer von den grossen Städten entfernt haben (Staffelbach und Neftel, 1997; BUWAL, 1996a; Dommen et al., 1995). In Abluftfahnen kann allerdings auch eine VOC-Limitierung vorkommen. Im Rahmen des EUROTRAC-2-Projekts LOOP (Limitation Of Oxidant Production) wurde diese Frage für die Region um Mailand (und dazu zählt auch das Südtessin) untersucht. Dort werden nach wie vor sehr hohe Ozonkonzentrationen gemessen, und die Frage der NO$_x$- oder VOC-Limitierung ist hier von grossem Interesse (vgl. Prévôt et al., 1997; Staffelbach et al., 1997a, b).

Ozon wird in der *planetaren Grenzschicht* nicht nur gebildet, sondern in gleichen Mengen auch wieder zerstört. Dabei spielen zum Teil chemische Reaktionen eine Rolle. Die Reaktion von Ozon mit NO führt zu einem Netto-Ozonabbau, wenn das gebildete NO$_2$ nicht wieder zu Ozonbildung führt. Auch die Photolyse von Ozon kann eine Senke sein, wenn die OH-Radikale nicht zu erneuter Ozonbildung beitragen. Ozon kann auch durch Reaktion mit HO$_x$-Radikalen oder mit NO$_2$ zerstört werden. Weitere Abbaumöglichkeiten sind Reaktionen mit Alkenen und mit Aerosolen. Die vermutlich wichtigste Senke für Ozon ist die trockene Deposition an Oberflächen und die Aufnahme durch Pflanzen. Dazu gibt Kapitel 6 näher Auskunft.

Meteorologischer Einfluss bei der Entstehung von Ozonepisoden

Bei der chemischen Produktion von Ozon spielt Strahlung eine überragende Rolle. Viele der Reaktionen sind ausserdem temperaturabhängig, auch die Wasserlöslichkeit wurde bereits angesprochen. Daraus wird klar, dass die meteorologischen Verhältnisse in der Grenzschicht bei der Bildung von Ozon eine wichtige Rolle spielen – schon allein als Randbedingung für die chemischen Vorgänge. Die Rolle der Meteorologie geht aber darüber hinaus, indem sie die räumliche Verteilung der Spurengase entscheidend mitbestimmt. Meteorologische Vorgänge in der Grenzschicht wurden bereits im Zusammenhang mit *Hintergrundozon* und Ferntransport angesprochen. Bei der Entstehung von Ozonepisoden spielen meteorologische Vorgänge eine ganz besondere Rolle. In diesem Kapitel werden die wichtigsten Vorgänge in der Grenzschicht anhand eines Beispiels demonstriert.

Im Folgenden sei die vertikale Ozonverteilung in der *planetaren Grenzschicht* während einer typischen Ozonepisode diskutiert. Abbildung 49 zeigt Ozonprofile, welche am 2. und 3. Mai 2000 in Lausanne gemessen wurden (vgl. Cattin, 2000), also in einer städtischen Umgebung. Es handelte sich um eine Schönwettersituation, praktisch ohne Wind, aber mit stark konvektiven Verhältnissen. Die Sondierungen wurden mit einem Fesselballon (Abb. 50) durchgeführt.

Das erste Profil am 2. Mai um 7 Uhr zeigt tiefe Ozonkonzentrationen in Bodennähe. Die Grenzschicht war stabil geschichtet. Die kalte Luft lag unten, die warme oben, und die Durchmischung war gering. Die Sonne ging gerade auf, photochemische Vorgänge können daher noch vernachlässigt werden. Die Morgenverkehrsspitze war aber bereits vorüber und hatte durch ihre NO-Emissionen zu einem Abbau

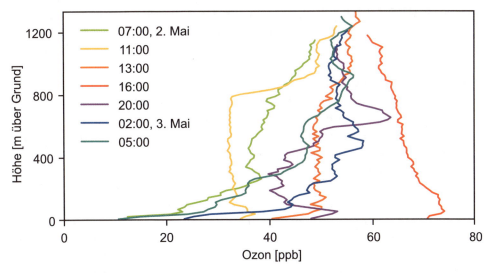

Abbildung 49: Ozonprofile über Lausanne am 2. und 3. Mai 2000, gemessen mit dem Fesselballonsondiersystem des Geographischen Instituts der Universität Bern (vgl. Cattin, 2000).

von Ozon geführt, der sich wegen der stabilen Schichtung nur in Bodennähe auswirkte. Nach dem Sonnenaufgang erwärmte sich der Boden, und Konvektion setzte ein. Das zweite Profil um 11 Uhr zeigt diese Situation. Die Grenzschicht war bis 800 m über Grund gut durchmischt. Das hatte zu einem Austausch von Luft geführt. Ozonreiche Luft war von oben nach unten gemischt worden und führte

Abbildung 50: Das Sondiersystem des Geographischen Instituts der Universität Bern mit dem 53 m³ grossen Fesselballon sowie Meteo- und Ozonsonden bei einem Einsatz im Kerzersmoos (Foto: W. Eugster).

dort zu einer Zunahme von Ozon, ozonarme Luft war von unten nach oben gemischt worden und führte dort zu einer Abnahme der Konzentration. Möglicherweise spielten zu diesem Zeitpunkt bereits auch photochemische Vorgänge eine Rolle, der dominante Prozess war aber die Durchmischung. Ein Beobachter am Boden, beispielsweise eine Messstation, würde in diesem Fall eine erhebliche Zunahme der Konzentration feststellen, die primär die Folge einer Umverteilung wäre. Chemische Ozonproduktion setzte am Spätvormittag ein und führte zu einer Ozonzunahme über die ganze Grenzschicht hinweg. Am Mittag war die Konzentration auf allen Höhen bereits bei 50 ppb, und um 16 Uhr erreichte die Konzentration einige Dutzend Meter über dem Boden fast 75 pbb. Die Sonne stand aber bereits tief und ging bald unter. Die Photochemie kam zum Erliegen, dafür setzte der Abendverkehr ein und emittierte NO. Solange die Grenzschicht noch turbulent blieb, war der Ozonabbau durch NO über ein grösseres Höhenintervall feststellbar. In der Nacht stabilisierte sich die Grenzschicht wieder, und es stellte sich das Ausgangsprofil ein mit tiefen Konzentrationen am Boden. In den oberen Schichten (ca. 200 bis 1000 m ü. Grund) blieb das Ozon teilweise erhalten. Man nennt die obere Schicht deshalb auch «*Reservoirschicht*». Sie spielt, wie die Morgenprofile gezeigt haben, eine wichtige Rolle in der Entstehung einer Ozonepisode (vgl. Neu et al., 1994).

Die Trichterform des Kurvenbündels zeigt den unterschiedlichen Tagesgang in verschiedenen Höhen. In Bodennähe waren die Konzentrationsunterschiede riesig. Auf 1200 m Höhe über Grund, an der Obergrenze der Grenzschicht, schwankte die Ozonkonzentration noch zwischen 50 und 60 ppb. Aus dem Vergleich zum geschätzten «Hintergrund» zu urteilen, ist darin bereits ein kräftiger Einfluss lokaler bis regionaler Ozonbildung enthalten.

Die hohen Ozonkonzentrationen am Nachmittag des 2. Mai sind auf chemische Ozonbildung zurückzuführen. Nur: Wo hatte diese Ozonbildung stattgefunden

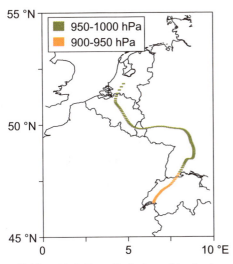

Abbildung 51: 5-Tages-Rückwärtstrajektorie mit Ankunft in Lausanne am 2. Mai 2000 um 16 Uhr auf 50 Metern über Grund, berechnet mit dem HYSPLIT4-Modell aufgrund des FNL-Datensatzes (vgl. Anm. 9).

und aus welchen Emissionen wurde das Ozon gebildet? Handelte es sich hier um lokale Ozonbildung aus den Lausanner Emissionen? Oder wurde das dort gemessene Ozon über dem Mittelmeer aus den südspanischen Emissionen gebildet?

Abbildung 51 zeigt die berechnete 5-Tages-Rückwärtstrajektorie für das Ozonmaximum im Nachmittagsprofil (16 Uhr). Gemäss diesen Rechnungen war das Luftpaket äusserst langsam unterwegs. Es hatte sich innerhalb von fünf Tagen vom südholländisch-flämischen Raum über Luxemburg und Süddeutschland sowie das Schweizer Mittelland nach Lausanne bewegt. Während der ganzen Zeit stand das Luftpaket in Bodenkontakt. Bei den überströmten Regionen

handelt es sich um stark belastete Gebiete. Man darf also vermuten, dass das Luftpaket eine chemische Vorgeschichte hatte, welche in diesem Fall eine Rolle gespielt haben könnte. Das heisst aber nicht, dass die lokalen Emissionen keine Rolle spielten. Im nächsten Abschnitt wird mit anderen Methoden, unter anderem numerischen Modellen, näher auf diese Frage eingegangen.

Ozonepisoden im Sommer

Aus medizinischer Sicht sind vor allem die hohen Ozonwerte während sommerlichen Smoglagen ein Problem. Abbildung 52 zeigt die täglichen maximalen Stundenmittelwerte an der ländlichen Station Tänikon im Jahr 1998. Es handelte sich um ein sehr «ozonreiches» Jahr. Im Mai und nochmals im August wurden ausgeprägte Ozonepisoden beobachtet, die maximalen Werte kletterten bis knapp über 100 ppb. Ozonstundenwerte über 61.5 ppb (entspricht dem Ozonstundengrenzwert der Schweizer Luftreinhalteverordnung von 120 µg/m^3) sind rot hervorgehoben. Demnach wurde der Grenzwert an 70 Tagen überschritten. Warum wurde der Grenzwert so oft überschritten? Welchen Einfluss hatten dabei die Emissionen in der Schweiz? Diese Fragen sollen im Folgenden betrachtet werden.

Einen grossen Teil unseres Wissens über die Ozonbildung im Schweizer Mittelland verdanken wir dem POLLUMET-Projekt zu Beginn der 1990er Jahre (BUWAL, 1996a). Verschiedene Ozonepisoden wurden in diesem Zusammenhang intensiv untersucht, eine davon dauerte vom 28. bis zum 30. Juli 1993 (vgl. BUWAL,

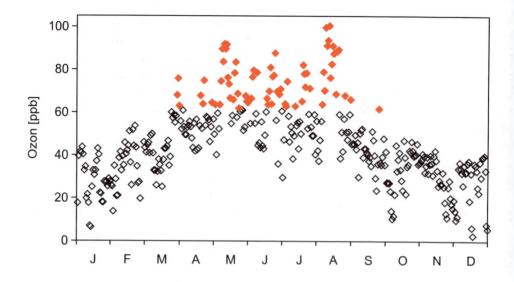

Abbildung 52: Tägliche maximale Stundemittelwerte der Ozonkonzentration im Jahr 1998 an der NA-BEL-Station Tänikon. Werte oberhalb des Stundengrenzwertes der Schweizer Luftreinhalteverordnung (120 µg/m³, entspricht 61.5 ppb) sind rot markiert.

1996a; Perego, 1999). Der Verlauf dieser Episode an der Messstation Tänikon (vgl. Abb. 42) ist in Abbildung 52 gezeigt. Am 28. Juli war das Wetter für Ozonbildung noch nicht günstig, die Konzentrationen waren entsprechend tief. Am 29. und 30. Juli 1993 herrschte schönes Wetter bei leichtem Südwestwind, die Einstrahlung war hoch, und die Temperaturen kletterten auf 30 °C. Das sind ideale Bedingungen für photochemische Ozonbildung in den *bodennahen Luftschichten*. In diesem typischen Tagesverlauf zeigten zunächst NO und NO_2 Spitzenwerte. Das NO stammte von der Morgenspitze des Verkehrs und wurde in eine noch nicht durchmischte Schicht emittiert. Ein Teil davon reagierte sofort mit Ozon zu NO_2. Ozon war an der Station am Morgen praktisch nicht mehr vorhanden. Durch die beginnende Durchmischung, genau wie im Beispiel von Lausanne (Abb. 49), wurde nach Sonnenaufgang ozonreichere Luft aus dem «Reservoir» heruntergemischt. Der Anstieg des Ozons am Vormittag des 29. Juli von 8:30 bis 9:30 zeigt dies deutlich. Danach begann die chemische Ozonproduktion. Am Nachmittag des 29. Juli erreichten die Spitzen 55 ppb, am 30. Juli 75 ppb. Ungefähr ab 17 Uhr sanken die Ozonkonzentrationen jeweils wieder. Die Emissionen des einsetzenden Abendverkehrs führten aber nicht wie am Morgen zu einer Stickoxidspitze. Das emittierte NO wurde durch Ozon sofort oxidiert und durch die noch vorhandene Turbulenz verdünnt. Nur eine leichte NO_2 Spitze ist in Abbildung 53 sichtbar. In der Nacht sank die bodennahe Ozonkonzentration wieder auf tiefe Werte. Am Boden bildete sich eine stabile Inversionsschicht, in welcher Ozon durch weitere Emissionen abgebaut und am Boden deponiert wurde, aber kein Nachschub von oben stattfinden konnte.

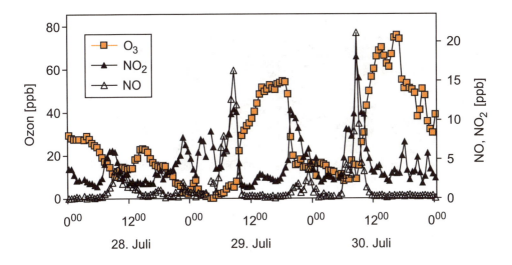

Abbildung 53: Verlauf der Ozon-, NO- und NO$_2$-Konzentration vom 28. bis 30. Juli 1993 an der NABEL-Station Tänikon.

Die gleiche Episode wurde auch mit dem photochemischen Modell «Metphomod» (Perego, 1999) simuliert. Das Modell prognostiziert die meteorologischen und chemischen Vorgänge sowie die Strahlung in einem Modellgebiet über eine Zeitspanne von ein paar Tagen (vgl. Anm. 15). Für diese Simulation wurde eine Box im Schweizer Mittelland ausgewählt, mit einer horizontalen Maschenweite von 2 km und 18 Schichten bis auf 3.5 km ü. M (vgl. Abb. 54). Dem Modell müssen Anfangswerte und Oberflächencharakteristika vorgegeben werden sowie während der Simulation die Randwerte. Diese wurden an den Seiten vor allem aus Radiosondierungen gewonnen. Am Boden wurde der Schadstoffausstoss aus dem Schweizer Emissionskataster, einer räumlich und zeitlich hochaufgelösten Datenbank der Emissionen für eine «typische Sommerwoche», übernommen (Meteotest und Carbotech, 1995). Das Modell wurde am 29. Juli um 4 Uhr morgens gestartet. In Abbildung 54 ist die prognostizierte Ozonkonzentration in der bodennächsten Schicht (diese ist in der Regel 50 m dick) am Nachmittag des 30. Juli dargestellt.

Das Modell simuliert eine über dem ganzen Mittelland erhöhte Ozonkonzentration im Bereich von 60 bis 70 ppb. Am höchsten ist die berechnete Konzentration einerseits über den Seen (wo die Deposition von Ozon sehr klein ist) und andererseits in der Abluftfahne von Zürich. Tänikon liegt nicht exakt in der Abluftfahne, aber doch im Einflussbereich der Agglomeration Zürich. Hier werden am Nachmittag Konzentrationen um 70 ppb modelliert. Das Modell scheint die wichtigsten chemischen Vorgänge korrekt wiederzugeben. Das zeigte auch eine Validierung mit Stationsdaten (Perego, 1999). Das Modell enthält aber zusätzliche Information, die nicht aus Stationsdaten gewonnen werden kann. Es lässt sich zum Beispiel berechnen, wieviel Ozon innerhalb einer Stunde am Mittag des 30. Juli von 12 bis 13 Uhr chemisch produziert wurde. Das ist in der Abbildung 54 unten gezeigt. Für jede

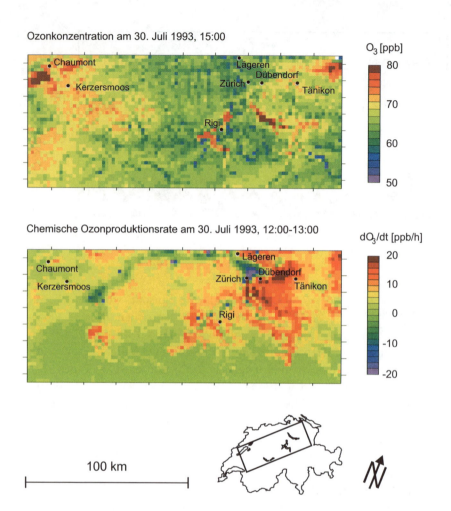

Ozonkonzentration am 30. Juli 1993, 15:00

O₃ [ppb]

Chemische Ozonproduktionsrate am 30. Juli 1993, 12:00-13:00

dO₃/dt [ppb/h]

100 km

Abbildung 54: Oben: Ozonkonzentration in der untersten Modellschicht am 30. Juli 1993 um 15 Uhr (2. Modelltag), unten: chemische Ozonproduktionsrate am 30. Juli 1993 von 12 bis 13 Uhr. Die Berechnungen wurden mit dem Modell Metphomod (Perego, 1999) Version 2.1 (vgl. Brönnimann et al., 2001a, b) durchgeführt.

Gitterzelle wurde die rein chemisch verursachte Veränderung (ohne Transport,
Diffusion, Deposition) über die Zeit
aufsummiert. Als grosse Senken (-20
ppb/h) und Quellen (+20 ppb/h) ste-
chen die Autobahn A1 und die Abluftfahne von Zürich hervor. Es handelt sich

dabei aber nicht um Ozonproduktion im eigentlichen Sinne, sondern um Titration
an einem Ort und Neubildung an einem anderen Ort. Oft wird deshalb «O$_x$»
anstelle von Ozon betrachtet, definiert als Summe von O$_3$ und NO$_2$. O$_x$ wird auf
kurzen Zeitskalen durch Titration und Neubildung nicht beeinflusst. Über dem
ländlichen Mittelland, wo diese Prozesse weniger wichtig sind, werden gemäss
diesem Modell rund 5 bis 10 ppb Ozon pro Stunde produziert. Das ist in Übereinstimmung mit anderen Ergebnissen (BUWAL, 1996a; Jenkin und Clemitshaw,

2000). Nicht die gesamte Produktionsrate trägt zur Ozonanreicherung während des Nachmittags bei, da auch die Deposition beträchtlich ist. Trotzdem: Man kann vermuten, dass ein wesentlicher Teil der 75 ppb Ozon von Tänikon am Nachmittag des 30. Juli aus den Emissionen von Zürich und dem zentralen Mittelland gebildet wurde.

Frühlingsozonspitzen

Ozonepisoden werden in der Regel mit hochsommerlichen Verhältnissen gleichgesetzt. Das stimmt teilweise, aber nicht ganz. Die jahreszeitlich früheste Episode mit Grenzwertüberschreitungen in Abbildung 52 zum Beispiel dauerte vom 30. März bis 1. April, mit einem Stundenmaximum von 76 ppb. Gleichzeitig wurden auch anderswo hohe Werte gemessen. Im Tessin kletterten die maximalen Konzentrationen über 100 ppb, und in Magadino wurde sogar ein 8-Stunden-Mittel von 94 ppb gemessen (vgl. Brönnimann, 1999). Selbst auf dem Jungfraujoch wurden 90 ppb erreicht (vgl. Abb. 40). Solche «Sommersmogepisoden im Frühling» sind keine Seltenheit, Grenzwertüberschreitungen wurden sogar schon im Februar beobachtet. Die Ursache für diese Episoden ist nicht immer ganz klar: Kann sich in der Schweiz bereits im Spätwinter in diesem Ausmass photochemisch Ozon bilden? Oder spielt um diese Jahreszeit der Ferntransport eine grössere Rolle? Handelt es sich um *Smog* aus Südeuropa, wo die Einstrahlung bereits stärker ist? Oder sind es stratosphärische Intrusionen? Diese Fragen sind nicht nur interessant mit Blick auf die lufthygienische Situation, sie stellen auch unser Wissen über die chemischen und meteorologischen Prozesse in der Grenzschicht auf die Probe. Im folgenden Abschnitt werden diese Fragen anhand einer Fallstudie diskutiert (vgl. Brönnimann et al., 2001a).

Vom 10. bis 12. Februar 1998 fand im Kerzersmoos (vgl. Abb. 42) eine Feldkampagne mit Fesselballonsondierungen des Geographischen Instituts der Universität Bern statt (vgl. Cattin, 1998). Es handelte sich um eine Hochdruckperiode mit schwachem Wind aus Südwest. Nach dem Temperaturprofil zu urteilen, war die Atmosphäre meistens stabil geschichtet. Nur während einer kurzen Zeit am Nachmittag war Durchmischung möglich. Die Resultate der Fesselballonsondierungen für Ozon und Wasserdampf sind in Abbildung 55 (links) als Zeit-Höhe-Querschnitte gezeigt. Die Feuchte war am Boden hoch und nahm bis auf etwa 1200 m ü. M. langsam, oberhalb davon schnell ab. Die Ozonkonzentration war in Bodennähe der Jahreszeit entsprechend tief. Sie überstieg im Kerzersmoos und auch an den NABEL-Standorten im Mittelland kaum 35 ppb. Am Nachmittag des 11. Februar wurden aber bereits auf einer Höhe von etwa 400 m über Grund wesentlich höhere Konzentrationen gemessen: zu bis 55 ppb, auf dem Chaumont sogar bis 60 ppb. Das ist für diese Jahreszeit ungewöhnlich. Woher kamen diese hohen Konzentrationen?

Mit einigen Kunstgriffen (vgl. Anm. 15) kann das «Metphomod»-Modell annäherungsweise auch für den Winter angewendet werden (Brönnimann et al.,

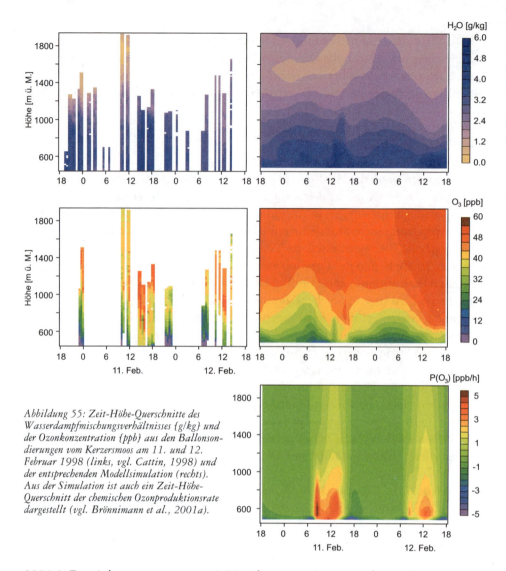

Abbildung 55: Zeit-Höhe-Querschnitte des Wasserdampfmischungsverhältnisses {g/kg} und der Ozonkonzentration {ppb} aus den Ballonsondierungen vom Kerzersmoos am 11. und 12. Februar 1998 (links, vgl. Cattin, 1998) und der entsprechenden Modellsimulation (rechts). Aus der Simulation ist auch ein Zeit-Höhe-Querschnitt der chemischen Ozonproduktionsrate dargestellt (vgl. Brönnimann et al., 2001a).

2001a). Damit kann, zusammen mit Trajektorienrechnungen, beurteilt werden, ob chemische Bildung oder Ferntransport zu den hohen Ozonkonzentrationen geführt haben. Das Modell wurde am Mittag des 9. Februar gestartet und bis am Nachmittag des 13. Februar laufen gelassen. Die simulierte Ozonkonzentration in der untersten Modellschicht am 11. Februar um 6 Uhr sowie um 15 Uhr ist in Abbildung 56 gezeigt. Am frühen Morgen bildete sich über weite Teile des Mittellands ein Kaltluftsee. Ozon wurde darin effizient abgebaut oder trocken deponiert, entsprechend waren die simulierten Konzentrationen praktisch Null. Topographische Erhebungen, die über den Kaltluftsee hinausragten, treten in Abbildung 56 deutlich hervor. In den Alpen betrug die simulierte Konzentration auch am frühen Morgen über 50 ppb. Bis am Nachmittag stieg die Ozonkonzentration im Model im

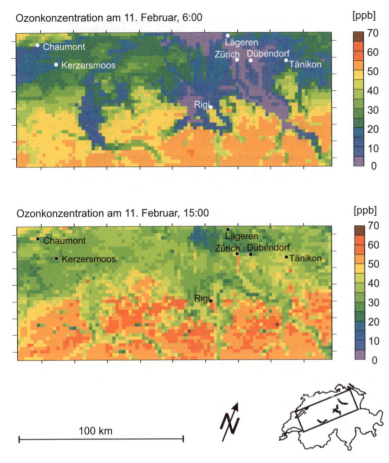

*Abbildung 56: Modellierte Ozonkonzentration im Bodenniveau
für 11. Februar, 6 MEZ (oben) und 15 MEZ (unten, vgl. Brönnimann et al., 2001a).*

ganzen Mittelland auf Werte von 25 bis 35 ppb, was gut mit den Stationsmessungen übereinstimmt. Im Bereich der Autobahn A1 bei Baden (am oberen Modellrand in der Mitte) waren die modellierten Konzentrationen auch tagsüber bei 10 ppb. Hohe Konzentrationen bis 60 ppb wurden im südlichen Bereich des Modellgebiets berechnet, das heisst in den Voralpen und Alpen, auf Höhen über 1000 m ü. M. Auch dies wird durch Stationsmessungen (Chaumont, Rigi) bestätigt.

In Abbildung 55 sind rechts die simulierten Zeit-Höhe-Querschnitte des Wasserdampfs und des Ozons für den Standort Kerzersmoos für die Zeit der Feldkampagne dargestellt. Die Übereinstimmung beim Wasserdampf ist gut, die Querschnitte zeigen eine graduelle Feuchteabnahme. Nur am frühen Nachmittag reichte die feuchte Luft einige Hundert Meter hinauf, was auf beschränkte Mischung hindeutet. Die simulierte Ozonkonzentration lag zwar in der *freien Troposphäre* etwas höher als die Beobachtungen, jedoch reichte im Modell genau wie in den Messungen eine Zunge ozonreicher Luft am Nachmittag des 11. Februars bis wenige Hundert Meter über Grund. Woher kam dieses Ozon? Im untersten Zeit-Höhe-Querschnitt ist die chemische Netto-Ozonproduktion dargestellt, wie vorhin für den Sommer 1993. Bereits am Skalenbalken zeigt sich ein grosser Unterschied zum Sommer: Die chemischen Vorgänge sind im Februar viel langsamer. Am höchsten war die Rate kurz nach Sonnenaufgang infolge von Neubildung von Ozon aus NO_2, das sich über Nacht aus der Reaktion von Ozon mit NO gebildet hatte. «Richtige» chemische Produktion fand am frühen Nachmittag einige Dutzend Meter über Grund statt, mit Raten im Bereich von 2 bis 4 ppb pro Stunde. Die unterste Modellschicht war rein chemisch eine Senke. Dazu kommt die trockene Deposition, die in dieser Grafik nicht berücksichtigt ist. Weiter oben dominierte die Bildung von Ozon, so dass sich Quellen und Senken (inklusive Deposition) über dem Kerzersmoos unterhalb von 1250 m ü. M. die Waage hielten. Für das ganze Modellgebiet betrug diese Höhe ungefähr 1750 m ü. M. (Brönnimann et al., 2001a).

Photochemie spielt also schon im Februar eine Rolle für die Ozonkonzentration. Trotzdem ist fraglich, ob das allein ausreicht, um die beobachteten Spitzen zu erklären. Um bei diesen Raten von einer geschätzten Hintergrundkonzentration von 35 bis 40 ppb auf 60 ppb zu kommen, dauert es vermutlich mehr als zwei Tage. In dieser Zeit können sich Transportvorgänge abspielen. Abbildung 57 zeigt 72-Stunden-Rückwärtstrajektorien mit Ankunft auf der 850 hPa-Druckfläche über dem Kerzersmoos alle sechs Stunden vom 10. Februar am Mittag bis am 12. Februar am Mittag (vgl. Anm. 16). Die Trajektorien zeigen für die gesamte Episode stets eine ähnliche Bahn. Sie stammten alle aus der *freien Troposphäre* über Deutschland, von wo sie nach Südosten führten, die Alpen überquerten und über Italien auf 850 hPa absanken. Sie bewegten sich dann nach Westen und drehten über Sardinien wieder nach Norden, um via unteres Rhonetal in das Schweizer Mittelland zu fliessen. Während der letzten knapp zwei Tage vor ihrer Ankunft im Kerzersmoos bewegten sich die Trajektorien vermutlich nahe der Obergrenze der Grenzschicht. Es ist durchaus vorstellbar, dass es sich hier um Luft handelte, die über dem Rhonetal mit der Grenzschicht in Verbindung stand, und sich dann in der Nacht abkoppelte hatte und über der Grenzschicht in die Schweiz advehiert wurde. Somit könnte als Ursache für die beobachteten Ozonspitzen im Sinne einer Hypothese regionale (beispielsweise über Südfrankreich) und zusätzliche lokale Ozonbildung (über dem Schweizer Mittelland) vermutet werden.

Das Beispiel zeigt einige charakteristische Merkmale, welche für das Verständnis der Dynamik des Grenzschichtozons wichtig sind. Die Höhenschicht zwischen etwa 800 m und 1400 m ü. M. kann eine wichtig Rolle spielen, hier kann photochemische Produktion stattfinden, aber auch Transport. Sie kann von der darunterliegenden Schicht abgekoppelt sein, aber später durch Mischungsprozesse wieder mit ihr verbunden werden (vgl. auch Neu et al., 1994). Das Beispiel zeigt, dass chemische

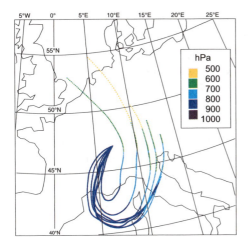

Vorgänge bereits im Februar nicht vernachlässigt werden dürfen.

Was lässt sich aus der Sicht der langen Zeitreihen von Stationsdaten über Frühlingsozonepisoden aussagen? Eine Auswertung der Reihen der beiden Stationen Payerne (stellvertretend für das Mittelland) und Chaumont ist in Abbildung 58 gezeigt (vgl. Brönnimann, 1999). Dargestellt sind oben die nachmittäglichen Ozonspitzen von Februar bis April, klassiert nach den Nachmittagsmittelwerten der Stickoxide und

Abbildung 57: 72-Stunden-Rückwärtstrajektorien mit Ankunft in Kerzersmoos auf der 850 hPa-Druckfläche alle 6 Stunden zwischen dem 10. Februar 1998, 18 UTC und dem 12. Februar 1998, 12 UTC. Berechnet mit dem FLEXTRA-Modell, gespiesen mit Windfeldern des numerischen Modells des ECMWF (vgl. Brönnimann et al., 2001a, vgl. auch Anm. 16).

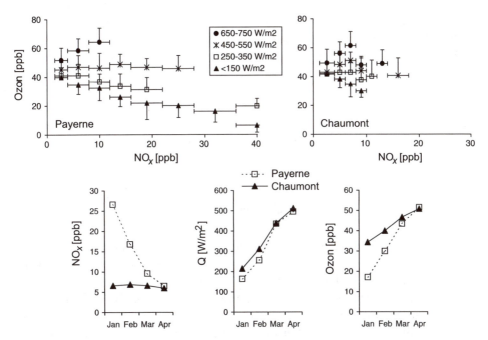

Abbildung 58 (unten): Oben: Nachmittagsozonspitzen (Mittel der höchsten vier Werte von 11:00 bis 18:30) auf dem Chaumont (1992 bis 1997) und in Payerne (1988 bis 1997) von Februar bis April in Abhängigkeit der Globalstrahlung (Mittel 11:00 bis 15:00) und der Stickoxidkonzentration (Mittel 11:00 bis 18:30). Dargestellt sind Klassenmittelwerte. Die Fehlerbalken geben die Klassenbreite (Stickoxide) resp. Standardabweichung (Ozon) an. Der Übersicht halber ist nur jede 2. Strahlungsklasse gezeigt. Unten: Mittlere Stickoxidkonzentration, Globalstrahlung und Nachmittagsozonspitzen für Chaumont und Payerne von Januar bis April, 1992 bis 1997 (vgl. Brönnimann, 1999).

der Globalstrahlung. Diese Klassierung zeigt, dass hohe Ozonspitzen mit ganz bestimmten Verhältnissen gekoppelt sind: mit hoher Strahlung und Stickoxidkonzentrationen in einem Bereich von 6 bis 12 ppb. Bei höheren Stickoxidkonzentrationen nehmen die Ozonspitzen wieder ab, selbst wenn die Strahlung hoch ist. Es ist zu vermuten, dass sich hier die Chemie im «High-NO_x-Regime» abspielt. Unterhalb von etwa 5 ppb NO_x befindet sich die Chemie dagegen möglicherweise im «Low-NO_x-Regime», ganz sicher kann dies aber aus dieser Grafik nicht gefolgert werden. Bei tiefen Stickoxidkonzentrationen konvergieren die Ozonspitzen unabhängig von der Strahlung. Es ist anzunehmen, dass bei Stickoxidkonzentrationen von vielleicht 0.5 ppb ein konstanter Hintergrundwert erreicht würde. Bei tiefer Strahlung sinken die Ozonspitzen mit zunehmenden Stickoxidkonzentrationen. Dabei handelt es sich wohl vor allem um den Titrationseffekt.

Die beiden Stationen Payerne und Chaumont decken unterschiedliche Wertebereiche ab, zeigen aber ansonsten das gleiche Verhalten. Anhand der Position innerhalb dieser Figur kann die Entwicklung der Ozonspitzen an den beiden Stationen beurteilt werden. Abbildung 58 zeigt unten den Verlauf der Mittelwerte der Stickoxidkonzentration, Globalstrahlung und Nachmittagsozonspitzen von Januar bis April. Im Januar ist die Stickoxidkonzentration im Mittelland (Payerne) in der Regel sehr hoch, was hohe Ozonspitzen verhindert. Sie sinkt dann ab, kommt aber erst im März und April in den Bereich, wo bei hoher Einstrahlung hohe Ozonspitzen vorkommen können. Auf dem Chaumont dagegen ist die Stickoxidkonzentration im Mittel immer in genau diesem Bereich, so dass hier vermutlich die Strahlung ausschlaggebend ist. Im Februar ist die Strahlung ausserdem auf dem Chaumont höher als im Mittelland, das oft unter einer Nebeldecke liegt. Beides zusammen kann erklären, warum die mittleren Nachmittagsozonspitzen auf dem Chaumont im Februar so viel höher sind als in Payerne. Erst im April nähern sich die Bedingungen – und auch die Ozonspitzen – an beiden Standorten.

Einfluss der Emissionen auf die Ozonbildung

Die Stickoxidkonzentration kann die Ozonbildung auf unterschiedliche Weise beeinflussen, je nachdem, in welchem Regime sich die photochemischen Vorgänge abspielen. Die Frage, welchen Einfluss Änderungen der Emissionen von einzelnen Ozonvorläuferschadstoffen auf die Ozonbildung haben, ist natürlich für die Massnahmenplanung von entscheidender Bedeutung. Wie bereits im Kapitel über die Chemie erläutert, können sich Verminderungen der Stickoxidemissionen sehr positiv auswirken, sie können aber unter Umständen auch kontraproduktiv sein und eine Erhöhung der Ozonspitzen bewirken. Eine interessante Frage ist beispielsweise, ob Sofortmassnahmen gegen Sommersmog, zum Beispiel Verkehrsbeschränkungen, zu niedrigeren Ozonspitzen führen würden. Ein oft vorgebrachtes Argument dagegen ist, dass die Ozonspitzen am Wochenende im Durchschnitt höher sind als an Werktagen und sich kurzfristige Emissionsverminderungen demnach kontraproduktiv auswirken würden. Kann dies mit Messungen bestätigt werden?

In Abbildung 59 (oben) ist der Wochenverlauf der Emissionen von Stickoxiden und Kohlenwasserstoffen in der näheren Umgebung von vier NABEL-Standorten dargestellt (vgl. Brönnimann und Neu, 1997). Die Emissionen sind am Sonntag etwa 20 bis 40% geringer als am Freitag. Das beeinflusst den Verlauf der Ozonkonzentration. Wird der Wochenverlauf der nachmittäglichen Ozonspitzen über alle Jahre gemittelt, sind die mittleren Spitzen tatsächlich höher am Wochenende als an Werktagen. Das heisst aber nicht, dass kurzfristige Emissionsreduktionen bei Sommersmogepisoden genau diesen Effekt hätten, denn die Auswirkungen sind abhängig von den meteorologi-

Abbildung 59: Oben: Emissionen von Stickoxiden und Kohlenwasserstoffen nach Wochentag an vier NABEL-Standorten (Fläche von 5x5 km², aus: Meteotest und Carbotech, 1995). Unten: Mittlere Wochengänge der Nachmittagsozonspitzen an den vier NABEL-Standorten für Sommersmogtage und Schlechtwettertage (aus Brönnimann und Neu, 1997). Für nähere Beschreibungen vgl. Anm. 17.

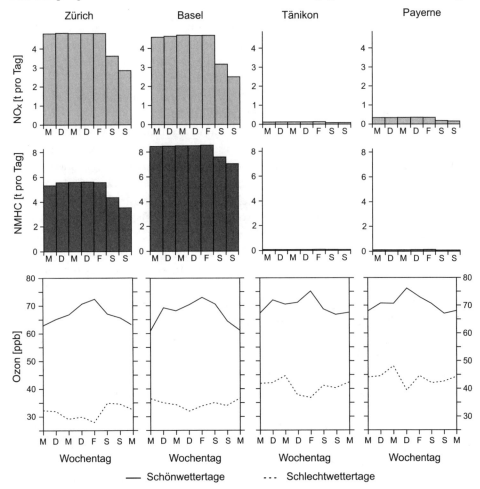

schen Verhältnissen. Das kann grob anhand von Abbildung 58 (oben) abgeschätzt werden. Bewegt man sich bei niedriger Strahlung von hohen zu tiefen Stickoxidkonzentrationen (also nach links), dann nehmen die Ozonspitzen zu. Nimmt man jedoch hohe Einstrahlung an und bewegt sich nach links, dann nehmen die Spitzen ab. Dieser Effekt zeigt sich auch in der Statistik. Werden aus den Zeitreihen der vier NABEL-Standorte nur warme und strahlungsreiche Tage mit wenig Wind ausgewählt («Schönwettertage») und daraus ein mittlerer Wochengang der Ozonnachmittagsspitzen gebildet, dann sinken die Spitzen vom Freitag zum Sonntag um 5 bis 10 ppb oder 10 bis 15%. Die Abnahme ist zwar weit geringer als der Emissionsrückgang, trotzdem ist das ein beträchtlicher Rückgang.

An kalten und strahlungsarmen Tagen mit viel Wind («Schlechtwettertage») sind die Spitzen an Wochenenden eher höher als an Werktagen. Das entspricht den Erwartungen aufgrund von Abbildung 58 (oben). Aus diesen Resultaten wäre abzuleiten, dass während Sommersmoglagen kurzfristige Emissionsreduktionen tatsächlich einen Nutzen hätten. Diese müssten allerdings beträchtlich (20 bis 40%) und grossräumig (mindestens schweizweit) sein, um einen Einfluss zu haben. Dieser wissenschaftlichen Sicht steht die ökonomische Sicht entgegen: Derart einschneidende kurzfristige Emissionsreduktionen sind teuer und würden nie Akzeptanz finden. Deshalb wird die Bevölkerung bei Sommersmoglagen zwar zu freiwilligen Emissionsreduktionen (Verzicht auf das Auto) ermuntert, die politischen Massnahmen setzen aber bei der langfristigen Entwicklung an.

Eine naheliegende Methode zur Untersuchung des Einflusses von Emissionsreduktionen ist die Simulation im Modell. Nur selten werden solche Rechnungen über mehrere Jahre durchgerechnet (Simpson et al., 1997). Meistens wird eine Episode gerechnet, dann werden die Emissionen verändert, alle anderen Rand- und Anfangsbedingungen aber festgehalten und die Simulation wiederholt. Für die beiden bereits vorgestellten simulierten Ozonepisoden im Schweizer Mittelland können auf diese Weise ebenfalls Szenarien durchgerechnet werden. Die Ergebnisse von drei Szenarien (oben: NO_x -25%, Mitte: VOC -25%, unten: beides) für den zweiten Modelltag sind in Abbildung 60 dargestellt. Die linke Seite der Figur zeigt die Simulationen für den Juli 1993, rechts sind die Simulationen für Februar 1998 dargestellt. Da es sich in beiden Situationen um Lagen mit leichtem Südwestwind handelt (der Wind kommt im Modell von links) und die Vorgabewerte für Ozon an den Rändern in allen Fällen gleich gesetzt wurden, wirkt sich die Reduktion erst im zentralen und östlichen Teil des Mittellands aus.

Die angenommene Emissionsreduktion, -25%, ist ungefähr gleich gross wie diejenige vom Freitag zum Sonntag und entspricht auch grob der Emissionsabnahme im letzten Jahrzehnt. Im kombinierten Szenarium im Sommer (Abbildung 60 links unten) sinkt die Ozonkonzentration als Folge davon um 5 bis 10 ppb. Auch das ist etwa in der gleichen Grössenordnung wie der Ozonrückgang im Wochengang, somit besteht eine gute Übereinstimmung zwischen Beobachtung und Modell. Die Auswertungen zeigen, dass sich Emissionsreduktionen nicht linear auf die Ozon-

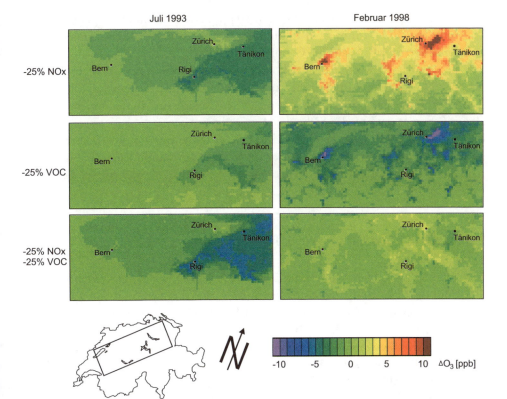

Abbildung 60: Veränderung der Ozonkonzentration in der bodennächsten Schicht am zweiten Modelltag um 15 Uhr bei Verminderung der Emissionen in den bereits vorgestellten Metphomod-Simulationen (vgl. Abb. 54 und 56). Links: Juli 1993, rechts: Februar 1998, oben: Reduktion der Stickoxidemissionen um 25%, Mitte: Reduktion der VOC-Emissionen um 25%, unten: Reduktion der Stickoxid- und VOC-Emissionen um je 25%.

konzentrationen auswirken. Selbst recht grosse Reduktionen der Emissionen bewirken nur eine mässige Entlastung der hohen Ozonwerte.

Es zeigen sich Unterschiede zwischen den Szenarien sowie zwischen Sommer und Winter. Im Sommer ist das Stickoxid-Szenarium erfolgreicher als das VOC-Szenarium. Nur an wenigen Orten (im Bereich der Autobahn A1 und in der Agglomeration Zürich) ist das VOC-Szenarium besser. Gemäss Definition (S. 94) war die Ozonbildung über dem Mittelland im Juli 1993 abgesehen von besagten Stellen NO_x-limitiert. Das ist das bekannte und erwartete Ergebnis für die ländliche Schweiz im Sommer (Staffelbach und Neftel, 1997). Das erfolgreichste Reduktionsszenarium ist jedoch die kombinierte Reduktion beider Schadstoffe. Im Winter ist die Situation völlig anders. Eine Reduktion der Stickoxide führt fast überall im Modell zu höheren Ozonkonzentrationen. In den Städten beträgt die Erhöhung bis über 10 ppb. Der Effekt kann zum Teil auf verringerte Titration zurückgeführt werden, aber auch zusätzliche chemische Ozonbildung spielt mit. Werden die VOC-Emissionen reduziert, dann sinken im ganzen Modell die Ozonkonzentrationen, in den Stadtzentren um 10 ppb. Die Ozonbildung spielt sich hier klar in einem VOC-limitierten Regime ab. Die kombinierte Reduktion hat nur einen geringen Einfluss auf die Ozonkonzentration.

Eine alleinige Reduktion der Stickoxide würde gemäss diesem Modell im Winter zu einer Zunahme und im Sommer zu einer Abnahme der Ozonwerte führen und somit den Jahresgang verändern. Dass sich die Chemie im Winter anders abspielt als im Sommer, ist aus der Sicht der Atmosphärenchemie sehr interessant. Zwar bleibt die Frage bestehen, ob ein Modell, das für die Simulation von Sommersmog entwickelt worden, Emissionsszenarien im Winter überhaupt realistisch modellieren kann. Jedoch weisen Arbeiten anderer Autoren ebenfalls auf eine solche Änderung der photochemischen Limitierung hin (Jacob et al., 1995).

Einfluss der UVB-Strahlung auf die Ozonbildung

In der photochemischen Ozonbildung spielt die *UVB-Strahlung* eine wichtige Rolle, indem sie die Bildung von *Radikalen* initiiert. Es ist daher zu erwarten, dass sich Veränderungen der *UVB-Strahlung* auf die Chemie in der *Troposphäre* auswirken. Im Zentrum des Interesses stehen dabei meist die Effekte auf der globalen Skala, die als Folge einer dünner werdenden Ozonschicht zu erwarten sind (vgl. Madronich und Granier, 1992; Thompson, 1992; Dlugokencky et al., 1996; Bekki et al., 1994; Krol et al., 1998; WMO, 1999). So kann sich veränderte *UVB-Strahlung* auf die Wachstumsraten des Treibhausgases Methan auswirken. Auch die Ozonkonzentration in der *planetaren Grenzschicht* verändert sich.

Zunächst wird durch mehr *UVB-Strahlung* mehr Ozon aufgespalten, es bleibt also weniger Ozon übrig. Pro zerstörtes Ozonmolekül entstehen zwei OH-Radikale. Diese können zu weiterem Ozonabbau führen. Das ist der Grund, weshalb für die globale Atmosphäre davon ausgegangen wird, dass als Folge höherer *UVB-Strahlung* mehr Ozon zerstört wird (Liu und Trainer, 1988; Thompson et al., 1989). Allgemein wird die *Oxidationskapazität* der Atmosphäre erhöht und damit die Abbauprozesse beschleunigt. Die Konzentrationen von Methan, CO und NO_x sinken deshalb, dadurch wird aber die Peroxiradikalproduktion angetrieben. Das kann in der verschmutzten Grenzschicht, wo die Stickoxdikonzentration hoch ist, zu einer verstärkten Ozonbildung führen. Ausserdem wird in der verschmutzten Luft auch die photochemische Radikalbildung aus Aldehyden wichtig, welche durch verstärkte *UVB-Strahlung* ebenfalls angetrieben wird, aber dabei kein Ozon zerstört. Grundsätzlich sind also beide Vorzeichen möglich (Ma und van Weele, 2000). Was passiert im Schweizer Mittelland bei veränderter *UVB-Strahlung*?

Für die gleichen beiden modellierten Episoden wie oben wurden neben den Emissionsszenarien auch Szenarien mit veränderter Ozonschichtdicke durchgerechnet (Brönnimann et al., 2001b). Dabei wurde eine Verminderung der Ozonschichtdicke von 400 auf 240 DU (Februar 1998) respektive von 360 auf 280 DU (Juli

1993) angenommen. Das entspricht etwa der vorkommenden Spannbreite in den entsprechenden Jahreszeiten. Der Einfluss auf die Ozonspitzen am zweiten Tag in der untersten Modellschicht ist in Abbildung 61 dargestellt. Die Differenz liegt in beiden Fällen im Bereich von einigen ppb. Im Sommer zeichnet sich die Abluftfahne von Zürich deutlich ab, ansonsten ist kein Effekt auf die Maxima vorhanden. Im Winter treten ebenfalls die Abluftfahnen von Zürich und Bern hervor, dort erreicht der Effekt 6 ppb. Im Bereich des Mittellands sind die Tagesmaxima nach einer Erhöhung der *UVB-Strahlung* 2 bis 3 ppb höher. Änderungen in den Konzentrationen anderer Schadstoffe (vgl. Brönnimann et al., 2001b) lassen Rückschlüsse auf die chemischen Mechanismen zu.

Die Konzentrationen von HNO_3 (Salpetersäure) und PAN verhalten sich ähnlich wie diejenige von Ozon. Sie nehmen bei erhöhter *UVB-Strahlung* dort besonders stark zu, wo auch Ozon zunimmt. Die Konzentration von H_2O_2 (Wasserstoffperoxid) nimmt dagegen dort zu, wo kaum ein Effekt auf das Ozon vorhanden ist. Daraus lässt sich schliessen, dass erhöhte *UVB-Strahlung* vor allem dort zu mehr Ozonbildung führt, wo sich diese im High-NO_x-Regime abspielt. Im Winter nehmen mit zunehmender *UVB-Strahlung* die Konzentrationen von Ozon, HNO_3 und PAN fast im ganzen Modellgebiet zu, hingegen zeigt H_2O_2 keine Erhöhung. Das stimmt mit der Vermutung überein, dass die Ozonbildung im Februar im gesamten Mittelland mehrheitlich VOC-limitiert war.

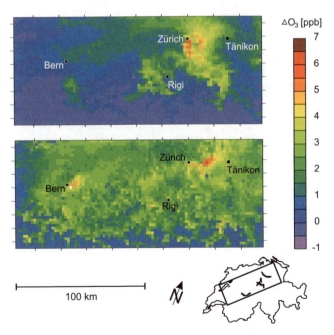

Abbildung 61: Differenz der Ozonmaxima {ppb} am zweiten Modelltag in der untersten Modellschicht für jeweils zwei Simulationen «dünne Ozonschicht» minus «dicke Ozonschicht», am 30. Juli 1993 (oben) und am 10. Februar 1998 (unten, vgl. Brönnimann et al., 2001b).

Die Auswirkung auf die Ozonkonzentration hat in beiden Situationen einen unterschiedlichen Tagesgang. Im Sommer wird die maximale Differenz der Konzentration kurz vor Mittag erreicht, am späten Nachmittag verschwindet der Effekt komplett. Im Winter nimmt die Differenz bis am Abend zu und pflanzt sich in den nächsten Tag hinein fort. Dieser Unterschied lässt sich anhand des Effekts auf die Ozonproduktionsrate nachvollziehen (Abb. 62, links). Im Sommer wirkt sich erhöhte *UVB-Strahlung* in einer beschleunigten Oxidation einer limitierten Menge von Vorläuferschadstoffen aus. Das hat am Vormittag in Quellennähe eine erhöhte Ozonproduktionsrate zur Folge, am Nachmittag und ab einer gewissen Höhe dagegen eine verminderte Produktionsrate. Im Winter ist der Vorrat an Vorläuferschadstoffen gross, und die Ozonproduktion bleibt auch nachmittags erhöht. Dies liegt zum Teil, aber nicht nur, an den höheren Stickoxidkonzentrationen im Winter. In Abbildung 62 ist rechts der Einfluss erhöhter *UVB-Strahlung* auf die chemische Ozonproduktionsrate am Mittag in jeder bodennahen Gitterzelle als Funktion der Stickoxide aufgetragen. Im Sommer wechselt das Vorzeichen, indem bei Konzentrationen unterhalb von etwa 1 bis 2 ppb NO_x die Ozonproduktionsrate mit zuneh-

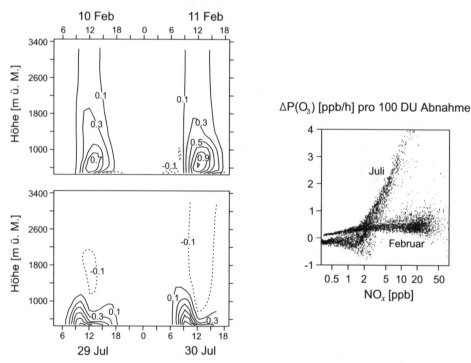

Abbildung 62: Links: Differenz der Ozonproduktionsrate {ppb/h} gemittelt über das ganze Modellgebiet als Funktion der Höhe für jeweils zwei Simulationen «dünne Ozonschicht» minus «dicke Ozonschicht» im Februar 1998 und im Juli 1993, rechts: Veränderung der Ozonproduktionsrate {ppb/h} am Mittag als Folge einer Verminderung der Ozonschicht für jede bodennahe Gitterzelle als Funktion der herrschenden Stickoxidkonzentration («dicke Ozonschicht») am 10. Februar 1998 und am 30. Juli 1993 (vgl. Brönnimann et al., 2001b). Zur Vereinheitlichung wurden die Veränderungen pro 100 DU Ozonschichtverminderung dargestellt.

mender *UVB-Strahlung* abnimmt, oberhalb davon aber zunimmt. Im Winter kommt dagegen fast nur eine Erhöhung der Ozonproduktion bei erhöhter UV-*Strahlung* vor, selbst bei tiefen NO_x-Konzentrationen. Ein Grund dafür könnte sein, dass in dieser Situation die Aldehydphotolyse entscheidend zur Radikalproduktion beiträgt.

Von Auswirkungen erhöhter *UVB-Strahlung* betroffen sind vor allem VOC-limitierte Regionen: im Sommer die städtischen Regionen, im Februar das ganze Schweizer Mittelland. Der Effekt auf die bodennahen Ozonspitzen ist nicht besonders gross, selbst bei diesen starken Veränderungen der Ozonschichtdicke beträgt er nur maximal einige ppb. Trotzdem kann sich dies in den Beobachtungen auswirken. Ein Beispiel dafür ist die bereits mehrfach betrachtete Periode vom 10. bis 15. Februar 1993, als die Ozonschicht einige Tage aussergewöhnlich dünn war (vgl. Brönnimann und Neu, 1998). In Abbildung 63 ist der Verlauf des *Gesamtozons* im Februar 1993 sowie die täglichen maximalen Ozonwerte an den beiden Messstationen Chaumont (1140 m ü. M.) und Rigi (1030 m) aufgetragen. An den beiden Standorten stiegen die Ozonmaxima von Anfang bis Mitte Monat langsam aber stetig an und überstiegen am 14. Februar an der Rigi sogar den Ozonstundengrenzwert (Maximum: 64 ppb). Es handelt sich um eine der jahreszeitlich frühesten Ozonepisoden, die in der Schweiz je beobachtet wurden. Während der Episode Mitte Monat lag über dem Mittelland jeden Morgen eine Nebeldecke, die sich am frühen Nachmittag langsam auflöste. Die beiden Standorte lagen meistens – die

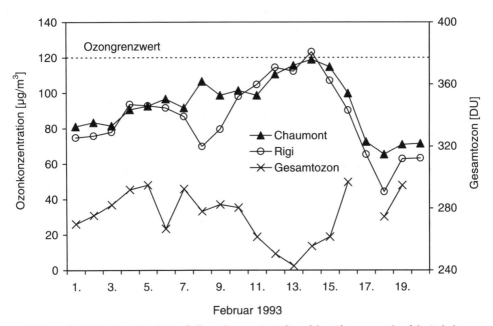

Abbildung 63: Tägliche maximale Ozonhalbstundenwerte {µg/m³} auf dem Chaumont und auf der Seeboden-alp/Rigi sowie Gesamtozon {DU} über Arosa im Februar 1993.

Rigi nicht ganz immer – knapp über dem Nebel in einer warmen Luftschicht. Im Mittelland waren die Ozonkonzentrationen überall tief, nur die Schicht über dem Nebel war betroffen.

Die in Kapitel 4 präsentierten mittleren Tagesgänge der Spurengaskonzentration auf dem Chaumont während diesen Tagen haben uns vermuten lassen, dass photochemische Ozonproduktion stattfand (vgl. Abb. 41). Zwar kann, wie vorhin festgestellt, auch im Februar photochemisch Ozon gebildet werden. Eine Spitze von 64 ppb ist so aber trotzdem schwierig zu erklären, zumal in diesem Fall, anders als im Beispiel vom Februar 1998, die Luft nicht aus südlicheren Breiten stammte. Es gibt aber mehrere Gründe für eine verstärkte Photochemie. Zum einen waren die Gesamtozonwerte sehr tief und die UVB-Strahlungswerte sehr hoch. Im Vergleich zu «normalen» Februarwerten des *Gesamtozons* entspricht die Erhöhung der *UVB-Strahlung* am Mittag einem jahreszeitlichen Vorsprung von drei Wochen oder einer Südwärtsverlagerung der Rigi auf die geographische Breite von Kalabrien. Das hat einen Einfluss auf die Chemie. Die berechnete Bildungsrate von OH-Radikalen aus der Ozonphotolyse, P(OH), am Mittag für den Chaumont (vgl. Anm. 18) bestätigen dies. Durch die erhöhte *UVB-Strahlung* wurde P(OH) etwa verdoppelt. Aber es gab noch weitere Einflüsse. Über der hellen Nebeloberfläche wurde P(OH) durch die Rückstrahlung nochmals fast verdoppelt. Dazu kam ein dritter wichtiger Faktor: Die Luftfeuchtigkeit war unmittelbar über dem Nebel sehr hoch, und somit war genügend Wasserdampf vorhanden, um mit $O(^1D)$ zu reagieren. Zusammen genommen ergibt sich eine Verdreifachung von P(OH), dazu kommt der Einfluss der erhöhten *UVB-Strahlung* auf die Photolyse von Aldehyden sowie der Einfluss der Rückstrahlung auf die NO_2-Photolyse. Damit lässt sich eine erhöhte Ozonproduktion über dem Nebel erklären.

Solche Situationen sind aber sicher nicht der Normalfall. Anhand der bereits in Abbildung 26 vorgestellten berechneten Ozonphotolyseraten für 156 Tage lässt sich eine Statistik zur Frage, wie stark die Ozonspitzen durch abnormale UVB-Strahlungswerte beeinflusst sind, durchführen (vgl. Brönnimann et al., 2000a). Dazu wurden die Ozonmessreihen des Chaumont verwendet. Es handelt sich bei diesen Tagen um mittelstark verschmutzte Schönwettertage, also Verhältnisse, unter welchen ein Effekt erhöhter *UVB-Strahlung* auf die Ozonspitzen erwartet werden kann. Mit einem Regressionsmodell wurde der Effekt von Abweichungen der *UVB-Strahlung* vom Normalwert für die entsprechende Jahreszeit geschätzt (vgl. Anm. 18). Der Einfluss der *UVB-Strahlung* auf die nachmittäglichen Ozonspitzen erwies sich als statistisch signifikant im ganzen Jahr und im Winter, aber nicht im Sommer. Das ist aus den Modellrechnungen verständlich: In der Sommerepisode war der Einfluss ja räumlich auf die Abluftfahne von Zürich beschränkt. Auch quantitativ ist die Übereinstimmung gut. Die Spannweite des Effekts im Regressionsmodell, die grob mit den gewählten Gesamtozonschwankungen der Modellszenarien vergleichbar ist, beträgt 3 bis 4.5 ppb. Veränderungen der *UVB-Strahlung* können also einen Einfluss auf die Chemie der verschmutzten Grenzschicht haben.

Die Auswirkungen auf die Ozonspitzen sind aber gering und vor allem auf VOC-limitierten Regionen, insbesondere im Winter und Frühling, beschränkt.

Trends der Ozonbelastung in der Schweiz

Vor zehn Jahren gehörten die hohen Ozonbelastungen während sommerlicher Smoglagen in der Schweiz und auch in den umliegenden Ländern zu den meistgenannten und vordringlichsten Umweltproblemen. In den letzten Jahren ist es eher still geworden um das Thema Ozon. Wie sieht die Situation heute aus? Zeigen die getroffenen Massnahmen Früchte? War es «Wetterpech»? Oder haben wir uns einfach daran gewöhnt?

In diesem Kapitel sind verschiedene Faktoren vorgestellt worden, welche sich auf die lokale Ozonkonzentration auswirken können: *Hintergrundozon* und Transport, photochemische Bildung aus lokalen und regionalen Emissionen, meteorologische Verhältnisse und *UVB-Strahlung*. Diese Faktoren könnten sich in den letzten Jahren verändert und zu Trends in der Ozonbelastung geführt haben. Anhand der Daten des NABEL-Netzes wird schnell ersichtlich, dass trotz beträchtlichem Rückgang der Emissionen von Ozonvorläuferschadstoffen in der Schweiz – zu einem guten Teil eine Folge des Katalysators – noch kein deutlicher Rückgang der Grenzwertüberschreitungen erreicht werden konnte (Abb. 64 oben). Die Schwankungen von Jahr zu Jahr sind gross, vor allem an den besonders stark belasteten Stationen der Alpensüdseite. Dort wird der Stundengrenzwert der Luftreinhalteverordnung immer noch während 500 bis 600 Stunden pro Jahr überschritten, im ländlichen Mittelland während 200 bis 400 Stunden. Die jährlichen maximalen Werte sind in Abbildung 64 (Mitte) dargestellt. Dabei wurden Stationen mit ähnlichem Verhalten zusammengefasst. Auch hier zeigt sich die spezielle Situation im Tessin, welches im Einflussbereich der Abluftfahne von Mailand liegt (vgl. Prévôt et al., 1997; Staffelbach et al., 1997a, b). Mitte der 1990er Jahre wurden hier maximale Werte über 180 ppb gemessen. Seither sind die Werte wieder gesunken. Nördlich der Alpen lagen die jährlichen Maxima im Bereich von etwa 100 bis 120 ppb, mit eher kleinen Schwankungen von Jahr zu Jahr und kleinen Unterschieden zwischen den Stationsgruppen. Auch hier zeigt sich ein Rückgang der Maxima über die 1990er Jahre. Allerdings ist dieser Rückgang langsam. Geht es in diesem Tempo weiter, dann wird der Stundengrenzwert erst in 25 Jahren eingehalten werden können. Die unterste Figur in Abbildung 64 zeigt den Verlauf der Jahresmittelwerte. Hier zeigen sich im Gegensatz zu den oberen Figuren klare Trends. An allen Standorten hat der Mittelwert im Verlauf des letzten Jahrzehnts deutlich zugenommen. Der Trend beträgt +0.3 bis +0.9 ppb pro Jahr, und das ist doch beträchtlich.

Offenbar gibt es verschiedene Veränderungen in der Struktur der Ozonbelastung, die sich in den ausgewählten Statistiken (Mittelwert, Überschreitungen) überlagern. Das hat auch eine Veränderung der Häufigkeitsverteilung zur Folge. In

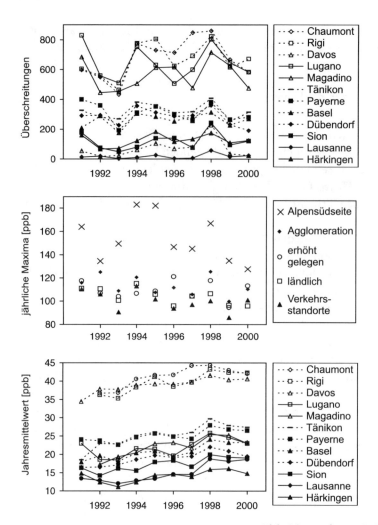

Abbildung 64. Verlauf der Ozonbelastung an verschiedenen Stationen des NABEL-Netzes von 1991 bis 2000. Oben: Anzahl Überschreitungen des Stundengrenzwertes für Ozon (120 μg/m³), Mitte: jährliche maximale Halbstundenwerte für verschiedene Stationsgruppen (ländlich: Payerne und Tänikon, Agglomeration: Basel und Dübendorf, Alpensüdseite: Magadino und Lugano, erhöht gelegen: Chaumont und Rigi, Verkehrsstandorte: Lausanne und Härkingen), unten: Jahresmittelwert.

Abbildung 65 sind oben die Häufigkeiten von Halbstundenwerten der Ozonkonzentration pro Stationsgruppe in fünf Wertebereichen (Klassen) angegeben, unten sind die prozentualen Veränderungen pro Klasse betrachtet, bezogen auf die jeweilige Gesamthäufigkeit von 1991 bis 2000. Obwohl die einzelnen Stationsgruppen unterschiedliche Häufigkeitsverteilungen der Ozonwerte aufweisen, treten überall die gleichen Veränderungen auf. Die tiefen Werte sind weniger häufig geworden, ebenso die Werte über 80 ppb, also die hohen Werte. Ozonwerte im mittleren Bereich sind dagegen häufiger geworden.

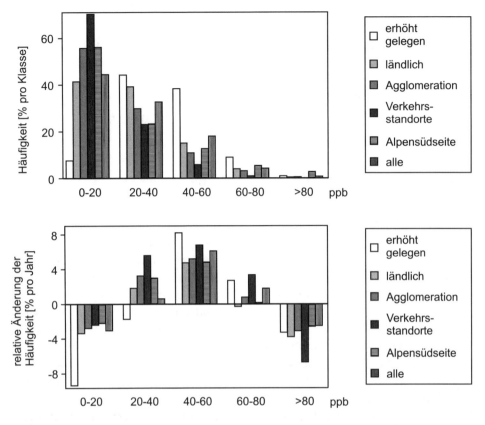

Abbildung 65: Oben: Häufigkeitsverteilung der Ozon-halbstundenwerte in 5 Klassen pro Stationsgruppe (vgl. Abb. 64, «alle» umfasst alle zwölf Stationen), unten: Prozentuale Veränderung {% pro Jahr} pro Klasse relativ zur Gesamthäufigkeit.

Welches sind die Ursachen für diese Veränderungen? In Frage kommen: eine Veränderung der meteorologischen Verhältnisse, ein Rückgang der Emissionen von Ozonvorläuferschadstoffen und eine Änderung der Hintergrundozonkonzentration. Da der Trend der Ozonbelastung normalerweise im Hinblick auf die letzten beiden Ursachen untersucht wird, muss eine Methode gefunden werden, welche den Einfluss der veränderlichen meteorologischen Verhältnisse auf den Trend möglichst ausschliesst. Eine Möglichkeit ist die Auswahl von Tagen mit ganz bestimmten meteorologischen Verhältnissen und die Berechnung eines Trends nur für diese Tage, ähnlich wie vorhin bei der Untersuchung des Wochengangs. In Abbildung 66 sind die Sommermittelwerte der Ozonnachmittagsspitzen in Payerne an allen Tagen sowie an Schön- und Schlechtwettertagen dargestellt.

Die Figur zeigt, dass für verschiedene meteorologische Situationen unterschiedliche Trends auftreten können. Die Ozonspitzen an Schönwettertagen haben in den 1990er Jahren leicht abgenommen. Die Abnahme der Häufigkeit von Werten über 80 ppb dürfte somit nicht allein die Folge schlechteren Wetters sein. Im Gegensatz

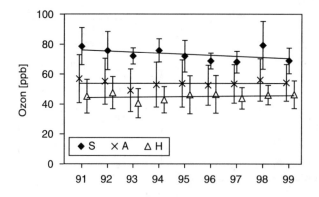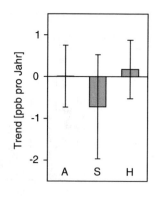

Abbildung 66: Links: Mittelwerte (Standard-abweichungen) der nachmittäglichen Ozonspitzen (Mittel der vier höchsten Werte von 11:00 bis 18:30) an allen Tagen (A), an Schön- (S) und Schlecht-wettertagen (H) in Payerne von April bis September, 1991–1999. Die Linien stellen Regressionsgeraden dar. Rechts: Trends (95%-Vertrauensintervalle) für A, S und H, berechnet aus jährlich gemittelten Werten mittels linearer Regression (vgl. Anm. 19).

zu den Schönwettertagen haben die Ozonspitzen an Schlechtwettertagen leicht zugenommen. Werden alle Tage betrachtet, dann ist kein Trend sichtbar, vermutlich, weil sich verschiedene Effekte gegenseitig kompensieren. Ein Grund für das gegenläufige Verhalten der Trends in Abhängigkeit der meteo-rologischen Verhältnisse könnten verminderte Emissionen sein, ähnlich wie beim Wochengang. Das kann wiederum anhand von Abbildung 58 nachvollzogen werden. Als Folge langfristig sinkender Emissionen wird bei schlechtem Wetter eher eine Zunahme, bei gutem Wetter eher eine Abnahme der Ozonspitzen erwartet. Was aber ebenfalls mitspielt, ist eine erhöhte Ozonhintergrundkonzentration. Unter ausgewählten Hintergrundbedingungen wurde an sechs untersuchten Standorten eine starke Zunahme des Ozonmittelwerts im Bereich von +0.5 bis +1 ppb pro Jahr festgestellt (vgl. Brönnimann et al., 2000d). Eine Zunahme des Hintergrundozons wird auch aus anderen Ländern berichtet.

Eine andere Methode, die verschiedenen Einflüsse auf die Trends der Nachmittagsozonspitzen im Sommerhalbjahr zu trennen, ist die Regression (für die folgenden Ausführungen vgl. Brönnimann et al., 2002). Dabei können wie im Beispiel in Kapitel 3 für das Gesamtozon in Arosa neben dem Trend verschiedene weitere erklärende Variablen hinzugenommen werden, um den Trend verlässlicher schätzen zu können. Das hier verwendete Regressionsmodell (vgl. Anm. 20) enthält eine ganze Reihe meteorologischer Variablen. Speziell an diesem Modell ist auch, dass die langfristige Entwicklung aufgeteilt wird in einen linearen Trend und in einen Teil, der durch die Globalstrahlung moduliert wird («strahlungsmodulierter Trend», vgl. Anm. 20).

Die Koeffizientenschätzungen für beide Teile des Trends für verschiedene NABEL-Standorte sind in Abbildung 67 (offene Symbole) dargestellt. Der lineare Trendanteil (oben) ist an den meisten Standorten signifikant positiv und liegt bei knapp 1 ppb pro Jahr. Das ist etwas mehr als der Trend des Mittelwertes. Der strahlungsmodulierte Teil (unten) ist überall negativ, bei einigen Stationen statistisch signifikant. Das heisst, dass sich bei hoher Strahlung ein negativer Trend zum linearen Teil addiert und bei tiefer Strahlung ein positiver. Da der meteorologische Einfluss im Modell gut berücksichtigt ist, fallen meteorologische Veränderungen als Ursache dafür weg. Wie bereits vorhin ausgeführt können sinkende Emissionen von Vorläuferschadstoffen zu niedrigeren Ozonspitzenwerten bei hoher Strahlung, aber zu einer Erhöhung bei ungünstigen meteorologischen Verhältnissen führen.

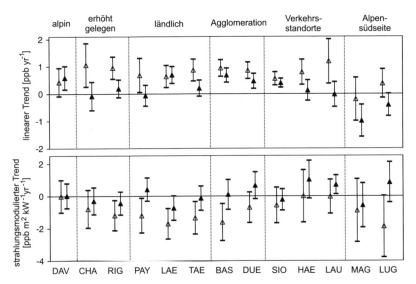

Abbildung 67: Koeffizienten und 95%-Vertrauensintervalle aus den Regressionsmodellen (vgl. Anm. 20) der nachmittäglichen Ozonspitzen im Sommer an zehn NABEL-Standorten für ein Modell ohne (leere Symbole) und eines mit Einbezug der NO_x-Konzentrationen (ausgefüllte Symbole). Oben: linearer Trend, unten strahlungsmodulierter Trend.

Um diese Hypothese zu testen, wurden die Emissionen (respektive die Stickoxdikonzentrationen) ebenfalls in das Modell aufgenommen. Die Abhängigkeit der Ozonspitzen von der Stickoxidkonzentration und der Globalstrahlung wurde vorhin anhand von Abbildung 58 diskutiert. Diese Zusammenhänge (hier für NO_2 anstatt für NO_x) lassen sich in eine Formel fassen, welche vier theoretisch hergeleitete Bedingungen erfüllt:

– Mit zunehmender Strahlung und $NO_2 > 0$ nehmen die Ozonspitzen zu (folgt aus dem photostationären Gleichgewicht).

– Bei $NO_2 = 0$ hat die Globalstrahlung keinen Einfluss (Konzept eines konstanten Hintergrundwertes).

– Bei geringer Einstrahlung nehmen die Ozonspitzen mit zunehmender NO_2-Konzentration ab (Titrationseffekt).

– Bei hoher Einstrahlung ist die Abhängigkeit der Ozonspitzen vom NO_2 nicht linear (Low-NO_x-/High-NO_x-Verhalten).

Eine grafische Darstellung einer Funktion, welche diese Bedingungen erfüllt, ist in Abbildung 68 gezeigt. Man beachte die Übereinstimmung mit Abbildung 58. Das Regressionsmodell wurde abgeändert und diese Funktion neu einbezogen (vgl. Anm. 20). Die Schätzungen für den linearen und den strahlungsmodulierten Teil des Trends mit diesem neuen Regressionsmodell sind ebenfalls in Abbildung 67 eingetragen. Der strahlungsmodulierte Trend liegt für viele Standorte jetzt bei Null und ist nicht mehr signifikant. Das stützt die Hypothese, dass die sinkenden lokalen bis regionalen Emissionen von Ozonvorläuferschadstoffen diesen Teil des Trends verursacht haben. Der lineare Teil geht zwar auch gegen Null, an der Hälfte der Standorte ist er aber immer noch signifikant positiv. Das könnte eine Folge der zunehmenden Hintergrundkonzentration sein.

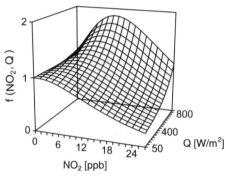

Abbildung 68: Beispiel einer Funktion, die den kombinierten Einfluss von NO_2 und der Strahlung auf die Ozonspitzen darstellt und dabei die vier im Text aufgestellten Anforderungen erfüllt (vgl. Anm. 20).

Zusammenfassung und Fazit

Die *planetare Grenzschicht* ist der unterste Teil der Atmosphäre, derjenige Teil, in welchem sich das Leben abspielt und in direkten Kontakt mit den Spurgengasen kommt. Natürlicherweise wird die Ozonkonzentration in der Grenzschicht durch Einmischung aus der *freien Troposphäre* und trockene Deposition am Boden bestimmt. Selbst abseits der menschlichen Zivilisation gibt es aber kaum mehr «natürliche» Verhältnisse, auch die «saubere Luft» ist chemisch überprägt. In der verschmutzten Grenzschicht über den Kontinenten wird bei hoher Sonnenstrahlung und warmen Temperaturen in hohem Mass Ozon gebildet. Die Konzentrationen können so hoch ansteigen, dass Ozon als Reizgas beim Menschen die Augen röten und die Atmung beeinträchtigen und Pflanzen erheblich schädigen kann.

Ozon entsteht in der Grenzschicht bei der Photooxidation von Kohlenwasserstofen im Beisein von Stickoxiden. Diese Gase werden vom Menschen direkt in die Atmosphäre ausgestossen. Ozon entsteht erst in der Atmosphäre, und dabei sind

Abbildung 69 (auf der nachfolgenden Seite): In den Sommern 1994 und 1995 waren die hohen Ozonwerte regelmässig Thema in den Schlagzeilen der Schweizer Medien. Hier ein Beispiel aus der «Sonntagszeitung» vom 28. Mai 1995.

In den Tälern um Lugano ist die Ozonkonzentration besonders gross: Bedigliora im Malcantone Foto: Martin Zünti

Sonnenstube wird Ozonverlies

Im Tessin herrscht dicke Luft – doch der Widerstand gegen Abhilfemassnahmen ist gross

VON FRED LAUENER

Im Südtessin überschreitet die Ozonkonzentration den Grenzwert regelmässig um mehr als das Doppelte. Griffige Massnahmen gegen den Sommersmog haben in der Südschweiz jedoch keine Chance.

Über die Qualität der Luft in der Sonnenstube schweigen die Ferienprospekte. Mit gutem Grund. Praktisch während der gesamten warmen Jahreszeit liegen im Tessin die Werte für Stickstoffdioxid und Ozon über den zulässigen Grenzwerten. Und gäbe es in der Schweiz für flüchtige organische Stoffe ebenfalls gesetzliche Richtwerte, böte das Tessin ein noch wesentlich tristeres Bild. Die jährliche Durchschnittskonzentration des als gefährlich eingestuften Benzen etwa beträgt im Tessin über 5,5 Mikrogramm. Der erlaubte Höchstwert in Deutschland liegt bei 2,5 Mikrogramm.

Stichtag Donnerstag, 25. Mai, Auffahrt: Mit Ausnahme der Leventina, der Täler um Locarno und des hügeligen Hinterlandes von Lugano lag der Stundenmittelwert beim Ozon praktisch den ganzen Tag deutlich über der Grenznorm von 120 Mikrogramm pro Kubikmeter Luft. Der Reizgas-Gehalt bewegte sich von 149 Mikrogramm in der Leventina über 169 Mikrogramm in den Tälern um Locarno und Lugano bis auf 222 Mikrogramm in der Region Mendrisio/Chiasso.

Die bereits alarmierenden Ozonwerte in der Sonnenstube «werden bei schönem Wetter noch weiter ansteigen», bestätigte der Leiter des Tessiner Umweltamtes, Mario Camani, der *SonntagsZeitung*. Je nach Wetterlage sind im Hochsommer Ozonwerte bis 260 Mikrogramm im Tessin nicht aussergewöhnlich. Besonders ozonanfällig ist der Südzipfel des Kantons, das Mendrisiotto mit dem für die Luftzirkulation topographisch ungünstig gelegenen Zentrum Chiasso, den Industrien von Como und dem massiven Verkehrsaufkommen.

Die autoverliebten Tessiner lassen sich nicht einschränken

Nicht nur die Tessiner Umweltorganisationen fordern seit Jahren einschneidende Massnahmen gegen den Sommersmog. Auch das kantonale Umweltamt im Baudepartement hat im vergangenen Jahr nebst technischen Massnahmen unmissverständlich eine «Reduktion des Strassenverkehrs und Tempolimiten» verlangt – unter anderem auf der N 2 im Raum Chiasso. Umweltamts-Chef Camani: «Wenn wir die Luft tatsächlich verbessern wollen, führt kein Weg daran vorbei.»

Doch Camanis Amt steht politisch im Abseits. Nicht nur der präjudizierende Entscheid des Bundesrates gegen Tempo 80 auf der Autobahn bei Luzern hat dem Umweltamt die Flügel gestutzt. Einschränkungen des motorisierten Verkehrs sind bei den autoverliebten Tessinern grundsätzlich nur schwer durchzusetzen.

Frequenzsteigerung beim privaten wie beim öffentlichen Verkehr

Immerhin wurde in der am stärksten vom Ozon belasteten Region Mendrisiotto in den letzten Jahren der öffentliche Verkehr gezielt ausgebaut. Mit besseren Verbindungen und attraktiven Preisen konnte eine spürbare Zunahme der Fahrgastzahlen erreicht werden. Die Qualität der Luft ist damit jedoch nicht besser geworden. Denn mit den Frequenzen im öffentlichen Verkehr stiegen auch jene des privaten Verkehrs. «Ungebremst werden Strassen gebaut und – wie in Lugano – Verkehrsführungen realisiert, die noch mehr Verkehr anziehen und zusätzliche Emissionen bringen», enerviert sich der Sekretär der Tessiner VCS-Sektion, Werner Herger.

So erschöpft sich die Luftreinhaltepolitik auch im Tessin vor allem im Studium der Luftqualität: An allen Stellen werden die Schadstoffe gemessen, und über eine zentrale Telefonnummer können die Werte rund um die Uhr abgerufen werden. Von Nutzen für die Gesundheitsvorsorge ist diese Dienstleistung jedoch kaum: Verfügbar sind etwa die Daten vom Wochenende jeweils frühestens am Montag.

verschiedene räumliche Skalen beteiligt. Oft wird ein grossräumig gebildeter «Hintergrund» und ein lokaler bis regionaler Beitrag («hausgemachtes Ozon») unterschieden. Die Wirksamkeit von lokalen bis regionalen Massnahmen ist somit vor allem auf das hausgemachte Ozon beschränkt. Der Hintergrund ändert sich nur durch Veränderungen der Emissionen im kontinentalen und hemisphärischen Massstab oder durch Änderungen in der atmosphärischen Zirkulation und damit der Transportmuster. Die lokale Ozonbildung kann sich in unterschiedlichen photochemischen Regimes abspielen. Das hat Konsequenzen für mögliche Reaktionsstrategien. Im Sommer ist die Ozonbildung in der Schweiz ausserhalb der direkten Abluftfahnen der Städte NO_x-limitiert. Eine Reduktion der Stickoxidemissionen führt hier zu einer starken Verminderung der Ozonbelastung. In den Abluftfahnen der Städte und während der kalten Jahreszeit ist die Ozonbildung VOC-limitiert. Eine alleinige Verminderung der Stickoxidemissionen führt hier zu höheren Ozonspitzen.

In der Schweiz ist vor allem auf der Alpensüdseite die hohe Ozonbelastung immer noch ein Problem. Mitte der 1990er Jahre wurden hier Rekordwerte über 180 ppb gemessen (vgl. Abb. 69). Aber auch im Schweizer Mittelland steigen die Werte fast jeden Sommer über 100 ppb. Verschiedene Massnahmen haben bewirkt, dass die Emissionen von Ozonvorläuferschadstoffen seit den späten 1980er Jahren um 30 bis 40% abgenommen haben. Die Ozonspitzen sind in den letzten Jahren als Folge davon leicht zurückgegangen. Allerdings ist dieser Rückgang, gemessen an der hohen Emissionsreduktion, doch gering. Das zeigen auch Modellrechnungen: Eine Reduktion der Emissionen um einen Viertel hat nur einen kleinen Effekt auf die Ozonspitzenwerte. Um die angestrebten Ziele zu erreichen, müssen unbedingt weitere Anstrengungen unternommen werden.

Auch wenn sich das Ozonproblem in der Schweiz langsam, sehr langsam entschärft, ist es anderswo aktueller denn je. Der riesige Emissionszuwachs in den Megastädten der Subtropen führt dort zu extrem hohen Ozonkonzentrationen. Werte über 300 ppb werden aus Seoul berichtet (vgl. Ghim et al., 2001), in Mexico City werden 100 ppb beinahe täglich erreicht (vgl. McKendry und Lundgren, 2000), auch in Teheran soll die Situation sehr schlecht sein. Zum Vergleich: Die höchste Konzentration in der Schweiz der letzten 10 Jahre liegt wenig über 180 ppb.

6 Ozon an der Grenzfläche Atmosphäre-Vegetation

Einleitung

Die untere Begrenzung der *planetaren Grenzschicht* wird durch Bodenoberfläche und Vegetationsdecke gebildet. In diesem kurzen Kapitel werden Vorgänge diskutiert, welche sich an dieser Grenzfläche abspielen. Es gibt darunter einerseits Prozesse, welche für den chemischen Auf- und Abbau von Ozon in der Grenzschicht eine wichtige Rolle spielen, und es gibt andererseits Prozesse, welche für den Energiehaushalt und die Meteorologie der *planetaren Grenzschicht* entscheidend sind und damit indirekt auch die Ozonkonzentration beeinflussen (für die Meteorologie in der planetaren Grenzschicht wird oft der Ausdruck Mikrometeorologie verwendet). Zur chemischen Produktion von Ozon tragen die von den Pflanzen ausgestossenen Kohlenwasserstoffe und das von Böden emittierte NO bei. Zum Abbau von Ozon führt die sogenannte trockene Deposition: Ozon wird an der Bodenoberfläche oder an der Aussenfläche von Pflanzen abgebaut und von den Pflanzen durch die Spaltöffnungen aufgenommen. Die trockene Deposition ist eine der wichtigsten Senken für das Ozon der planetaren Grenzschicht. Entsprechend ist das Verständnis der Depositionsvorgänge wichtig für das Studium des Ozons in der Atmosphäre. Die Deposition von Ozon spielt auch für die Pflanzen eine Rolle. Zu hohe Ozondosen können, wie in Kapitel 2 erwähnt, zu Schädigungen von Pflanzen führen. Auf dieses Thema wird in diesem Buch allerdings nicht eingegangen. Ein kürzlich im selben Verlag erschienenes Buch (Innes et al., 2001) behandelt diese Problematik im Detail.

Das Kapitel beginnt, so wie alle bisherigen, mit einer kurzen Bemerkung zur Messmethodik. Dann folgt ein Abschnitt über die Emissionen von Kohlenwasserstoffen durch Pflanzen und deren Einfluss auf die Ozonbildung in der *bodennahen Luftschicht*. Ein weiterer Abschnitt behandelt die Deposition von Ozon an der Oberfläche des Bodens und der Pflanzen sowie die Aufnahme von Ozon durch Pflanzen. Dazu wird ein einfacher Modellansatz verwendet und mit Messungen verglichen. Danach folgt ein Abschnitt über die Ozonbelastung in der Bestandesluft, also der Luft, welche die Pflanzen umgibt. Dabei werden verschiedene der gängigen Indikatorwerte (und die zugrundeliegenden Konzepte) zum Schutz der Vegetation vorgestellt und deren Trends an verschiedenen Standorten in der Schweiz diskutiert.

Verschiedene Bücher und Artikel behandeln die Prozesse an der Grenzfläche zwischen Boden respektive Vegetation und Atmosphäre. Ein empfehlenswertes Lehrbuch für alle Aspekte der Mikrometeorologie ist Arya (2001). Die Frage des Einflusses von biogenen Emissionen auf die Ozonbildung ist in den letzten Jahren intensiv untersucht worden. Ein Beispiel ist das BEMA Projekt (Biogenic Emissions in the Mediterranean Area), dessen Ergebnisse in Vol. 31 (1997), Nr. 51 der Zeitschrift

«Atmospheric Environment» zusammengestellt sind. Eine aktuelle Übersicht über die Situation in Nordamerika bieten Guenther et al. (2000), für die Schweiz existiert ein Bericht des BUWAL (1996b). Über die Auswirkungen hoher Ozonbelastung auf Pflanzen sei hier auf McKee (1994) und Innes et al. (2001) verwiesen.

Messmethoden

Die Konzentration von Ozon in der Bestandesluft kann mit den selben Messprinzipien wie in der *planetaren Grenzschicht* gemessen werden. Luft wird im oder oben am Bestand angesaugt, durch ein Messgerät geführt und dort mit den bereits diskutierten Verfahren gemessen. Die Fragestellungen zum Themenbereich der Interaktion zwischen Vegetation und Atmosphäre erfordern aber oft völlig andere Messkonzepte als diejenigen, welche im Kapitel über die *planetare Grenzschicht* diskutiert worden sind. Da die Turbulenz für viele dieser Fragestellungen eine wichtige Rolle spielt, kann es erforderlich sein, Ozon und andere Grössen einmal pro Sekunde oder häufiger zu messen. Für andere Fragestellungen wiederum kann ein Wochen- oder Monatsmittelwert bereits ausreichen, dafür ist eine möglichst hohe räumliche Auflösung wünschenswert. Diese Anforderungen führen zu Messkonzepten, welche sich von den bisher vorgestellten Verfahren unterscheiden.

Oft interessiert nicht eigentlich die Ozonkonzentration, sondern die Deposition. Da diese nicht direkt gemessen werden kann, behilft man sich mit der Annahme, dass sich der Vertikalfluss von Ozon in den untersten Metern der Atmosphäre nicht mit der Höhe ändert. Das bedeutet, dass man den Fluss durch eine Fläche in 2 bis 3 m über Grund messen und ihn näherungsweise der Ozondeposition am Boden gleichsetzen kann. Der Fluss von Ozon durch eine Fläche in 2 bis 3 m Höhe wird stark durch die Turbulenz beeinflusst. Um ihn direkt zu messen, eignet sich die sogenannte Eddykovarianzmethode. Dabei werden einerseits die Fluktuationen des Vertikalwindes, andererseits diejenigen der Ozonkonzentration hochfrequent (mindestens einmal pro Sekunde) gemessen. Aus der Kovarianz der beiden Fluktuationen lässt sich der vertikale Ozonfluss berechnen (vgl. Arya, 2001; auch Eugster, 1994). Eine hohe Auflösung der Ozonmessungen lässt sich am besten mit der Methode der UV-Absorption erreichen, dabei muss allerdings die Zeit berücksichtigt werden, welche die Luft braucht, um vom Ansaugrohr in die Messkammer zu gelangen. Flussmessungen mittels Eddykovarianz sind technisch recht aufwändig. Abbildung 70 zeigt eine solche mikrometeorologische Station im Kerzersmoos im Seeland (vgl. Abb. 42) während einer Messkampagne im Juli 1998 (vgl. Siegrist, 2002). Gemessen wurden die Energieflüsse sowie die Vertikalflüsse von CO_2, Wasserdampf und Ozon. Das Instrument zuoberst ist das «Sonic Anemometer», mit welchem der Windvektor mittels Ultraschall erfasst wird. In der Mitte befindet sich das Wasserdampf- und CO_2-Messgerät sowie der Ansaugschlauch für die Ozonmessungen. Unten sind verschiedene meteorologische Messgeräte zu sehen.

Abbildung 70: Mikrometeorologische Station zur Messung der Energieflüsse sowie der Vertikalflüsse von CO₂, Wasserdampf und Ozon im Kerzersmoos im Juli 1998 (Foto: W. Eugster).

Für Fragestellungen, welche keine hohe zeitliche Auflösung, dafür eine gute räumliche Abdeckung verlangen, eignen sich passive Messverfahren, sogenannte Passivsammler. Bei diesen Verfahren werden verschiedene präparierte Filter am Untersuchungsort der vorhandenen Luft ausgesetzt. Die Filter bleiben eine gewisse Zeit (ungefähr einen Tag bis eine Woche) exponiert. Während dieser Zeit reagiert Ozon langsam mit der Beschichtung des Filters. Die anschliessende Analyse der Filter im Labor erlaubt die Bestimmung der mittleren Belastung der Luft durch Ozon. Mit dem gleichen Verfahren lassen sich auch NO_x, SO_x und flüchtige organische Verbindungen (VOCs) messen. Die zeitliche Auflösung ist also gering, dafür lässt sich dank der geringen Kosten der Passivsammler eine hohe räumliche Auflösung erreichen.

Biogene Emissionen

Pflanzen verändern die Zusammensetzung der sie umgebenden Luft. Sie tauschen mit der Atmosphäre nicht nur Wasserdampf, CO_2 und Sauerstoff aus, sondern sie produzieren auch Spurengase, welche sie an die Umgebung abgeben. Von Interesse sind vor allem die reaktiven organischen Gase. Verschiedene Baumarten emittieren Kohlenwasserstoffe wie Isopren oder Monoterpene. Aber auch einige sauerstoffhaltige organische Gase (Aldehyde, Ketone) können von Pflanzen stammen. Einige dieser biogenen Kohlenwasserstoffe sind sehr reaktiv. Sie tragen ihren Teil zur Ozonbildung in der planetaren Grenzschicht bei. Dieser Anteil kann kaum durch Emissionsreduktionen beeinflusst werden. Das kann für die Beurteilung von Reduktionsstrategien gegen Photosmog eine Rolle spielen, weil von einer erhöhten Grundbelastung ausgegangen werden muss.

Welchen Einfluss diese sogenannten biogenen Emissionen (im Gegensatz zu den anthropogenen) auf die Ozonbildung haben, ist in der Forschung zur Zeit eine sehr aktuelle Fragestellung. Dazu muss zuerst bekannt sein, welche Gase genau emittiert werden und wie hoch die Emissionsraten sind. Das ist eine schwierige Aufgabe. Verschiedene Pflanzenarten können unterschiedliche Gase in unterschiedlichen

Raten emittieren. Und ein und dieselbe Pflanze kann je nach Umweltbedingungen ganz unterschiedliche Mengen an Kohlenwasserstoffen ausstossen. Die Emissionen von Monoterpenen beispielsweise sind in exponentieller Weise von der Temperatur abhängig, auch die Lichtverhältnisse spielen eine Rolle. Mit Hilfe von empirischen Formeln wird versucht, solche Abhängigkeiten darzustellen, um damit die Emissionen modellieren zu können (Günther et al., 1993). Die Unsicherheiten sind aber immer noch gross. Derzeit sind verschiedene europäische Länder daran, Emissionskataster für biogene Kohlenwasserstoffe zu erstellen. Für die Schweiz wurde ein solcher vor wenigen Jahren erstellt (Andreani-Aksoyoglu und Keller, 1995). Dieser Emissionskataster wurde auch für die bereits vorgestellten Modellsimulationen mit «Metphomod» im letzten Kapitel verwendet (Perego, 1999). Die beiden wichtigsten biogenen Kohlenwasserstoffe sind Isopren und α-Pinen, welches zur Gruppe der Monoterpene gehört. Abbildung 71 zeigt die mittleren Emissionsraten von Isopren (oben) und α-Pinen (Mitte), wie sie in der Simulation der Episode vom Juli 1993 verwendet wurden. Isopren wird vorwiegend von Laubbäumen abgegeben. Die höchsten Emissionsdichten werden im Mittelland und im Jura erreicht (es gibt allerdings auch geringe anthropogene Isoprenemissionen aus dem Strassenverkehr). α-Pinen wird dagegen vor allem von Nadelbäumen ausgestossen. Seine Emissionen sind deshalb in den Voralpenregionen und den Alpentälern am grössten.

Im *numerischen Modell* lässt sich der Einfluss der gezeigten Emissionen von Isopren und α-Pinen (die hier der Einfachheit halber den biogenen Emissionen gleichgesetzt werden) auf die Ozonbildung abschätzen, indem sie auf Null gesetzt und alle anderen Emissionen gleich belassen werden. Die Auswirkungen auf die chemische Produktionsrate von Ozon (vgl. Abb. 54) am Mittag des 30. Juli ist in Abbildung 71 (unten) gezeigt. Ein Effekt wird einerseits entlang der Voralpen, insbesondere der Voralpenstädte sichtbar, andererseits im Mittelland. Die biogenen Kohlenwasserstoffe scheinen sich also nicht genau da auf die Ozonbildung auszuwirken, wo sie emittiert wurden, sondern eher dort, wo sie mit NO-Emissionen in Kontakt kommen. Der Beitrag zur Ozonbildung am Mittag beträgt etwa 1 bis 3 ppb pro Stunde. Das ist etwas mehr als die Auswirkungen einer (starken) Veränderung der *UVB-Strahlung* und als die Folgen einer Verminderung der anthropogenen Emissionen um 25%.

Nicht nur Kohlenwasserstoffe werden auf natürliche Weise emittiert, auch für NO gibt es biogene Quellen. Es wird durch biologische Prozesse in Böden, speziell in landwirtschaftlich bearbeiteten, gedüngten Böden emittiert. Dabei spielt vor allem auch die Bodenfeuchte eine wichtige Rolle (Meixner und Eugster, 1999). Es wird vermutet, dass diese Emissionen in ländlichen Räumen einen nicht vernachlässigbaren Beitrag zur NO_x-Konzentration leisten. Damit können biogene Kohlenwasserstoff- und NO-Emissionen zumindest zeitweilig zu einer photochemischen Ozonbildung führen, selbst ohne anthropogene Emissionen. Dazu kommen die bereits in früheren Kapiteln angesprochenen, hier nicht mehr erwähnten Schadstoffquellen aus brennender Biomasse.

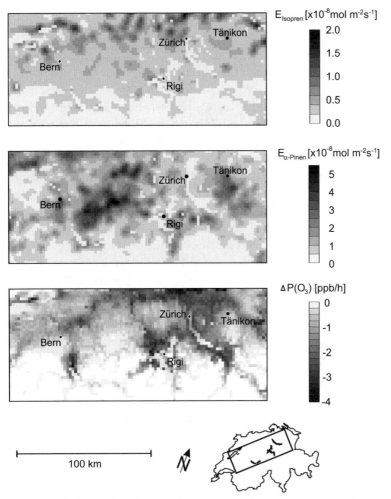

Abbildung 71: Mittlere Emissionen von Isopren (oben) und α-Pinen (Mitte) im Schweizer Mittelland im Sommer (nach Andreani-Aksoyoglu und Keller, 1995; Perego, 1999) für die Simulation der Episode im Juli 1993 mit dem Metphomod-Modell. Unten: Differenz in der chemischen Ozonproduktionsrate am Mittag (12 bis 13 Uhr) des 30. Juli 1993 in der untersten Modellschicht, wenn im Vergleich zum Basismodellauf (vgl. Abb. 54) die Emissionen von Isopren und α-Pinen auf Null gesetzt werden (vgl. Anm. 15).

Ozondeposition

Ozon ist ein reaktives Gas, das rasch mit den meisten Oberflächen reagiert und dadurch aus der Atmosphäre entfernt wird. Dieser Vorgang wird trockene Deposition genannt. Dazu gehört auch die Aufnahme durch Pflanzen: Ozon kann durch die Spaltöffnungen in das Innere einer Pflanze vordringen. Für das Ozon in der planetaren Grenzschicht ist trockene Deposition oft die wichtigste Senke, entsprechend wichtig ist das Verständnis der zugrundeliegenden Prozesse für das Studium des Ozons in der *planetaren Grenzschicht*. Die Deposition ist von verschiedenen Faktoren abhängig: von der Konzentration in der Luft, von den Eigenschaften der Oberfläche und von der Art und Weise, wie Luft an die Oberfläche herangeführt wird.

Ein Ozonmolekül muss verschiedene Hindernisse überwinden, bis es von der Atmosphäre in einigen Metern Höhe zur Oberfläche einer Pflanze oder des Bodens kommt. Zuerst muss es die turbulente Atmosphäre durchqueren, dann muss es die alle Objekte umgebende, einige Mikro- bis Millimeter dicke laminare (= nicht turbulente) Schicht durchdringen, erst dann kommt das Molekül in Kontakt mit einer Oberfläche. Dieser Weg – es ist der selbe für Ozon, CO_2 oder Wasserdampf – wird oft durch die Analogie des elektrischen Widerstandes beschrieben. Jedes der Hindernisse kann als Widerstand verstanden und quantifiziert werden. Der ganze Weg besteht aus einer Anzahl von Widerständen, welche in Serie oder parallel geschaltet sind. Dies ist in Abbildung 72 dargestellt. Damit nicht jedes Blatt einzeln berücksichtigt werden muss, wird oft der «Big-Leaf»-Ansatz verwendet. Ein ganzer Pflanzenbestand wird so betrachtet, als ob es sich um ein einziges riesiges Blatt handelte. Ein Ozonmolekül muss zuerst den Widerstand der turbulenten Atmosphäre überwinden. Das geschieht durch turbulenten Transport. Dann muss das Molekül durch die «quasi-laminare» Schicht dringen, vor allem mittels molekularer Diffusion. Diese beiden Widerstände sind hintereinander zu überwinden und können somit als in Serie geschaltete Widerstände verstanden werden. Dann kann das Ozonmolekül entweder mit der Aussenfläche des Blatts oder mit dem Boden reagieren, oder es kann von der Pflanze aufgenommen werden (parallel geschaltete Widerstände). Diese drei Wege werden wiederum jeweils durch einen Widerstand dargestellt, der unter anderem abhängig ist von der Blattfläche, von der Öffnung der Stomata (Spaltöffnungen der Blätter, durch welche die Atmung erfolgt) oder von den Bodeneigenschaften. Auf Wasserflächen wird beispielsweise nicht viel Ozon deponiert, denn Ozon ist nicht besonders gut wasserlöslich. Durch die Depositionsprozesse wird die Ozonkonzentration in der Bestandesluft vermindert. Am Boden geht die Konzentration gegen Null (vgl. Abb. 72 rechts), und im idealisierten Fall (die Senken befinden sich an der Bodenoberfläche, der Vertikalfluss ist mit der Höhe konstant, keine chemischen Umwandlungen) nimmt das Ozonprofil darüber eine logarithmische Form an.

Wenn einerseits die Widerstände, andererseits die Ausgangs- und Randbedingungen bekannt sind, lässt sich mit diesem Ansatz die Deposition modellieren. Ein Modell, welches dies leistet, ist das WINDEP-Modell (Grünhage und Haenel, 2000, vgl. Anm. 21). Dabei müssen die Konzentration von Ozon an einer Messstation, eine Anzahl meteorologischer Grössen sowie Angaben über den Pflanzenbestand vorgegeben werden. Das Modell berechnet dann die Deposition von Ozon am Boden, an den Pflanzenaussenflächen sowie die durch die Spaltöffnungen aufgenommene Ozonmenge. Letztere wird als PAD(O3) («pollutant absorbed dose») bezeichnet. Eine Anwendung dieses Modells ist in Abbildung 73 (oben) gezeigt. Es handelt sich um zwei Tage im Juli 1998 für den Standort Kerzersmoos, für welche einerseits Depositionsmessungen (Siegrist, 2002; vgl. Abb. 70), andererseits alle

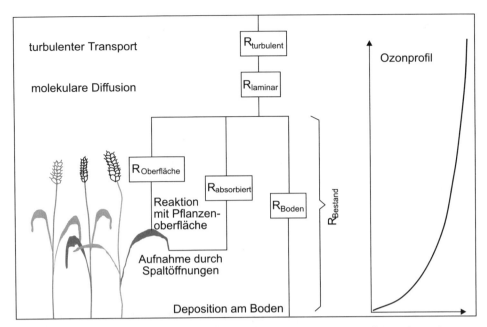

Abbildung 72: Links: Skizze des Widerstandsanalogieansatzes (abgeändert aus Grünhage und Haenel, 2000). Rechts: schematisiertes Ozonprofil in der bodennahen Luftschicht.

nötigen Grössen und Informationen über den Pflanzenbestand sowie meteorologische Messreihen vorliegen. Das Kerzersmoos befindet sich im Seeland, in einem Raum mit intensiver landwirtschaftlicher Nutzung (vgl. Eugster et al., 1998). Der Vegetationstyp, welcher durch die Depositionsmessung erfasst wurde, war im Juli 1998 eine kleereiche Wiese.

Modell und Beobachtungen zeigen eine ausserordentlich gute Übereinstimmung der Vertikalflüsse respektive der Ozondeposition. Der Ozonfluss betrug zwischen Null und -0.75 µg/m^2/s[1] (Flüsse von oben nach unten sind negativ, von unten nach oben positiv definiert). Wenn wir eine 1000 m mächtige, gut durchmischte Grenzschicht annehmen, dann wurde am frühen Nachmittag als Folge der Deposition am Boden die Ozonkonzentration in der ganzen Grenzschicht stündlich um 2.5 µg/m^3 (ca. 1.3 ppb) verringert. Die Deposition war am Nachmittag am grössten, wenn erstens die Spaltöffnungen der Pflanzen offen waren, zweitens die Ozonkonzentration am höchsten war und drittens durch die Durchmischung der Grenzschicht ein Nachschub von Ozon von oben nach unten stattfinden konnte. In der Nacht war die Deposition viel geringer. Am Boden bildete sich eine geringmächtige nächtliche Inversionsschicht, aus deren Volumen das Ozon schnell deponiert war. Die Inversion verhinderte den Nachschub von ozonreicher Luft aus höheren Schichten.

Die Aufteilung des modellierten Ozonflusses in die einzelnen Senken ist in Abbildung 73 (unten) anhand eines anderen Anwendungsbeispiels gezeigt. Es handelt sich um den Standort Tänikon (vgl. Abb. 42), und es wurde für einen Nutzpflan-

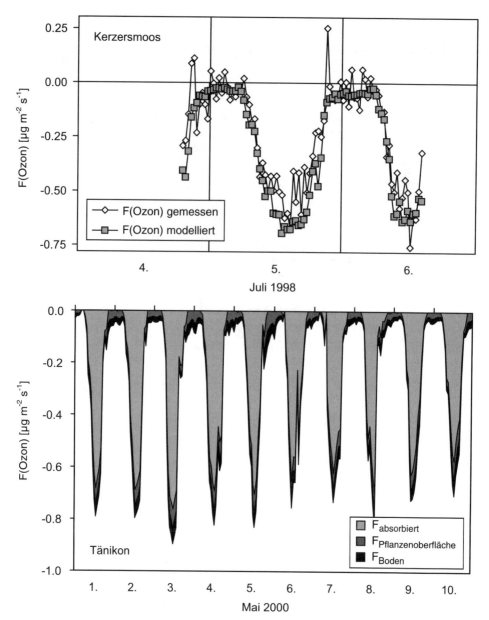

Abbildung 73: Oben: Ozondeposition im Kerzersmoos vom 4. bis 6. Juli 1998 aus Messungen (Siegrist, 2002) und modelliert mit dem WINDEP-Modell (Grünhage und Haenel, 2000, vgl. Anm. 21). Unten: Ozondeposition (aufgeteilt in den Fluss zur Pflanzenoberfläche, den Boden, und das von den Pflanzen absorbierte Ozon) am Standort Tänikon an zehn Tagen im Mai 2000, modelliert mit dem WINDEP-Modell.

zenbestand die Ozondeposition während zehn Tagen im Mai 2000 modelliert. Die Depositionsraten waren hier leicht höher als im Fall des Graslands im Kerzersmoos, aber mit einem ähnlichen ausgeprägten Tagesgang. Die Deposition wurde tagsüber durch die von der

Pflanze aufgenommene Ozonmenge bestimmt. In der Nacht sank dieser Fluss aber praktisch auf Null. Der Grund dafür ist, dass die Spaltöffnungen der meisten Pflanzen nachts praktisch geschlossen sind. Die nächtliche Deposition setzte sich deshalb nur aus der Deposition an der Pflanzenoberfläche und derjenigen an der Bodenoberfläche zusammen, wobei erstere grösser war als letztere.

Indexwerte der Ozondosis und deren Trend in der Schweiz

Der Fluss von Ozon zur Pflanzenoberfläche und die Aufnahme von Ozon durch die Spaltöffnungen kann zu Schädigungen der Pflanzen führen. Solche Schäden wurden für verschiedene Nutzpflanzen in Feldversuchen nachgewiesen und sind auch an Laubbäumen und Krautpflanzen sichtbar (Innes et al., 2001). Um eine grobe Angabe über die Gefährdung von Ökosystemen machen zu können, wurden verschiedene Indexwerte für die Ozondosis entwickelt (normalerweise wird der englische Begriff «ozone exposure indices» verwendet), welche direkt aus den Ozonkonzentrationsmessungen bestimmt werden können und welche in Experimenten gut mit dem beobachteten Schädigungsgrad korrelieren. Für diese Dosiswerte können ökosystemspezifische Grenzwerte bestimmt werden, sie werden «critical levels of the ozone exposure» oder einfach «critical levels» genannt. Die Berechnung der Indexwerte funktioniert nach dem Prinzip der *Accumulated Exposure Over a Threshold* (AOT). Dabei wird nur die Wachstumsperiode der entsprechenden Pflanzen (Mai bis Juli für Nutzpflanzen, April bis September für Wald) ausgewählt und innerhalb dieser Zeit nur die Werte tagsüber, da in der Nacht, wie oben festgestellt, die Aufnahme von Ozon durch die Stomata vernachlässigbar ist. Innerhalb dieser Zeiten werden alle Ozonwerte über 40 ppb (beim AOT40) ausgewählt. Von diesen Werten wird jeweils 40 ppb subtrahiert und die Überschüsse über 40 ppb über die Zeit integriert. Das Ergebnis ist eine Ozondosis in [ppb h] für eine Wachstumsphase, die Bezeichnung ist je nach Pflanzenart entweder AOT40C (C für «crops», d. h. für Nutzpflanzen) oder AOT40F (F für «forest», also Wald).

Die Erhebung dieser Werte ist sehr einfach. Zu ihrer Berechnung müssen lediglich die Ozonkonzentrationen bekannt sein sowie die Angabe, ob Tageslicht herrscht oder nicht (entweder durch Messung der Strahlung oder durch einfache Annahmen). Die AOT40-Werte können also aus den üblichen Stationsmessungen berechnet werden. Allerdings sollten sich die Ozonkonzentrationen immer auf die Obergrenze des Bestandes beziehen, das heisst bei den Nutzpflanzen auf eine Höhe von vielleicht 0.7 m. An den Messstationen wird die Luft aber meistens in 4 bis 5 m Höhe angesogen, und in dieser Höhe kann die Ozonkonzentration bereits deutlich höher sein als an der Obergrenze des Bestandes. Deshalb müssen Korrekturen gefunden werden, welche anhand meteorologischer Kriterien die Ozonkonzentration auf Bestandeshöhe «herunterrechnen» (vgl. Anm. 22).

In Abbildung 74 ist der Verlauf der AOT40C- und AOT40F-Werte für verschiedene Standorte in der Schweiz seit 1991 dargestellt. Die Grenzwerte für AOT40C und AOT40F liegen bei 3000 respektive bei 10 000 ppb h. Es wird angenommen, dass oberhalb dieser Werte Ernteverluste respektive Schädigungen auftreten. Diese Werte werden fast an allen Standorten und in fast allen Jahren überschritten. Beim AOT40C zeigt sich erneut der grosse Unterschied zwischen der Alpensüdseite (Magadino) und den Standorten der Alpennordseite. Auffällig sind auch die grossen Schwankungen von Jahr zu Jahr. Einen klaren Trend gibt es beim AOT40C nicht. Die AOT40F-Werte zeigen etwas weniger Variabilität von Jahr zu Jahr. Auch hier weist die Alpensüdseite die höchsten Belastungswerte auf, dann folgen die erhöht gelegenen Standorte (in einer Höhenlage, in welcher viel Wald vorhanden ist!), dann die Standorte auf der Alpennordseite. An den meisten Stationen haben die AOT40F-Werte seit 1991 zugenommen. Während also die für den Menschen relevanten Spitzenbelastungen im letzten Jahrzehnt eher abgenommen haben, leiden die Wälder unter einer zunehmenden chronischen Ozonbelastung.

Die AOT40-Werte sind zwar einfach zu berechnen, ihre Aussagekraft ist aber wissenschaftlich umstritten. Zum Beispiel wird keine Rücksicht darauf genommen, dass die Pflanze auf die herrschenden Verhältnisse reagieren wird. So wird eine Pflanze bei heissem und trockenen Wetter (wenn die Ozonwerte hoch sind) ihre Spaltöffnungen eher schliessen, um nicht auszutrocknen. Sie wird dadurch auch

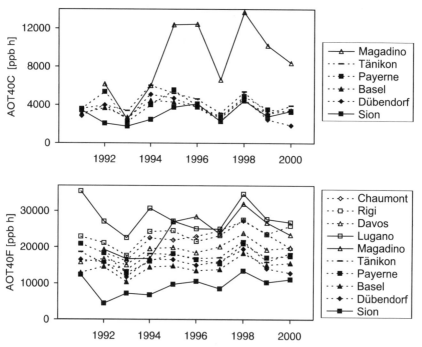

Abbildung 74: Verlauf der AOT40C- und AOT40F-Werte für verschiedene Standorte im Schweizer NABEL-Messnetz von 1991 bis 2000 (vgl. Anm. 22).

weniger Ozon aufnehmen. Andererseits kann die Pflanze gleichzeitig auch noch anderen Stressfaktoren ausgesetzt sein. Um solche Effekte zu berücksichtigen, müssen entweder ausgereiftere Schätzmethoden vorhanden sein oder pflanzenphysiologische Modelle eingesetzt werden. Der zweite Ansatz führt zuerst über die Berechnung der von der Pflanze aufgenommenen Ozonmenge, der PAD(O3), die allerdings noch nicht direkt der Schädigung gleichgesetzt werden kann. Abbildung 75 (oben) zeigt anhand des Standorts Tänikon den Vergleich des Verlaufs des AOT40C-Wertes sowie der PAD(O3) (modelliert mit WINDEP, vgl. Anm. 21) für die Wachstumsperiode Mai bis Juli von 1991 bis 2000. Die Absolutwerte lassen sich natürlich nicht vergleichen. Obwohl AOT40C und PAD(O3) nicht exakt die gleiche Aussage haben, würde man erwarten dass ihr Verlauf sehr ähnlich ist. Das ist aber in diesem Beispiel nicht unbedingt so, weder für die Schwankungen von Jahr zu Jahr noch für den Trend. Der AOT40C-Wert hat leicht abgenommen, hingegen zeigt die PAD(O3) eine Zunahme. Grund dafür ist, dass auch niedrige Ozonwerte unter 40 ppb einen signifikanten Beitrag zur PAD(O3) leisten, jedoch der AOT40-Wert vor allem von den hohen Ozonwerten bestimmt wird. Wie in Kapitel 5 (vgl. Abb. 65) festgestellt, hat die Häufigkeit hoher Ozonwerte in den letzten zehn Jahren abgenommen, dagegen hat die Häufigkeit mittelhoher Ozonwerte zugenommen. Für die Pflanzen ist beides relevant, und der Trend der entsprechenden Indexwerte ist abhängig vom Gewicht, das hohen und weniger hohen Werten beigemessen wird.

Die Schwankungen der vorgestellten Indexwerte von Jahr zu Jahr kann zu einem grossen Teil durch die meteorologischen Verhältnisse erklärt werden. Dies ist anhand von Abbildung 75 (unten) illustriert. Als meteorologische Einflussvariable wurde dazu, in Analogie zur Definition des AOT40C-Wertes, ein Index HOT20 («heat over a threshold of 20 °C») für die akkumulierte Hitze definiert: Alle Temperaturüberschüsse über 20 °C tagsüber im Mai bis Juli wurden aufsummiert (vgl. Anm. 22). Dieser Index soll vor allem Schönwetter- oder Hitzeperioden im Sommer erfassen. Der Verlauf der beiden Kurven ist äusserst ähnlich: Der AOT40C war immer dann hoch, wenn es im Mai bis Juli viele, lang andauernde oder heisse Schönwetterperioden gab. Das ist ein klarer Hinweis auf die starke meteorologische Kontrolle des AOT40C.

Zusammenfassung und Fazit

In diesem Buch wird das Thema Ozon in der Atmosphäre in einer Reihenfolge «von oben nach unten» angegangen: von der *Stratosphäre* über die freie *Troposphäre* zur *planetaren Grenzschicht*. Mit diesem Kapitel wird die Erdoberfläche erreicht und damit die untere Begrenzung der Atmosphäre. Die Vorgänge, welche sich an dieser Grenzfläche abspielen, sind für das Verständnis des Ozons in der *planetaren Grenzschicht* von grosser Bedeutung.

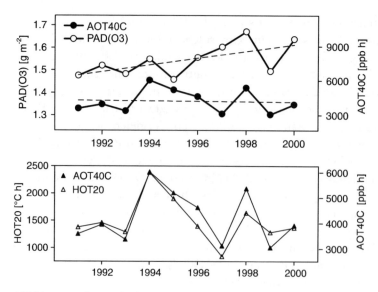

Abbildung 75: Oben: Verlauf des AOT40C-Wertes sowie der PAD(O3) in Tänikon, modelliert mit WINDEP für die Wachstumsperiode Mai bis Juli von 1991 bis 2000. Unten: Verlauf des AOT40C-Wertes sowie der Temperaturdosis HOT20 in Tänikon im Mai bis Juli von 1991 bis 2000 (vgl. Anm. 21).

Zum Einen spielen chemische Vorgänge eine Rolle. Pflanzen stossen in geringen Mengen Kohlenwasserstoffe aus, welche zur Ozonbildung beitragen. Dadurch ergibt sich neben der Einmischung von Ozon aus der *Stratosphäre* eine weitere «natürliche» Quelle für Ozon in der *planetaren Grenzschicht*. Massnahmen zur Reduktion der Ozonbelastung können diese natürliche Quelle kaum beeinflussen. Zum Anderen stellt die Grenzfläche der Atmosphäre zum Boden oder zur Vegetation eine der wichtigsten Senken für das Ozon der *planetaren Grenzschicht* dar. Diese Prozesse, welche mit «trockener Deposition» umschrieben werden, lassen sich mit geeigneten Verfahren messen und unter Zuhilfenahme von vereinfachenden Annahmen auch modellieren.

Die trockene Deposition von Ozon, insbesondere die direkte Aufnahme durch die Spaltöffnungen, spielt auch für die Pflanzen eine entscheidende Rolle. Eine zu hohe Ozonbelastung kann die Pflanzen schädigen. In der Schweiz ist die Ozonbelastung für Nutzpflanzen, vor allem aber für Wälder klar über den entsprechenden Grenzwerten. Schädigungen der Bäume sind deutlich sichtbar (vgl. Innes et al., 2001). Es müssen daher unbedingt Massnahmen getroffen werden, welche zu einer Senkung nicht nur der Spitzen, sondern auch der pflanzenrelevanten Kenngrössen führen.

7 Geschichte der Erforschung atmosphärischen Ozons

Einleitung

Der Anfang der Ozonforschung lässt sich genau datieren, es war der Zeitpunkt der Entdeckung des Ozons im Jahr 1839. Seit gut 160 Jahren wird Forschung über Ozon in der Atmosphäre betrieben. Man kann das als eine lange Zeitspanne anschauen, beispielsweise verglichen mit der erst kurz zurückliegenden Entdeckung des *Ozonlochs*. Im Vergleich zu anderen Bereichen der Atmosphärenwissenschaften sind 160 Jahre vielleicht eher eine kurze Zeit. Wie auch immer man es betrachtet: Die Geschichte der Erforschung des Ozons ist aus heutiger Sicht – im Lichte des *Ozonlochs*, des Sommersmogs und des *Treibhauseffekts* – sicher eine sehr spannende Angelegenheit. In diesem Kapitel wird eine historische Übersicht zur Erforschung des Ozons in der Atmosphäre gegeben.

Die Gliederung dieses Kapitels orientiert sich an der Gliederung des Buchs. Der erste Abschnitt behandelt die Erforschung der physiko-chemischen Eigenschaften von Ozon. Dann folgen Abschnitte über die Erforschung des Ozons in der *Stratosphäre*, der *freien Troposphäre* und der *planetaren Grenzschicht*. In einem kurzen Schlussabschnitt wird die Wissenschaftsgeschichte der Ozonforschung kurz zusammengefasst, einige daran anknüpfende Gedanken folgen im anschliessenden Kapitel 8 «Ausblick».

Über die historischen Aspekte findet sich in den Beiträgen von Hapke (1991), Stolarski (1999), Nolte (1999) und Staehelin und Weiss (1999) viel Lesenswertes. Interessant ist auch ein Artikel von Gordon Dobson (1968), in welchem er die Geschichte der frühen Erforschung des stratosphärischen Ozons aus seiner Sicht revue passieren lässt. Eine gute Übersicht über die *Stratosphäre* mit ebenfalls vielen historischen Aspekten haben Labitzke und van Loon (1999) vorgelegt.

Chemische Geschichte des Ozons

Die chemische Geschichte des Ozons beginnt mit dessen Geruch. Bereits in der Antike wurde der charakteristische Geruch nach Blitzeinschlägen beschrieben. Im 18. Jahrhundert stellten Physiker auch bei Experimenten mit elektrisch erzeugten Funken diesen Geruch fest und beschrieben ihn als «elektrischen Geruch» (vgl. Stolarski, 1999). Erst der in Basel lehrende Chemiker Christian Friedrich Schönbein (Abb. 76) erkannte, dass dieser Geruch von einer Substanz herrühren musste, die bei der elektrischen Entladung erzeugt wird (Schönbein, 1840, zit. in Stolarski, 1999). Er nannte diese Substanz «Ozon» (das Riechende), ohne aber die chemische Formel angeben zu können; diese wurde erst einige Jahre später von J. L. Soret postuliert (vgl. Stolarski, 1999).

Abbildung 76: Porträt von Schönbein in der Alten Aula des Naturhistorischen Museums/Museum der Kulturen an der Augustinergasse in Basel, 1857 von Heinrich Beltz gemalt (vgl. auch Billerbeck, 1999).

Bereits damals wurde erkannt, dass Ozon ein natürlicher Bestandteil der Luft ist. Schönbein entwickelte eine Nachweis- und Messmethode für Ozon, das «Schönbeinpapier»: ein stärke- und kaliumiodidgetränkter Papierstreifen, der sich je nach Ozonkonzentration verfärbt (vgl. Anm. 2). Diese Methode erfreute sich grosser Beliebtheit, und bald wurde Ozon an zahlreichen Orten weltweit regelmässig gemessen. Allerdings war die Methode bereits damals recht umstritten. Eine genauere Methode wurde in den 1860er Jahren entwickelt und am Observatorium Mt. Souris in der Nähe von Paris über mehrere Jahre angewendet. Diese Reihe wird heute oft als Referenz für die vorindustrielle Ozonkonzentration herbeigezogen (Volz und Kley, 1988). Die chemische Messmethode kam jedoch generell in Misskredit. Schliesslich wurde sogar angezweifelt, dass es überhaupt Ozon in den unteren Luftschichten gebe, nachdem Ballonaufstiege bis auf 9 km Höhe keine Änderung der kürzesten Wellenlänge des UV-Spektrums zeigten (Wiegand, 1913, nach Regener, 1943). In den 1930er Jahren begannen einige Wissenschaftler/innen, unter ihnen Friedrich Wilhelm Paul Götz in der Schweiz, mit optischen Methoden das bodennahe Ozon präziser zu messen. Diesen Messungen wurde vertraut, und kurz danach wurden auch die chemischen Methoden verbessert.

In den ersten Jahren und Jahrzehnten nach der Entdeckung des Ozons durch Schönbein wurden die chemischen Eigenschaften von Ozon untersucht. Man entdeckte die reinigenden (antibakteriellen) Wirkungen und stellte fest, dass Ozon schlechte Gerüche vertreibe. «It [ozone] should be pumped into our mines and cities, and be diffused through fever wards, sick rooms, the crowded localities of the poor, or wherever the active power of the air is reduced and poisons are generated.» (Fox, 1873, zitiert nach Stolarski, 1999). Ozon wurde auch in diesem Sinn in Innenräumen verwendet. In der Atmosphäre galt Ozon als Indikator für gute Luft, gesunde Bergluft war besonders ozonreich (Abb. 77)!

Die meisten der in Kapitel 2 beschriebenen charakteristischen Eigenschaften von Ozon wurden bereits vor langer Zeit erkannt. Hartley (1880) stellte fest, dass Ozon im *UVB-Bereich* ein starker Absorber war. Fowler und Strutt (1917) fanden mit genaueren Messungen, dass es mehrere Absorptionsbanden von Ozon im *UV-Bereich* gibt. Die Absorption von *Infrarotstrahlung* in bestimmten Wellenlängen durch Ozon wurde

Abbildung 77: Der Kursaal von Maloja bot den Gästen nicht nur die gesunde, ozonreiche Bergluft des Engadins, auch im Inneren des Gebäudes sollte die Luft stets möglichst frisch sein, was mit einem elektrischen Ozonapparat erreicht wurde (aus Altenburg, 1895).

1904 von Angström erstmals beschrieben (vgl. Lindholm, 1929). Die Arbeiten in diesem Bereich wurden in den folgenden Jahren einerseits im Hinblick auf die Entwicklung der Messtechnik vorangetrieben, andererseits wurde der Einfluss der UV-Absorption durch Ozon auf die Temperatur der höheren Atmosphärenschichten diskutiert. Der Beitrag zur Strahlungsbilanz der *Troposphäre* wurde weniger häufig in den Vordergrund gestellt, und der mögliche Beitrag zum anthropogenen *Treibhauseffekt* wurde erst in den 1970er Jahren zu einem Thema (Fishman et al., 1979).

Bis in die 1930er Jahre standen bei der Erforschung des atmosphärischen Ozons stets die als nützlich erkannten Eigenschaften im Vordergrund. Die schädlichen Auswirkung von zu hohen bodennahen Ozonkonzentrationen traten erstmals Ende der 1940er und Anfang der 1950er Jahre in Los Angeles auf. Der «Los Angeles-Smog» war ein Gemisch aus Gasen, Dunst und Rauch, das in den Augen brannte, im Hals kratzte und dadurch die Gesundheit der Menschen stark beeinträchtigte. Als Folge davon wurden die schädlichen Wirkungen des Ozons auf Pflanzen und Mensch untersucht (Haagen-Smit et al., 1951; Haagen-Smit, 1952). Beim Menschen wurden ein Brennen der Augen und eine Beeinträchtigung der Lungenfunktion festgestellt. Pflanzen zeigten gebleichte und beschädigte Blätter, man vermutete grosse Ernteverluste. Auch die Beeinträchtigung von Materialien, vor allem Gummi, durch Ozon wurde in den 1950er Jahren untersucht.

In den folgenden Abschnitten wird näher auf die Erforschung der chemischen Reaktionen und des Vorkommens in der Atmosphäre eingegangen. Zum Schluss dieses Abschnitts soll noch etwas über die Organisation und Institutionalisierung der atmosphärischen Ozonforschung gesagt werden. Im 19. Jahrhundert herrschte zwar eine rege Beobachtungstätigkeit, die Ozonforschung war jedoch international noch wenig organisiert. Es gab aber beispielsweise innerhalb der «Academie des Sciences» in Frankreich eine Kommission, die sich der Ozonfrage annahm (vgl. Figuier, 1866). Nachdem die Ozonmessungen mit Schönbeinpapier aus der Mode gekommen waren, war es vor allem die Erforschung der Ozonabsorption und des UV-Spektrums, welche durch mehrere Gruppen in verschiedenen Ländern vorange-trieben wurde. In den 1920er Jahren bildete sich daraus eine eigenständige inter-nationale Ozonforschungsgemeinde. Die zentralen Figuren waren Charles Fabry aus Frankreich, Gordon Dobson aus England und Paul Götz aus der Schweiz. Fabry organisierte 1929 die erste internationale Ozonkonferenz in Paris, Dobson die zwei-te 1936 in Oxford. Seit der ersten Konferenz bestand der Plan, sich unter dem Dach der IUGG (International Union of Geodesy and Geophysics) zu organisieren. So bildete sich aus dieser stark europäisch geprägten Gruppe 1948 die «International Ozone Commission» (IOC). Die IOC führte regelmässig internationale Konferen-zen durch. Aus diesen entwickelte sich das «Quadrennial Ozone Symposium», welches letztmals im Sommer 2000 in Sapporo stattgefunden hat (vgl. Abb. 2).

Sehr wichtig für die Erforschung des stratosphärischen Ozons (und auch für viele andere Bereiche der Atmosphärenforschung) war das International Geophysical Year (IGY) 1957. In diesem Rahmen konnte erstmals ein weltweites Gesamtozon-messnetz errichtet werden. So wurde unter anderem die Messstation Halley Bay in der Antarktis als britischer Beitrag zum IGY in Betrieb genommen. Anhand dieser Messreihe wurde 1985 zum ersten Mal das Auftreten des Ozonlochs beschrieben (Farman et al., 1985, vgl. Abb. 81).

Ozonforschung wird auch durch die grossen Internationalen Organisationen ge-fördert. Seit der Wiener Konvention zum Schutz der Ozonschicht 1985 gibt es ein Ozonsekretariat innerhalb des UNEP (United Nations Environmental Programme). Auch bei der WMO (World Meteorological Organization) gibt es ein Ozonpro-gramm (Global Ozone Research and Monitoring Programme). Von Seiten der Eu-ropäischen Union ist die «European Ozone Research and Coordinating Unit» zu erwähnen. Diese internationalen Organisationen waren vor allem dafür verantwort-lich, dass die stratosphärische Ozonproblematik zu einem international als hoch relevant betrachteten Thema wurde.

Was die Forschung ganz direkt anbelangt sind zwei Projekte innerhalb der grossen weltweiten Global Change-Programme zu erwähnen. Für die globalen chemischen Aspekte der *Troposphäre* hat sich seit 1993 das «International Global Atmospheric Chemistry Projekt» (IGAC), ein Teilprojekt des IGPB (International Geosphere Biosphere Programme) als Plattform etabliert. Ein Pendant für die *Strato-sphäre* ist SPARC (Stratospheric Processes And their Role in Climate), welches als Teilprojekt des WCRP (World Climate Research Programme) seit 1992 die Stra-tosphärenforschung koordiniert.

138

Geschichte der Erforschung der stratosphärischen Ozonschicht und der UV-Strahlung

Die Geschichte der Erforschung der stratosphärischen Ozonschicht beginnt mit der Frage der *UV-Strahlung*. Cornu (1879) hatte festgestellt, dass das Spektrum des auf der Erde gemessenen Sonnenlichts im UV-Bereich stark abfällt. Aus der Kombination dieses Resultats mit dem im Labor gemessenen Absorptionsspektrum von Ozon folgerte Hartley (1880), dass sich eine grössere Menge Ozon in der Atmosphäre befinden musste und zwar vermutlich in höheren Atmosphärenregionen. Erste quantitative Untersuchungen zur Menge des in der Atmosphäre vorhandenen Ozons folgten erst später, als bessere Messgeräte zur Verfügung standen. Fabry und Buisson (1913) entwickelten einen Spektrographen und berechneten aus ihren Messungen einen atmosphärischen Ozongehalt von 5 mm (500 DU). Strutt (1918) wies schliesslich durch Messungen der Absorption einer Lichtquelle quer über ein Tal nach, dass sich der Hauptteil des Ozons nicht in Bodennähe oder der unteren freien Atmosphäre befinden konnte. Es musste also eine Ozonschicht geben, es war aber nicht klar, in welcher Höhe sich diese befinden würde.

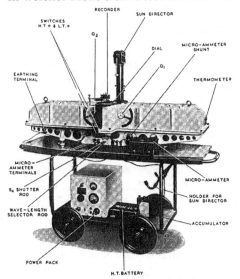

In den 1920er Jahren begannen verschiedene Wissenschaftler mit Messungen des *Gesamtozongehalts* und auch der *UV-Strahlung*. In Arosa experimentierte Götz mit einer Cadmiumzelle, und in Frankreich waren Fabry und Buisson mit der Weiterentwicklung ihres Spektrographen beschäftigt. Ein Meilenstein in der Ozonforschung war aber zweifellos die Entwicklung des Spektrophotometers durch Gordon Dobson, Lektor in Oxford. Dobson hatte aus Beobachtungen von Meteoriten am Himmel gefolgert, dass in ungefähr 50 km Höhe eine warme Schicht vorhanden sein müsse und vermutete die Absorption durch Ozon als möglichen Grund dafür. Er entwickelte ein neues Instrument zur

Abbildung 78: Das Dobson-Spektrophotometer (aus Dobson, 1968).

Messung des *Gesamtozons*, das Dobson-Spektrophotometer (Abb. 78). Es gelang Dosbon, genügend Geldmittel zu beschaffen, um sechs dieser Instrumente bauen und an verschiedenen Orten in Europa aufstellen zu lassen. Diese Instrumente sind in einer abgewandelten Form noch heute im Einsatz! Einer der ausgewählten Standorte war Arosa, das sich besonders wegen der Höhenlage (kein Dunst oder Nebel) und der eher seltenen Bewölkung als Messstandort eignet. Hier führte Götz die Messungen durch. Die Auswertungen der Daten dieses frühen Gesamtozonnetzes in

Form von vier Publikationen (Dobson und Harrison, 1926; Dobson et al., 1927, 1929, 1930) erregten allseits grosses Aufsehen. Dobson beschrieb die räumliche und jahreszeitliche Verteilung des *Gesamtozons* sowie den Zusammenhang mit der Zirkulation (Abb. 79). Die Beziehung zwischen dem *Gesamtozon* und dem Bodendruckfeld erschien besonders interessant. Zum einen erhoffte man sich davon eine Verbesserung von Wettervorhersagen. Zum anderen erstaunte diese Beziehung vor dem Hintergrund der gängigen Vermutung, dass sich die Ozonschicht auf 50 km Höhe befinden sollte.

Bald wurden neue Vermutungen über die Höhe der Ozonschicht angestellt. Ein wichtiger Schritt war dabei die Entdeckung des sogenannten «*Umkehreffekts*» durch Götz: Misst man das im Zenit gestreute Licht zweier Wellenlängen, wovon die eine durch Ozon absorbiert wird, die andere nicht, stellt man fest, dass das Verhältnis bis kurz vor Sonnenuntergang ab- danach aber wieder zunimmt. Der Grund ist darin zu suchen, dass sich die Pfadlängen durch die *Stratosphäre* bei tiefem Sonnenstand sehr rasch verändern. Licht, das schräg durch die *Stratosphäre* dringt und erst unterhalb davon senkrecht nach unten (in das Gerät) gestreut wird, enthält weniger der von Ozon absorbierten Wellenlängen als Licht, welches oberhalb der *Stratosphäre* gestreut wird und dann auf dem kürzesten Weg senkrecht nach unten vordringt. Dieser Effekt ist abhängig von der Höhe der Ozonschicht, und so konnte Götz Anfang der 1930er Jahre zeigen, dass sich das Ozonmaximum unterhalb von 25 km befinden musste. Durch Messungen in kurzen Abständen während dem Sonnenauf oder -untergang können mit Hilfe des Umkehreffekts auch Vertikalprofile des stratosphärischen Ozons berechnet werden (vgl. Anm. 3). Die «*Umkehrmethode*» wird heute noch verwendet.

Die Langzeitbeobachtung der Ozonschicht stand in dieser Zeit nicht unbedingt im Vordergrund. Man wollte zuerst mehr Information über die räumliche und jahreszeitliche Verteilung gewinnen. So entschied Dobson Ende der 1920er Jahre, nachdem das europäische Gesamtozonnetz zwei Jahren in Betrieb gewesen war, die Geräte in anderen Erdregionen zu verwenden. Einzig das Gerät in Arosa blieb zwecks Langzeitmessungen an Ort. Das Netz konnte aber bald nicht mehr weiter betrieben werden, zu aufwändig war der Betrieb mit den alten Geräten, die fotografisch ausgewertet werden mussten. Dobson entwickelte deshalb Anfang der 1930er Jahre ein neues, photoelektrisches Gerät. Sein Plan, damit ein neues Messnetz aufzubauen, blieb aber vorerst unrealisiert, abgesehen von einigen wenigen aufgestellten Geräten (u. a. in Arosa, Tromsö und Aarhus). Einige der alten Geräte wurden modifiziert und waren in New York, Shanghai und anderen Orten im Einsatz, so dass es für diese Zeit Daten von einem halben Dutzend Orten gab.

Das Hauptaugenmerk der Erforschung des stratosphärischen Ozons lag in diesen Jahren in der Bestimmung der Vertikalverteilung, der Geräteentwicklung, der Vermessung von Absorptionsspektren im Labor, in numerischen Betrachtungen zur Absorption (Temperatur) und chemischen Theorien zur Entstehung der Ozonschicht. Eine erste bahnbrechende Theorie über die Chemie der Ozonschicht wurde

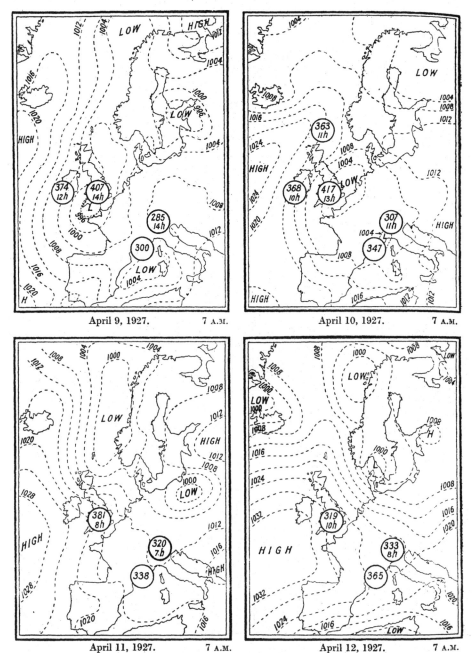

Abbildung 79: Bodendruckfelder (gestrichelte Linien) und Gesamtozonmessungen an verschiedenen Standorten (Zahlen in den Kreisen) im April 1927 (aus Dobson et al., 1929).

141

1929 von Chapman an der ersten internationalen Ozonkonferenz vorgestellt und 1930 publiziert (Chapman, 1929, 1930). Bodengestützte Gesamtozonmessungen wurden an neuen Standorten durchgeführt, Umkehrprofile von verschiedenen Orten werden berichtet. Neu war auch die Verwendung von Mond- oder Sternenlicht zur Ozonmessung. Die Datenauswertung der noch kurzen Gesamtozonreihen stand meist im Zusammenhang mit der Beziehung zur Zirkulation (vgl. Abb. 80). Viktor Regener entwickelte ein Verfahren zur Messung der solaren Spektren mit einem an einem Ballon befestigten Gerät. Damit wurde 1934 eine Höhe von 30 km erreicht. Auch in den USA wurde die UV-Messtechnik weiterentwickelt und mit Hilfe von Ballonen Vertikalprofile gemessen (Stair und Coblentz, 1938). Auf Messfahrten in bemannten Ballonen wurde in den 1930er Jahren die Ozonkonzentration bis in eine Höhe von 22 km gemessen (Götz, 1938). Schliesslich konnten Profile von atmosphärischen Spurengasen bis in die *Mesosphäre* mittels der V2-Raketen ermittelt werden (Götz, 1951).

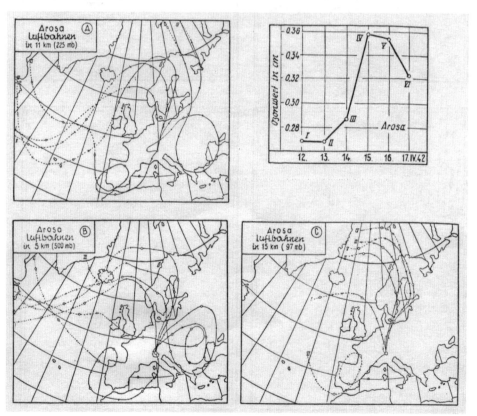

Abbildung 80: Rückwärtstrajektorien mit Ankunft auf verschiedenen Höhen über Arosa vom 12. bis 17. April 1942 und Gesamtozonwerte in Arosa an diesen Tagen (aus Moser, 1949).

Ab 1950 gelang es Dobson endlich, ein dichtes Netz von Gesamtozonstationen zu errichten. Zuerst waren es etwa ein Dutzend Standorte in Europa, welche ihre täglichen Messwerte dem Sekretariat der Internationalen Ozonkommission übermittelten (Brönnimann und Farmer, 2001). Ab 1957 kamen im Rahmen des «International Geophysical Year» weltweit viele Stationen dazu. Etwa gleichzeitig wurden neue chemische Konzepte entwickelt, da eine reine Sauerstoffchemie die beobachtete Ozonverteilung längst nicht mehr zufriedenstellend erklären konnte. Bates und Nicolet (1950) untersuchten Reaktionen unter Beteiligung von Wasserstoff, und Hunt (1966) entwickelte die Sauerstoffchemie weiter. Auch messmethodisch gab es Neuerungen. Miniaturisierte und genügend billige Ozonsonden erlaubten ab den 1960er Jahren regelmässige Ozonsondierungen mit Ballonen, so auch in der Schweiz (zuerst in Thalwil, dann in Payerne). Gleichzeitig begann die NASA mit Ozonmessungen vom Weltraum aus, zuerst mit dem «Infrared Interferometer Spectrometer» (IRIS) auf dem Satelliten Nimbus-3, ab 1970 mit dem «Backscatter Ultraviolet Instrument» (BUV) auf Nimbus-4 und ab 1978 mit dem TOMS-Sensor auf Nimbus-7 (vgl. Anm. 3).

Doch zurück zur Chemie. Crutzen (1970) entwickelte Ende der 1960er Jahre neue Vorstellungen über die Chemie der Ozonschicht und betonte dabei vor allem die Möglichkeit, dass Stickoxide zu einer Zerstörung der Ozonschicht führen könnten. Seine Arbeiten waren insofern von Gewicht, als ein potentieller Verursacher im Visier war: Überschallverkehrsflugzeuge, so stellte man sich vor, würden in Zukunft in grosser Zahl in der *Stratosphäre* fliegen und dort Stickoxide emittieren (Johnston, 1971). Stolarski und Cicerone (1974), damit beauftragt, die Auswirkungen von möglichen zukünftigen Space Shuttle Flügen auf die Chemie der *Stratosphäre* zu untersuchen, postulierten die Möglichkeit eines chlorgetriebenen Ozonabbaus. Allerdings sind die von einem Shuttleflug ausgestossenen Chlormengen zu gering für einen nennenswerten Ozonabbau. Die Arbeit von Molina und Rowland (1974) wies dann aber auf eine andere mögliche Chlorquelle hin: FCKWs, in Spraydosen, Kühlaggregaten, zur Herstellung von Verpackungsmaterial und anderswo eingesetzt, sind zwar in der *Troposphäre* stabil, können aber in der *Stratosphäre* Chlor freisetzen. Crutzen, Molina und Rowland wurden für ihre Arbeiten 1995 mit dem Nobelpreis für Chemie ausgezeichnet.

Aufgrund dieser und nachfolgender Arbeiten und unter Zuhilfenahme von Modellrechnungen und Annahme von Emissionsszenarien wurde ein schleichender Ozonschwund in der *Stratosphäre* vorausgesagt (z. B. Garcia und Solomon, 1983), und auch die Beobachtungen zeigten einen langsamen Rückgang des stratosphärischen Ozons. Niemand erwartete jedoch einen sprunghaften Ozonabbau, wie er wenig später in Form des *Ozonlochs* beobachtet wurde. Die Entdeckung des *Ozonlochs* wirft kein gutes Licht auf die Ozonforschung. Erste Hinweise auf sehr tiefe Gesamtozonwerte über der Antarktis wurden von Chubachi (1985) am vierjährlichen Internationalen Ozonsymposium 1984 in Halkidiki präsentiert, aber von der Wissenschaftsgemeinde kaum zur Kenntnis genommen. Ein Jahr später wurde das «*Ozonloch*» zur Sensation (vgl.

Abb. 10): Farman und seine Mitarbeiter des British Antarctic Survey publizierten in der Fachzeitschrift «Nature» Auswertungen der Gesamtozonreihe von Halley Bay seit 1957 (vgl. Abb. 81). Was vor allem aufschreckte, war die zeitliche Komponente: der dramatische Rückgang der Ozonschichtdicke während nur weniger Jahre!

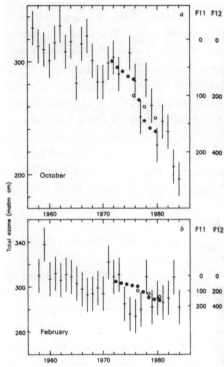

Abbildung 81: Monatsmittelwerte des Gesamtozons (linke Skala) in Halley Bay (Antarktis) und südhemisphärische Messungen der beiden FCKWs F-11 (●, ppt CFCl₃, rechte Skala, hohe Werte sind unten) und F-12 (○, ppt, CF₂Cl₂, rechte Skala, hohe Werte sind unten), (a) Oktober 1957–1984, (b) Februar 1958–1984 (aus Farman et al., 1985, © Nature).

Die Entdeckung des Ozonlochs stellte aber vor allem die NASA bloss: Der Nimbus-7 Satellit hatte die Enwicklung der Ozonschicht seit November 1978 aufgezeichnet, das Ozonloch selbst wurde jedoch in einem automatischen Verfahren als unplausibel gewertet und als Fehlwerte ausgegeben. Nach einer nachträglichen Analyse und Neuprozessierung der Rohdaten konnte die NASA nur noch bestätigen, was die Briten bereits publiziert hatten: Das Umweltmonitoring von Satelliten aus hatte kläglich versagt.

Der Schock des Ozonlochs löste eine unglaubliche wissenschaftliche und politische Aktivität aus. Grossangelegte experimentelle Studien unter amerikanischer Leitung brachten in kurzer Zeit chemische Erklärungsansätze (vgl. Solomon, 1999). Die politische Lösung ging sogar noch schneller. Bereits 1987 wurde das «Montrealer Protokoll» abgeschlossen, das den Ausstoss von FCKWs reglementierte, und bald gab es verschärfte Zusatzprotokolle, die den Ausstoss praktisch ganz verboten (vgl. Molina, 1999). Das Ozonloch wurde zum Umweltthema schlechthin, das Medien, Politiker/innen, Lobbyist/innen und Wissenschaftler/innen gleichermassen mobilisierte und die Bevölkerung beschäftigte (vgl. Abb. 10, Mazur und Lee, 1993).

Anfang der 1990er Jahre wurden die selben Vorgänge wie im Fall des antarktischen Ozonlochs auch über der Arktis entdeckt. Das hat vor allem die Europäer/innen dazu gebracht, sich intensiv mit der arktischen Ozonschicht auseinanderzusetzen. Seither beschäftigt sich die internationale Forschung wesentlich eingehender mit den Prozessen in der Arktis als mit dem nach wie vor riesigen Ozonloch in der Antarktis. Der Blick wird aber auch in die Zukunft gerichtet: Aufgrund der zurückgegangenen Emissionen der FCKWs erwarten die Wissenschaftler/innen eine Erholung der Ozonschicht (die es zu dokumentieren und zu studieren gilt...).

Geschichte der Erforschung des Ozons in der freien Troposphäre

Die Erforschung des Ozons in der *freien Troposphäre* hatte innerhalb der Ozonforschung lange ein relativ geringes Gewicht. Ihre Geschichte beginnt mit den Ozonmessungen mittels Schönbeinpapier an erhöht gelegenen Gebirgsstationen. Schnell wurde erkannt, dass in höheren Lagen die Ozonkonzentration höher ist, und dem Ozon wurde die Hauptwirkung der «gesunden Bergluft» zugesprochen (vgl. Haller, 1874). Ozon wurde im 19. Jahrhundert an verschiedenen Orten in der *freien Troposphäre* gemessen, beispielsweise auf dem Mont Blanc oder dem Pic du Midi (Marenco et al., 1994). Die Quelle oder Entstehung des Ozons war damals aber noch nicht bekannt.

In der Schweiz führte Götz ab den 1930er Jahren Ozonmessungen in Arosa und verschiedenen Gebirgsstationen durch. Bei einer Kampagne mit Simultanmessungen fanden er und seine Mitarbeiter rund doppelt so hohe Ozonwerte auf dem Jungfraujoch als in Lauterbunnen (Challonge et al., 1934). Dass das Ozon der *freien Troposphäre* sehr direkt die *bodennahen Schichten* beeinflussen kann, bemerkte Auer (1939) beim Studium von Föhnsituationen (vgl. Abb. 82): Deutlich zeigte sich ein Anstieg in der bodennahen Ozonkonzentration während der Dauer des Föhns. In-situ Messungen in der mittleren *Troposphäre* waren zunächst nur über spektrographische Methoden mittels Ballonen möglich; diese Messungen zeigten zum Teil eine inhomogene Verteilung in der *Troposphäre* (Schichten), die durch unterschiedlichen Transport aus der *Stratosphäre* erklärt wurden (vgl. Regener, 1943). Neue Messtechniken für die chemische in-situ Messung erlaubten einfachere Ozonmessungen in Flugzeugen oder mit Ballonen. Das Thema Ozon in der *freien Troposphäre* blieb in der Ozonforschung jedoch wenig beachtet.

Lange Zeit wurde vermutet, dass das in der *Troposphäre* gemessene Ozon ausschliesslich aus der *Stratosphäre* stammt und in der *Troposphäre* und vor allem an der Erdoberfläche zerstört wird (Junge, 1962). Die Mechanismen des Transports durch die Tropopause wurden durch Danielson (1968) und andere untersucht. Chemische Vorgänge in der *Troposphäre* schienen vernachlässigbar oder es handelte sich um

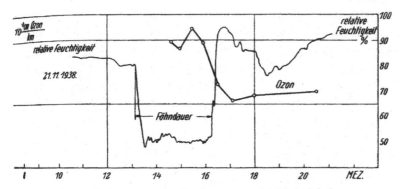

Abbildung 82: Verlauf der bodennahen Ozonkonzentration bei Friedrichshafen während eines Föhnsturms im November 1938 (aus Auer, 1939).

145

lokale Besonderheiten wie den Los Angeles-Smog. Bis Ende der 1960er Jahre glaubte man, dass CO und Methan nur in der *Stratosphäre* oxidiert werden könnten. Die Photochemie der *Troposphäre* wurde erst in den 1960er Jahren entwickelt. Engleman (1965) brachte als erster OH-Radikale ins Spiel, und Levy II (1971) postulierte einen troposphärischen Abbauzyklus von CO und Methan mittels OH-Radikalchemie. Chameides und Walker (1973) und Crutzen (1974) entdeckten die Reaktion von Peroxiradikalen mit NO als Antrieb für troposphärische Ozonbildung. Damit wurde Ozon in der *freien Troposphäre* zu einem aktiven Bestandteil des atmosphärenchemischen Systems (vgl. Levy II, 2000).

Das Interesse am Ozon in der *freien Troposphäre* als *Treibhausgas* begann Ende der 1970er Jahre (Fishman et al., 1979). Seither hat sich die Erforschung der Chemie der *freien Troposphäre* endgültig innerhalb der «Global Change»-Wissenschaft etabliert und ist ein wichtiges Teilgebiet der Atmosphärenforschung geworden.

Geschichte der Erforschung des Ozons in der planetaren Grenzschicht

Bereits Schönbein hatte nachgewiesen, dass Ozon in der *bodennahen Luft* vorkommt und hatte ein Verfahren zur Ozonmessung entwickelt. Bald wurde an vielen Orten Ozon gemessen, so auch in Bern. Rudolf Wolf analysierte hier die Messungen (er stellte sie in Zusammenhang mit der Mortalität) und stellte das typische Frühlingsmaximum der Ozonkonzentration fest (Wolf, 1855, vgl. Abb. 83). Weltweit wurden zahlreiche Messungen durchgeführt, die in der zweiten Hälfte des 19. Jahrhunderts einen ersten Überblick über die räumliche Verteilung gaben. Die chemischen Messmethoden jedoch wurden bald als unzulänglich betrachtet. Erneuten Aufschwung nahm die Untersuchung des bodennahen Ozons anfangs der 1930er Jahre, als verschiedene Forschungsgruppen, auch die Gruppe um Paul Götz in der Schweiz, mit optischen Methoden Ozon in den *bodennahen Schichten* präzise messen konnten. Dabei wurden auch Messungen in Städten gemacht, zum Beispiel in Zürich. Es gibt aber aus der Schweiz keine Anzeichen von photochemischer Ozonbildung in der Grenzschicht aus dieser Zeit. Noch waren die Emissionen von Ozonvorläuferschadstoffen sehr gering. Ozon wurde denn auch als Substanz betrachtet, die nur in der *Stratosphäre* gebildet werden konnte, und entsprechend musste das bodennahe Ozon von dort stammen.

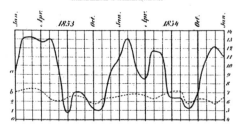

Der erste schwere Fall von Photosmog trat im Sommer 1943 in Los Angeles auf: Messungen zeigten, dass Ozon ein wichtiger Bestandteil des Smogs war. Die Stadtverwaltung be-

Abbildung 83: Verlauf der Ozonkonzentration (durchgezogene Linie) in Bern in den Jahren 1853 / 1854 (aus Wolf, 1855).

146

gann mit Massnahmen gegen gewisse Emissionen, und wenig später wurde ein Forschungsprogramm lanciert. Der Chemiker Arie Haagen-Smit spekulierte als erster über die Herkunft der hohen Ozonkonzentrationen im Smog: photochemische Bildung aus Kohlenwasserstoffen und Stickoxiden (Haagen-Smit, 1952; Haagen-Smit und Fox, 1954). Das Problem des Los Angeles Smogs ging an der (europäisch dominierten) wissenschaftlichen «Ozoncommunity» vorbei. Eher ungläubig wurden die Resultate zur Kenntnis genommen (vgl. Brief in Abb. 84), und noch einige Zeit wurde Ozonbildung im Photosmog für ein lokales Phänomen gehalten. Amerikanische Forscher/innen übernahmen deshalb eine führende Rolle in der Erforschung des Photosmogs, und Massnahmen wurden durchgeführt. Diese bestanden nicht nur darin, den Meldefahrern Gasmasken zu verteilen (Abb. 85), sondern setzten effektiv auch bei den Quellen an. Die Ozonkonzentrationen in Los Angeles erreichten in den schlimmsten Zeiten Rekordwerte bis zu 580 ppb.

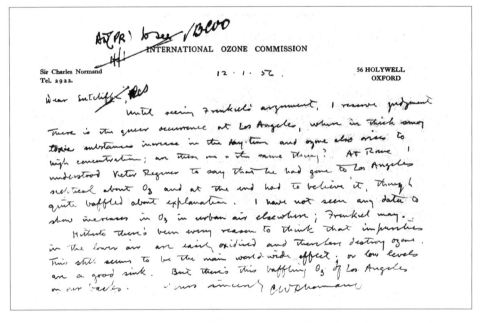

Abbildung 84: Brief von Charles Normand (Sektretär der IOC) an Reggie Sutcliff aus dem Jahr 1956: «There is the queer occurrence at Los Angeles (...) At Rome {Internationales Ozonsymposium 1954} I understood Victor Regener to say that he had gone to Los Angeles sceptical about O_3 and at the end had to believe it, though quite baffled about explanation.» Brief aus dem Archiv der UK Met Office (MO 19/3/9 Part I formerly MO 15/90).

Abbildung 85: Meldefahrer der «Rapid Blueprint Company» in Los Angeles wurden im Herbst 1955 mit Gasmasken ausgerüstet (vgl. Lents und Kelly, 1993). Bild: Corbis.

In Europa wurde das Problem des Photosmogs erst ungefähr in den 1970er Jahren aktuell. Hohe Ozonwerte wurden im Zusammenhang mit Waldschäden diskutiert, und es wurden Messnetze errichtet. In der Schweiz kam die Diskussion Anfang der 1980er Jahre in Gang. 1985 wurde die Luftreinhalteverordnung beschlossen und 1986 in Kraft gesetzt. Auch für Ozon wurden Immissionsgrenzwerte festgelegt – und von Anfang an massiv überschritten. Eine Serie von heissen und strahlungsreichen Sommern brachte Ozon Mitte der 1990er Jahre regelmässig in die Schlagzeilen (Abb. 69). Viele Forschungsarbeiten in der Schweiz und in Europa wurden in dieser Zeit lanciert und führten zu einem besseren Verständnis der Vorgänge.

Zusammenfassung und Fazit

Seit 160 Jahren wird über Ozon in der Atmosphäre geforscht. Was ist, oder was war Ozon in der Atmosphäre für die Wissenschaft aus historischer Sicht? Ozon war zunächst ein Gas mit chemisch interessanten Eigenschaften, beispielsweise einer antibakteriellen, «säubernden» Wirkung. Dann wurde Ozon als wichtiger Bestandteil der mittleren Atmosphäre erkannt und damit zu einem erstrangigen geophysikalischen Forschungsgegenstand. Bereits seit 50 Jahren ist Ozon aber auch ein Luftschadstoff und der «Los Angeles-Smog» ein Umweltthema. Und seit gut 20 Jahren ist Ozon ein vordringliches «Global Change»-Thema und das Ozonloch ein Symbol für die Zerstörung der Atmosphäre durch den Menschen. Seine Umweltrelevanz hat der Erforschung des Ozons in der Atmosphäre viel Aufmerksamkeit und Geldmittel beschert. Diese neuere umweltwissenschaftliche Forschung, aber auch die Grundlagenarbeiten vor den 1950er Jahren, haben wesentlich zu unserem heutigen physikalischen und chemischen Verständnis der Atmosphäre – nicht nur des Ozons – beigetragen.

Ozon, das dreiatomige Sauerstoffmolekül, hat verschiedene charakteristische Eigenschaften, die für das Verständnis der atmosphärischen Vorgänge zentral sind. Ozon absorbiert Strahlung bestimmter Wellenlängen im *UV-* und *Infrarotbereich*, und es ist chemisch sehr reaktiv. In der Atmosphäre kommt Ozon in verschiedenen Höhenschichten und Regionen in unterschiedlicher Konzentration vor. Die Kombination der beiden Faktoren – der charakteristischen physiko-chemischen Eigenschaften und des unterschiedlichen Vorkommens in verschiedenen Höhen und an verschiedenen Orten der Atmosphäre – machen Ozon zu einer Schlüsselsubstanz der Atmosphäre.

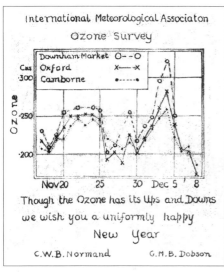

Abbildung 86: Neujahrskarte des Ozonsekretariats aus dem Jahr 1950. Aus dem Archiv der UK Met Office (MO 19/3/9 Part I formerly MO 15/90).

Vor diesem Hintergrund sind die mit Ozon verbundenen Umweltprobleme zu sehen: das *Ozonloch* über der Antarktis, der Sommersmog und der *Treibhauseffekt*, über welche in diesem Buch ausführlich die Rede war. Die gleichen Eigenschaften machten und machen Ozon aber auch zu einem wichtigen Anschauungsobjekt der atmosphärenwissenschaftlichen Forschung. Kaum ein anderes Thema illustriert derart gut, wie nur die Kombination der physikalischen und chemischen Ansätze und die Betrachtung des ganzen Systems (*Stratosphäre, freie Troposphäre, Grenzschicht*) letztlich zu einem besseren Verständnis der atmosphärischen Vorgänge führen kann.

Wie sieht die Zukunft aus? Was die stratosphärische Ozonschicht und ihre Zerstörung durch FCKWs betrifft, rechnet man für die nächsten Jahrzehnte mit einer langsamen Erholung. Allerdings lehrt uns die Geschichte, dass Überraschungen nie ausgeschlossen werden können. Die Ozonkonzentration in der *freien Troposphäre* wird in absehbarer Zeit nicht geringer werden, im Gegenteil. Diesem Bereich muss angesichts des starken Wachstums des Flugverkehrs, zumindest vor den Terroranschlägen vom 11. September 2001, auch in Zukunft viel Aufmerksamkeit geschenkt werden. Das Problem der bodennahen Ozonbelastung hat sich auch noch nicht gelöst. Auch wenn in der Schweiz Ozon nicht mehr so oft thematisiert wird, ist es anderswo aktueller denn je. Die gewaltigen Emissionen in den subtropischen Megastädten führen dort zu extrem hohen Konzentrationen.

Lösungen sind oft unbequem. Nicht immer sind sie so einfach zu erreichen wie im Fall des Verbots für FCKWs, dem Vorzeigeerfolg der globalen Umweltpolitik. Das Problem des Sommersmogs und der zunehmende *Treibhauseffekt* durch Ozon in der oberen *Troposphäre* lassen sich nicht durch eine internationale Konferenz lösen, sondern erfordern langfristige Strategien, immer neue und weitere Anstrengungen. Dabei sind alle angesprochen: Entscheidungsträger/innen auf allen Ebenen, Konsument/innen, Wissenschaftler/innen. Die meisten Massnahmen beruhen heute vor allem auf technischen Innovationen und – leider! – weniger auf Verhaltensänderungen. Aber immerhin: Die meisten Massnahmen zielen auf Emissionsreduktionen ab. Sie setzen aus atmosphärenwissenschaftlicher Sicht bei den Ursachen und nicht bei den Symptomen an. «Ingenieurlösungen» für die atmosphärischen Probleme – im Film «Countdown – Der Himmel brennt» wird das *Ozonloch* mit einer «Ozonauffüllbombe» gestopft (vgl. Abb. 87)! – werden heute kaum mehr vorgeschlagen.

Abbildung 87: Szenenbild aus dem Katastrophenfilm «Countdown: The sky's on fire» (USA, 1998).
Nachdem sich über Los Angeles ein Ozonloch geöffnet hat, entwickeln Wissenschaftler die «OAB»,
die Ozonauffüllbombe (vorne im Bild), mit welcher schliesslich das Schlimmste noch abgewendet werden kann.
Bildquelle: Pearson Television.

Anhang

Abkürzungsverzeichnis

AO	*Arktische Oszillation*
AOD	*Aerosol Optical Depth*
AOI	Arktischer Oszillationsindex, Mass für die *Arktische Oszillation*
AOT	*Aerosol Optical Thickness* oder *Accumulated Exposure Over a Threshold*
AOT40	*Accumulated Exposure Over a Threshold* of 40 ppb
BUWAL	Bundesamt für Umwelt, Wald und Landschaft (Schweizerische Umweltbehörde)
CHARM	Swiss Atmospheric Radiation Monitoring Programme, Schweizer Strahlungsmessnetz im Rahmen des «Global Atmosphere Watch»-Programms der WMO
CLAES	Cryogenic Limb Array Etalon Spectrometer, Sensor zur Messung von atmosphärischen Profilen verschiedener Spurengase auf dem Upper Atmosphere Research Satellite UARS (vgl. Anm. 3)
DJF	Dezember, Januar, Februar (in der Klimatologie oft als Winter definiert)
DIAL	Differential Absorption LIDAR
DLR	Deutsches Zentrum für Luft- und Raumfahrt
DOAS	Differential Optical Absorption Spectroscopy, Messverfahren für Ozon und andere Spurengase, vgl. Anm. 3
DU	*Dobson Unit,* Mass für *Gesamtozon*
EASOE	European Arctic Stratospheric Ozone Experiment 1991/1992 (vgl. SESAME, THESEO)
ECMWF	European Centre for Medium-Range Weather Forecasts, Reading, UK. Internationales Zentrum zur numerischen Wettervorhersage, das von 21 europäischen Staaten (darunter der Schweiz) getragen wird.
EMEP	Co-operative programme for monitoring and evaluation of the long range transmission of air pollutants in Europe
EMPA	Eidgenössische Materialprüfungs- und Forschungsanstalt, Thun und Dübendorf
EPFL	Ecole Polytechnique Fédérale Lausanne
ESA	European Space Agency, Europäische Weltraumagentur
ETH	Eidgenössisch-Technische Hochschule Zürich
EUROTRAC	EUREKA Project on the Transport and Chemical Transformation of Environmentally Relevant Trace Constituents in the Troposphere over Europe, Europäisches Forschungsprogramm, EUROTRAC-1: 1992–1996, EUROTRAC-2: 1998–2002
FAL	Eidgenössische Forschungsanstalt für Agroökologie und Landbau, Zürich-Reckenholz
FCKW	*Fluorchlorkohlenwasserstoffe*
FREETEX	Free Tropospheric Experiment, atmosphärenchemische Messkampagnen auf dem Jungfraujoch (FREETEX'96, FREETEX'98, FREETEX 2001)
FTIR	Fourier Transform Infrared Spectroscopy, Methode zur Messung von Spurengasen in der Atmosphäre (vgl. Anm. 3)
GAW	Global Atmosphere Watch. Programm der WMO, durch welches die Langzeitbeobachtung verschiedener atmosphärischer Grössen (Strahlung, Spurengase, *Aerosole*) koordiniert wird
GOME	Global Ozone Monitoring Experiment, Sensor zur Messung des *Gesamtozons* auf dem europäischen ERS-2 Satelliten (vgl. Anm. 3)
gpm	Geopotentielle Meter, Einheit für das *Geopotential*
hν	Zeichen für Photonenenergie in chemischen Reaktionsgleichungen (h = Plancksches Wirkungsquantum, ν = Lichtfrequenz)
HALOE	Halogen Occultation Experiment, Sensor zur Messung von atmosphärischen Profilen verschiedener Spurengase auf dem Upper Atmosphere Research Satellite (vgl. Anm. 3)
hPa	Hektopascal (= Millibar), Mass für den Luftdruck oder Gasdruck

IAMAS	International Association of Meteorology and Atmospheric Sciences, Teilorganisation der IUGG
IGAC	International Global Atmospheric Chemistry Project, Internationales Forschungsprogramm im Rahmen des International Geosphere-Biosphere Programme (IGBP)
IGBP	International Geosphere-Biosphere Programme, eines der drei grossen weltweiten Global Change Forschungsprogramme (die anderen sind WCRP und IHDP, International Human Dimensions Programme).
INDOEX	Indian Ocean Experiment, Feldkampagnen zur Erforschung der troposphärischen Chemie über dem Indischen Ozean
IOC	International Ozone Commission, Ozonkommission im Rahmen der IAMS resp. der IUGG
IPCC	Intergovernmental Panel on Climate Change, internationales Expertengremium für Klimafragen, getragen von WMO und UNEP
IR	*Infrarotstrahlung*
IUGG	International Union of Geodesy and Geophysics, grosse internationale Wissenschaftsorganisation
JJA	Juni, Juli, August (in der Klimatologie oft als Sommer definiert)
LAI	Leaf Area Index, Blattflächenindex, Verhältnis der Blattfläche zur Grundfläche
LIDAR	Light Detection and Ranging, Verfahren zur Messung von Spurengasprofilen in der Atmosphäre mit Hilfe von kurzen Laserpulsen
LOOP	Limitation of Oxidant Production, Projekt unter EUROTRAC-2 zur Untersuchung der Ozonbildung
MAM	März, April, Mai (in der Klimatologie oft als Frühling definiert)
MESZ	Mitteleuropäische Sommerzeit
Metphomod	Meteorological and Photochemical Model, ein am Geographischen Institut der Universität Bern und an der EPFL entwickeltes mesoskaliges Modell zur Simulation von Sommersmog
MEWZ	Mitteleuropäische Winterzeit
MEZ	Mitteleuropäische Zeit (CET), Winterzeit
MLS	Microwave Limb Sounder, Sensor zur Messung von atmosphärischen Profilen verschiedener Spurengase auf dem Upper Atmosphere Research Satellite
MOZAIC	Measurement of Ozone, Water Vapour, Carbon Monoxide and Nitrogen Oxides by Airbus In-service Aircraft, Europäisches Projekt zur Messung von Spurengasen mittels Passagierflugzeugen
MOZART	Measurement of Ozone and Carbon Monoxide by Regional Aircraft and High Speed Trains, französiches Projekt zur Messung von Spurengasen durch Flugzeuge und TGV-Züge
NABEL	Nationales Beobachtungsnetz für Luftfremdstoffe, Netz des BUWAL
NAO	*Nordatlantische Oszillation*
NAOI	Nordatlantischer Oszillationsindex (Mass für die *Nordatlantische Oszillation*)
NARSTO	North American Research Strategy for Tropospheric Ozone, Nordamerikanisches Ozonforschungsprogramm
NASA	National Aeronautic and Space Agency, US-amerikanische Luft- und Raumfahrtsbehörde
NCAR	National Center for Atmospheric Research, grosses amerikanisches Klimaforschungszentrum in Boulder, Colorado, vor allem mit Geldern der National Science Foundation betrieben
NCEP	National Centers for Environmental Prediction, Teil des NWS
NDSC	Network for the Detection of Stratospheric Change, Beobachtungsnetz für stratosphärische Grössen, getragen von IOC, UNEP und WMO
nm	Nanometer, 10^{-9} m
NMHC	Non-methane hydrocarbons (s. Glossar *flüchtige organische Verbindungen*)
NOAA	National Oceanic and Atmospheric Administration, Amerikanische Behörde für Ozeanographie und Meteorologie/Klimatologie
NWS	National Weather Service, amerikanischer Wetterdienst, Teil der NOAA

PAD(O3)	Pollutant Absorbed Dose of Ozone, Menge von Ozon, welche durch die Pflanzen aufgenommen wird
PAN	*Peroxiacetylnitrat*
PEM	Pacific Exploratory Mission, Feldkampagnen zur Erforschung der troposphärischen Chemie über dem Pazifik
PM10	Particulate Matter, Staub mit Durchmesser kleiner als 10 µm (sog. lungengängiger Feinstaub)
POLLUMET	Pollution and Meteorology in Switzerland, Forschungsprojekt (1991–1996) zur Untersuchung des Photosmogs in der Schweiz
ppb	parts per billion, Volumenanteil von 10^{-9}
ppm	parts per million, Volumenanteil von 10^{-6}
ppt	parts per trillion, Volumentanteil von 10^{-12}
PSC	Polar Stratospheric Cloud (vgl. Glossar *stratosphärische Wolken*)
SAGE	Stratospheric Aerosol and Gas Experiment, Satellitensensor zur Messung von Spurengasprofilen in der Stratosphäre (vgl. Anm. 3)
SAOZ	Système d'Analyse par Observation Zénithales, Messverfahren für *Gesamtozon*
SBUV	Solar Backscatter Ultraviolet Instrument, Satellitensensor zur Messung von Ozonprofilen (vgl. Anm. 3)
SCIAMACHY	Scanning Imaging Absorption Spectrometer for Atmospheric Chartography, Satellitensensor zur Messung von Spurengasen (vgl. Anm. 3).
SESAME	Second European Stratospheric Arctic and Mid-latitude Experiment, 1994/1995 (vgl. THESEO)
SON	September, Oktober, November (in der Klimatologie oft als Herbst definiert)
SPARC	Stratospheric Processes And their Role in Climate, ein Teilprogramm des WCRP
THESEO	Third European Stratospheric Experiment on Ozone, Programm zur Erforschung des arktischen Ozonschwunds, 1997 bis 1999 (Verlängerungsprojekt: THESEO 2000), Nachfolgeprojekt von SESAME und ESAOE
TIROS	Television Infrared Observation Satellite, Satellitenprogramm der NASA
TOAR	Top Of Atmosphere Reflectance
TOMS	Total Ozone Mapping Spectrometer, Satellitensensor zur Messung des *Gesamtozons* (vgl. Anm. 3)
TOVS	TIROS-N Operational Vertical Sounder, Satellitensensor zur Ozonmessung (vgl. Anm. 3)
TRACT	Transport of Pollutants over Complex Terrain, Teilprojekt von EUROTRAC-1
TROICA	Trans-Siberian Observations of the Chemistry of the Atmosphere, Projekt mit chemischen Messungen auf der Transsibirischen Eisenbahn
TUV	Tropospheric Ultraviolet and Visible Radiation Model, frei verfügbares Modell zur Berechnung von UV-Strahlung und Photolyseraten (vgl. Anm. 8)
UARS	Upper Atmosphere Research Satellite (vgl. Anm. 3)
UNEP	United Nations Environment Programme
UTC	Universal Time Convention (auch Greenwich Mean Time, GMT), Weltzeit
UV	Ultraviolettes Licht (s. Glossar *UV*)
VOC	Volatile Organic Compounds (s. Glossar *flüchtige organische Verbindungen*)
VOTALP	Vertical Ozone Transport in the Alps, Teilprojekt von EUROTRAC-2
WCRP	World Climate Research Programme, eines der drei grossen Global Change Programme, getragen von der WMO, der UNESCO und dem International Council for Science
WMO	World Meteorological Organization, Weltorganisation für Meteorologie, Genf

Glossar

Absorptionsquerschnitt σ: Ein Mass für die Absorption eines Lichtstrahls durch ein Medium. Nach dem Lambert-Beer-Gesetz hat ein Strahl (Photonenflussdichte) nach einer Strecke l noch eine Intensität $I = I_0\,e^{-\sigma \cdot N \cdot l}$, wobei I_0 die ursprüngliche Intensität ist und N die Teilchenkonzentration des Absorbers. Der Absorptionsquerschnitt ist abhängig von der Energie des Photons (also der Wellenlänge).

Accumulated Exposure Over a Threshold: Mass für die Ökosystembeeinträchtigung durch Ozon, abgekürzt AOT. Der AOT-Wert ist definiert auf der Basis von Stundenmittelwerten der Ozonkonzentration im Pflanzenbestand als Summe der Überschüsse über einer gewissen festgesetzten Schwelle (in der Regel 40 ppb) bei Tageslicht während der Wachstumsphase, die Einheit ist [ppb h]. Die Grenzwerte (critical levels) sind für verschiedene Ökosysteme einzeln definiert (Nutzpflanzen, Wald, natürliche Ökosysteme).

Advektion: Horizontaler Transport einer Grösse oder Eigenschaft, beispielsweise Wasserdampf, Vorticity oder Ozon. Auch generell horizontaler Transport von Luft.

Aerosole: Flüssige oder feste Luftfremdkörper mit Durchmessern im Bereich von 0.001 bis 10 Mikrometern (μm). Sie stammen aus Verbrennungsprozessen (Asche, Russ), aus chemischen Vorgängen (Kondensation von Reaktionsprodukten mit kleiner Flüchtigkeit) oder sind natürlichen Ursprungs wie beispielsweise mineralischer Feinstaub, Meersalzkristalle oder biologische Partikel. Ihre Verweildauer in der Atmosphäre beträgt einige Tage (Stunden bis Monate). Sie beeinflussen die Sonnenstrahlung, chemische Reaktionen und spielen eine wichtige Rolle bei der Wolkenbildung. Feinstaub kann in die Atemwege gelangen und gesundheitsschädigend sein.

Aerosoltrübung, Aerosol Optical Depth, auch *Aerosol Optical Thickness,* τ: Dimensionslose Zahl, Mass für die Trübung der Atmosphäre durch *Aerosole*. Die Gleichung für die Abschwächung eines Lichtstrahls durch eine aerosolgetrübte Atmosphäre lässt sich in analoger Weise zum Lambert-Beer-Gesetz (s. oben: *Absorptionsquerschnitt*) definieren: $I = I_0\,e^{-\tau m}$, wobei m die relative Dicke der Atmosphäre ist, mit m = 1/cos(Zenitwinkel). Die optische Aerosoldicke kann auch als Integral des Aerosolextinktionskoeffizienten über die Höhe dargestellt werden. τ ist abhängig von der Art und Menge der *Aerosole* und von der Wellenlänge.

Albedo α: Das Verhältnis der an einer Oberfläche reflektierten Strahlung zur einfallenden Strahlung, über den ganzen Halbraum betrachtet. Die Albedo ist abhängig von den Oberflächeneigenschaften, aber auch von der Wellenlänge und dem Einfallswinkel der Strahlung. Die sogenannte planetarische Albedo der Erde (über alle Wellenlängen) beträgt 0.3. Zum Vergleich: frischer Schnee hat eine Albedo von 0.8–0.9, geschlossene Wolkendecken eine von 0.6–0.9 und Vegetation eine von 0.1–0.4. Im UV-Wellenlängenbereich sind die Albeden der Vegetation geringer.

Arktische Oszillation: Dominierender Modus der interannuellen Variabilität der Zirkulation der aussertropischen Nordhemisphäre im Winter. Sie ist definiert als erste Hauptkomponente des Luftdruckfeldes auf Meereshöhe (monatlich oder saisonal) der nördlichen Aussertropen (Thompson und Wallace, 1998). Charakteristisches Merkmal ist der Druckunterschied zwischen dem *polaren Wirbel* in der *freien Troposphäre* und *Stratosphäre* und dem Luftdruck in den Mittelbreiten.

bodennahe Luftschicht: Der unterste Teil der *planetaren Grenzschicht* (wird allerdings manchmal auch als synonymer Begriff für *planetare Grenzschicht* verwendet). Es ist diejenige Schicht, welche an die Energieumsätze an der Erdoberfläche unmittelbar gekoppelt ist und welche den grössten Teil der gasförmigen Emissionen abkriegt. Es ist auch diejenige Schicht, welche mit den Wetter- und Schadstoffmessstationen erfasst wird und welche für die Qualität der Atemluft massgebend ist. In der Nacht ist die bodennahe Schicht oft eine einige Dutzend bis wenige Hundert Meter mächtige Inversionsschicht (Kaltluftsee), welche von der darüberliegenden *Reservoirschicht* getrennt ist. Tagsüber ist eine genaue Abgrenzung der bodennahen Luftschicht schwierig. Bei der Analyse von Ergebnissen *numerischer Modelle* wird oft die unterste Schicht des Modells als bodennahe Luftschicht angesprochen. Für die in diesem Buch vorgestellten Modellergebnisse betrifft dies die untersten 50 m über dem Boden.

Dobson Unit, DU: Mass für das *Gesamtozon*. Eine Dobson Einheit oder Dobson Unit, benannt nach G. M. B. Dobson, einem Pionier der Ozonforschung (vgl. Kapitel 7), ist die Dicke der Schicht reinen Ozons in 1/100 mm die sich ergäbe, wenn sich die gesamte Ozonmenge auf Meeresniveau (1013 hPa, 0 °C) befände. Eine andere Schreibweise für dieselbe Einheit ist matm cm. Eine Dobson Einheit ist gleichbedeutend mit 2.69 x 10^{20} Ozonmolekülen pro m^2.

flüchtige organische Verbindungen: Klasse von reaktiven Gasen, die in der Atmosphärenchemie eine wichtige Rolle spielen. Verschiedene, nicht ganz übereinstimmende Bezeichnungen und Definitionen sind gebräuchlich: NMHC (Nicht-Methan-Kohlenwasserstoffe), ROG (Reaktive organische Gase) und VOC (Volatile Organic Compounds, flüchtige organische Verbindungen). NMHCs sind ausschliesslich Kohlenwasserstoffe, also keine sauerstoffhaltigen organischen Verbindungen wie beispielsweise Aldehyde (Aldehyde sind Verbindungen mit einer Carbonylgruppe C=O, wobei mindestens ein Wasserstoffatom am Kohlenstoff hängt). Methan wird ausgeschlossen, weil es deutlich weniger reaktiv ist als die anderen Kohlenwasserstoffe. Die Bezeichnung ROG umfasst auch oxidierte Verbindungen, aber nicht die wenig reaktiven Verbindungen Methan, Ethan, Aceton und einige weitere. VOCs sind alle bei atmosphärischen Bedingungen gasförmigen organischen Verbindungen, wobei auch hier Methan meist nicht mitgemeint ist (oft wird das Akronym NMVOC für Non-Methane Volatile Organic Compounds verwendet). Allerdings werden die Begriffe NMHC, ROG und VOC oft synonym verwendet.

Fluorchlorkohlenwasserstoffe, FCKW (engl. CFC oder HCFC): Eine Gruppe von fluor- und chlorhaltigen Kohlenwasserstoffen. Sie wurden in den 1920er Jahren entwickelt, vor allem aber ab Ende der 1960er Jahre in grösseren Mengen verwendet. Sie haben einen tiefen Siedepunkt, sind wasserunlöslich, lösen aber ihrerseits organische Verbindungen, reagieren mit fast keiner anderen Substanz und sind nicht brennbar. Diese Eigenschaften ermöglichen viele industrielle Verwendungszwecke (Kühlmittel, Schäummittel, Treibmittel), bewirken aber gleichzeitig eine lange Lebensdauer in der Atmosphäre. In der Stratosphäre können FCKWs photolytisch aufgespalten werden und reaktive Chlorradikale freisetzen. FCKWs sind die Hauptverursacher des sogenannten *Ozonlochs* über der Antarktis. Ihre Herstellung und Verwendung ist deswegen seit Ende der 1980er Jahre durch internationale Abkommen verboten oder zumindest stark beschränkt. FCKWs sind auch effiziente *Treibhausgase*, deren Beitrag zum Treibhaus-Forcing hinter CO_2, Methan und Ozon an vierter Stelle liegt.

Forcing: Strahlungsantrieb der Atmosphäre an der *Tropopause* mit Einheit [W/m^2]. Ein Mass für die Beeinflussung des Klimas durch *Treibhausgase* und andere Veränderungen im Strahlungshaushalt. Die genaue Definition nach IPCC (1995) lautet folgendermassen: «The radiative forcing of the surface-troposphere system (due to a change, for example, in greenhouse gas concentration) is the change in net (solar plus longwave) irradiance in W/m^2 at the *tropopause* after allowing the stratospheric temperatures to re-adjust to radiative equilibrium, but with surface and tropospheric temperature and state held fixed at the unperturbed values».

freie Troposphäre: Die atmosphärische Schicht zwischen ungefähr 2 und 10 km Höhe. Die Temperatur nimmt mit der Höhe ab. In dieser Schicht kann freie Konvektion stattfinden, es ist die Schicht der Wolken und der entsprechenden mikrophysikalischen Vorgänge. Viele Spurengase haben hier eine längere Lebensdauer als in der *planetaren Grenzschicht* oder in der *Stratosphäre*. Ihre Verteilung ist deshalb von Transportprozessen, aber auch von chemischen Vorgängen abhängig. Die Chemie der freien Troposphäre wird als zentral für das Verständnis der globalen chemischen Vorgänge eingestuft.

Geopotential: Potential der Schwerkraft, gemessen als Arbeit, die entgegen der Schwerkraft zu leisten ist, um eine Masse zu heben. Flächen gleichen Geopotentials benötigen die gleiche Arbeit. In der Meteorologie wird die Druckverteilung in der Regel nicht als Luftdruck in einer bestimmten Höhe angegeben, sondern als geopotentielle Höhe einer Fläche konstanten Drucks (oft ungenau auch als Geopotential bezeichnet). Die Einheit der geopotentiellen Höhe ist der geopotentielle Meter. Ein geopotentieller Meter entspricht ungefähr einem Meter (in 45° N ist es exakt ein Meter).

Gesamtozon: Die absolute Menge Ozon in der Atmosphäre über einem Standort, auch Totalozon oder Säulenozon genannt (Masseinheit ist die Dobson Einheit oder *Dobson Unit*).

Grenzschicht, planetare Grenzschicht: Die untersten ca. 1 bis 2 km der Atmosphäre. Diejenige Schicht, welche von der Erdoberfläche mechanisch (durch Reibung) und thermisch (Konvektion) beeinflusst wird. Sie ist nach oben durch eine Inversion (Sperrschicht) von der *freien Troposphäre* getrennt. Die Grenzschicht ist tagsüber oft gut durchmischt und einigermassen homogen aufgebaut. Sie wird dann als Mischungsschicht bezeichnet. In der Nacht können oft eine *bodennahe Schicht* und eine *Reservoirschicht* unterschieden werden.

heterogene Prozesse: Chemische Reaktionen, an denen Reaktionspartner aus zwei oder mehreren Phasen beteiligt sind. Beispiele dafür sind die Chloraktivierung an Wolkenkristallen oder die Ozondeposition.

Hintergrundozon: Diejenige Ozonkonzentration, welche sich ergäbe, wenn es in der näheren und weiteren Umgebung keine menschgemachten Emissionen von Schadstoffen gäbe. Das Ozon würde dann entweder aus der *Stratosphäre* stammen oder wäre aus natürlichen Emissionen entstanden (natürliches Ozon), oder es wäre von fernen Quellregionen herantransportiert worden. Es gibt nur wenige Orte auf der Erde, an welchen diese Bedingungen zutreffen und die gemessene Ozonkonzentration als «Hintergrundozon» bezeichnet werden kann: hohe Bergstationen wie Jungfraujoch in der Schweiz oder Manua Loa auf Hawaii, Stationen auf Inseln im Ozean fernab von Kontinenten, in sehr abgelegenen Gebieten, in der Arktis und Antarktis.

Infrarotstrahlung: Elektromagnetische Strahlung im Bereich von 780 nm bis 1 mm Wellenlänge. Die Infrarotstrahlung wird oft unterteilt in Nahinfrarot (unmittelbar an das sichtbare Licht angrenzend: 780 nm bis 3 µm Wellenlänge), mittleres Infrarot (3 bis 5 µm) und Ferninfrarot (5 µm bis 1 mm).

Inversion: Atmosphärische Schicht mit einer Zunahme der Temperatur mit der Höhe. Sie wirkt auf Vertikalbewegungen dämpfend. Die Konvektion ist eingeschränkt und der vertikale Austausch von Luft behindert. Inversionen markieren Grenzen, zum Beispiel zwischen der nächtlichen *bodennahen Luftschicht* und der *Reservoirschicht*, zwischen der *planetaren Grenzschicht* und der *freien Troposphäre*, zwischen der *Troposphäre* und der *Stratosphäre*.

Mesosphäre: Schicht der Atmosphäre zwischen ungefähr 50 und 100 km Höhe. Sie schliesst unmittelbar an die Stratosphäre an. Auch in der Mesosphäre gibt es Ozon, dieses Thema wird jedoch im vorliegenden Buch nicht behandelt. *Stratosphäre* und Mesosphäre werden oft als mittlere Atmosphäre zusammengefasst.

Mikrowellen: Elektromagnetische Strahlung mit Wellenlängen von ca. 1 mm bis 30 cm (Frequenzen von ca. 1 bis 300 GHz), im elektromagnetischen Spektrum an die *Infrarotstrahlung* anschliessend.

Miniozonlöcher («Ozone Mini Holes») Starke Verminderungen des *Gesamtozons* von kleineren räumlichen Dimensionen und einer Dauer von einigen Tagen. Sie stehen im Zusammenhang mit der atmosphärischen Zirkulation. Chemische Vorgänge spielen in der Regel nicht die Hauptrolle.

Nordatlantische Oszillation: Grossräumige Schaukel des Luftdrucks im Bereich des Nordatlantiks. Die Nordatlantische Oszillation beschreibt auf der Basis von Monaten oder Jahreszeiten die Stärken des Islandtiefs und des Azorenhochs und damit die Stärke der Westwindzirkulation über Europa. Mass dafür ist ein Indexwert (Nordatlantischer Oszillationsindex, NAOI), der die standardisierte Druckdifferenz zwischen den Azoren (oder einer Station in der Nähe) und Island beschreibt (Wanner et al., 2001), vgl. *Arktische Oszillation.*

numerisches Atmosphärenmodell: Computersimulation der atmosphärischen Zirkulation anhand der physikalischen Grundgleichungen unter Zuhilfenahme von vereinfachten Annahmen und Parametrisierungen. Neben den reinen Bewegunsgleichungen müssen zur erfolgreichen Simulation auch die Strahlung sowie die Bodeneinflüsse abgebildet werden. Numerische Modelle sind in der Forschung und in der Wettervorhersage unentbehrliche Hilfsmittel, ihr Betrieb ist aber sehr rechenaufwändig.

Oxidationskapazität: Die Eigenschaft, andere Stoffe oxidieren zu können. Die Oxidationskapazität der Atmosphäre entscheidet darüber, wie lange die Lebensdauer verschiedener Luftfremdstoffe ist, respektive wie schnell der Abbau erfolgt. Sie wird vor allem durch OH-Radikale und Ozon bestimmt.

Ozonloch: Starke Verminderungen des *Gesamtozons* über einer grösseren Fläche, verursacht durch eine chemische Zerstörung des Ozons in der Stratosphäre. Eine genauere Definition gibt es leider nicht. Früher wurde oft 200 DU als Grenze für die Einstufung einer Ozonreduktion als «Ozonloch» verwendet, heute ist der gebräuchliche Wert 220 DU (u. a. verwendet von der WMO und der NOAA). Ein Ozonloch entsteht seit Ende der 1970er Jahre jedes Jahr im Frühling über der Antarktis.

Peroxiacetylnitrat (PAN): Formel: $CH_3COO_2NO_2$, Luftschadstoff, der bei Sonneneinstrahlung aus Stickoxiden und Kohlenwasserstoffen gebildet wird (vgl. *Photooxidantien*). Erhöhte Konzentrationen von PAN, z. B. bei Photosmog, führen beim Menschen zu Schleimhautreizungen und bei Pflanzen zu Schädigungen.

Photooxidantien: Gruppe von Substanzen, welche bei der Oxidation von Kohlenwasserstoffen im Beisein von *UV-Strahlung* als Nebenprodukte entstehen. Die wichtigsten Photooxidantien sind Ozon, Salpetersäure (HNO_3), Wasserstoffperoxid (H_2O_2) und *Peroxiacetylnitrat* (PAN).

planetare Wellen: Nord-Süd-Auslenkungen der Westwindzirkulation der mittleren und oberen *Troposphäre* der Nord- und Südhalbkugel. Planetare Wellen haben Skalen von einigen Tausend Kilometern. Durch sie erfolgt der Wärmeaustausch zwischen den Tropen und den Polen. Ihre Lage wird durch Gebirge und den Land-Meer-Kontrast am Erdboden mitbestimmt, damit sind sie örtlich an gewissen Punkten mehr oder weniger festgebunden. Es gibt daher auch bevorzugte Wellenmuster. In den erdumspannenden Westwinden kann es eine unterschiedliche Anzahl von Wellen geben: eine bis etwa sechs. Die planetaren Wellen haben einen grossen Einfluss auf die Druckverteilung am Boden.

Polarwirbel, Polar Vortex: Quasi-stabiler Tiefdruckwirbel in der Stratosphäre und *freien Troposphäre* über den beiden Polen im Winter. Der Wirbel über der Antarktis ist sehr stabil und unterdrückt den Austausch von Luft zwischen den polaren Regionen und den Mittelbreiten. Der Wirbel über der Arktis ist weniger stabil und bricht manchmal während des Winters zusammen. In der Nordhemisphäre ist die interannuelle Variabilität des winterlichen polaren Wirbels eines der wichtigsten Merkmale der Klimavariabilität (vgl. *Arktische Oszillation*).

Quasi Biennial Oscillation: Oszillation der tropischen zonalen Winde mit einer Dauer von 26 Monaten (ca. ein Jahr östliche, ein Jahr westliche Winde). Die QBO entsteht in der oberen Stratosphäre und dringt von hier aus nach unten bis in die mittlere und untere Stratosphäre vor. Ursache dafür sind verschiedene Wellen (z. B. Schwerewellen in der Strömung) mit Ursprung in der *Troposphäre*, welche sich je nach Windrichtung in die Höhe fortsetzen können, sich dort brechen und dadurch die mittlere Strömung beeinflussen (vgl. Baldwin et al., 2001).

Radikale: Reaktive Bruchstücke von Molekülen mit einer ungeraden Elektronenzahl respektive einem ungepaarten Elektron. Chemiker kennzeichnen sie manchmal durch einen mittelhohen Punkt hinter dem Symbol (z. B. OH·). Radikale entstehen grösstenteils bei der Photolyse von stabilen Molekülen durch energiereiche *UV-Strahlung* («chain initiation»). Dabei entstehen immer zwei Radikale. Radikale sind sehr reaktiv, wenn sie mit einem stabilen Molekül reagieren, entsteht jeweils wieder ein Radikal («chain propagation»). Nur wenn zwei Radikale miteinander reagieren, entsteht ein stabiles Produkt («chain termination»). Radikale spielen in der Atmosphärenchemie eine entscheidende Rolle. Das wichtigste Radikal ist das OH-Radikal (Hydroxylradikal).

Reservoirschicht: Oberer Teil der *planetaren Grenzschicht* während der Nacht. Nach Sonnenuntergang kühlt sich die Atmosphäre von unten her ab, so dass oft eine *bodennahe Inversionsschicht* entsteht. Der restliche Teil der *Mischungsschicht* wird dadurch vom Boden abgekoppelt. Weil die Deposition am Boden die Hauptsenke für viele Schadstoffe ist, nehmen deren Konzentrationen in dieser Schicht nicht so schnell ab wie in Bodennähe, daher der Name Reservoirschicht.

Smog: Mischung von Rauch, Staub und oxidierten Gasen (engl. von «Smoke» und «Fog»). Gewöhnlich wird «Sommersmog» (photochemischer *Smog*, mit Ozon, *Photooxidantien* und Feinstaub als wichtigste Bestandteile) und «Wintersmog» (NO_2, SO_2, Russ) unterschieden.

Stratosphäre: Atmosphärische Schicht zwischen ca. 10 und 50 km Höhe, angrenzend an die *Troposphäre*. Die Stratosphäre ist eine *Inversionsschicht*. Konvektion ist hier nicht ohne weiteres möglich, der horizontale Transport dominiert. Die Stratosphäre befindet sich annähernd im Strahlungsgleichgewicht. Die *UV-Strahlung* ist viel stärker als am Erdboden, und die Zusammensetzung ist verschieden von derjenigen der *Troposphäre*. Die Stratosphäre ist durch die Stratopause nach oben begrenzt. Oberhalb davon beginnt die *Mesosphäre*.

stratosphärische Wolken, Polar Stratospheric Clouds, Perlmutterwolken: Stratosphärische Wolken aus Wasser-Salpetersäure-Gemischen (PSC Typ 1) oder Wasser (PSC Typ 2). Sie erfordern sehr tiefe Temperaturen. Wasserwolken gibt es auf 25 km Höhe erst unterhalb von 188 K. PSC Typ 1 Wolken können bei nicht ganz so tiefen Temperaturen existieren. Sie bestehen aus Tröpfchen oder Kristallen. PSCs spielen eine entscheidende Rolle bei der Entstehung des *Ozonlochs* (vgl. Peter, 1997).

Subsidenz: Grossräumige langsame Absinkbewegung der Luft, beispielsweise in einem Hochdruckgebiet.

Temperatur, potentielle, virtuelle, virtuell-potentielle: Die potentielle Temperatur ist diejenige Temperatur, welche ein Luftpaket annehmen würde, wenn es ohne Energieaustausch mit der Umwelt (und ohne Kondensation/Verdunstung) auf Meeresdruck komprimiert würde. Dadurch wird der Einfluss von Vertikalbewegungen auf die Luftdichte ausgeschaltet. Bei der virtuellen Temperatur wird der Einfluss des Wasserdampfs auf die Luftdichte berücksichtigt. Die virtuell-potentielle Temperatur berücksichtigt beides. Sie ist deshalb ein Mass für die Energie eines Luftpakets (ohne Wolken).

Treibhauseffekt: Erwärmungseffekt der Atmosphäre. Die Atmosphäre ist relativ durchlässig für kurzwellige Strahlung. Diese wird an der Erdoberfläche in langwellige Strahlung umgewandelt und abgestrahlt. Für langwellige Strahlung ist die Atmosphäre weniger durchlässig, da verschiedene in ihr enthaltene Gase (*Treibhausgase*) die langwellige Strahlung absorbieren und in Wärme umsetzen respektive zurückstrahlen. Der Treibhauseffekt ist ein natürliches Phänomen, wird aber durch vom Menschen verursachte Gase verstärkt (anthropogener Treibhauseffekt).

Treibhausgas: Dreiatomiges oder grösseres Molekül, das Infrarotstrahlung absorbiert und somit in der Atmosphäre zum *Treibhauseffekt* beiträgt. Das wichtigste Treibhausgas ist Wasserdampf, die wichtigsten anthropogenen Treibhausgase sind CO_2, Methan, Lachgas, Ozon und *Fluorchlorkohlenwasserstoffe*.

Tropopause: Fiktive Grenze zwischen der *Troposphäre* und der *Stratosphäre*. Sie wird durch die Untergrenze der *Inversion* bestimmt. Es gibt verschiedene Definitionen. Nach der WMO liegt die Tropopause am untersten Punkt, wo die Temperaturabnahme mit der Höhe unter 2 K/km sinkt und von wo aus die Temperaturabnahme zu einem beliebigen Punkt innerhalb der darüberliegenden 2 km unter 2 K/km bleibt. Andere Autoren verwenden das Feuchteprofil oder die potentielle *Vorticity* zur Definition der Tropopause (vgl. Appenzeller et al., 1996b; Hoinka, 1997). Die Tropopause ist am höchsten in den Tropen und nimmt gegen die Pole ab, sie ist in den Mittelbreiten höher im Herbst als im Frühling und sie ist höher bei Hoch- als bei Tiefdrucklagen.

Troposphäre: Unterstes Stockwerk der Atmosphäre, vom Boden bis auf ca. 10 km (ca. 220 hPa) Höhe, die «Wetterschicht». Sie besteht aus der *planetaren Grenzschicht* und der *freien Troposphäre*. Die Obergrenze der Troposphäre ist die *Tropopause*, oberhalb beginnt die *Stratosphäre*.

Umkehrmethode: Methode zur bodengestützten Bestimmung von Vertikalprofilen des Ozons mit Dobson- oder Brewer-Spektrographen (vgl. S. 140 und Anm. 3). Die Methode erfordert aufeinanderfolgende Messungen des im Zenit gestreuten Himmelslichts während des Sonnenauf- oder -untergangs.

UV-Strahlung, UVA, UVB, UVC: Elektromagnetische Strahlung mit Wellenlängen von 320 bis 400 nm, 290 bis 320 nm respektive 100 bis 290 nm.

Vorticity, Wirbelgrösse: Mass für die Drehbewegung eines in einer Luftströmung mitgeführten Luftteilchens um seine vertikale Achse.

Anmerkungen

1. Sauerstoff kommt in der Atmosphäre in verschiedenen Formen vor O, O_2, O_3 (Ozon) und O_4. Atomarer Sauerstoff O ist sehr kurzlebig und kommt vor allem oberhalb der Stratosphäre vor *(Mesosphäre)*, spielt aber auch in der *Stratosphäre* und *Troposphäre* eine wichtige Rolle im Zusammenhang mit der Bildung und Zerstörung von Ozon (s. unten). O_2 ist die stabilste Form des Sauerstoffs. Die Erdatmosphäre besteht zu 21% (Volumen) aus O_2. Ozon (O_3) kommt vor allem in der *Stratosphäre* vor, aber auch in der *Troposphäre* und der *Mesosphäre*. O_4-Sauerstoff ist sehr instabil und zerfällt rasch zu O_2.
   Es gibt drei verschiedene Sauerstoffisotope, wobei ^{16}O das häufigste ist. Ozon ist in der *Stratosphäre* angereichert an schweren Sauerstoffisotopen (^{17}O, ^{18}O).
   Hinsichtlich der Photochemie des Sauerstoffs spielen die energetischen Zuände eine wichtige Rolle. Diese bestimmen, welche Reaktionen überhaupt möglich sind und welche Reaktionspfade bevorzugt werden. Atomarer Sauerstoff kommt in zwei Zuständen vor: angeregt ($O(^1D)$) oder im Grundzustand ($O(^3P)$). Auch molekularer Sauerstoff (O_2) kommt in verschiedenen Zuständen vor, ebenso Ozon. Für die in Kapitel 2 vereinfacht dargestellte Photolyse von Ozon gibt es genau genommen verschiendene mögliche Fragmentationen (Taniguchi et al., 2000):

$$O_3 + h\nu\ (\lambda < 310\ nm) \rightarrow O(^1D) + O_2(a^1\Delta_g)$$
$$O_3 + h\nu\ (\lambda < 411\ nm) \rightarrow O(^1D) + O_2(X^3\Sigma_g^-)$$
$$O_3 + h\nu\ (\lambda < 463\ nm) \rightarrow O(^3P) + O_2(b^1\Sigma_g^+)$$
$$O_3 + h\nu\ (\lambda < 612\ nm) \rightarrow O(^3P) + O_2(a^1\Delta_g)$$
$$O_3 + h\nu\ (\lambda < 1180\ nm) \rightarrow O(^3P) + O_2(X^3\Sigma_g^-)$$

2. Bei der bekanntesten nasschemischen Messmethode für Ozon, der sogenannten Kaliumiodid-Methode, wird Luft durch eine Kaliumiodidlösung gesogen. Dort findet folgende Redox-Reaktion statt:

$$2\ KI + O_3 + H_2O \rightarrow KOH + I_2 + O_2$$

   Das Iod wird dann in einer elektrochemischen Zelle oder durch Rücktitration gemessen.
   Bei der Messung von Ozon mittels Chemilumineszenz finden, im Beispiel von Ethen, folgende Reaktionen statt:

$$O_3 + C_2H_4 \rightarrow O_2 + C_2H_4O^*$$
$$C_2H_4O^* \rightarrow C_2H_4O + h\nu\ (\lambda = 300 \dots 600\ nm)$$

   wobei * den angeregten Zustand des Moleküls darstellt. Die Strahlung wird gemessen und daraus die Ozonkonzentration berechnet.

3. In diesem Abschnitt sind Ergänzungen zu den Fernerkundungsmethoden der Ozonmessung angeführt. Die Information ist keineswegs vollständig. Sie soll lediglich der Vertiefung des Kapitels 2 dienen und einige nähere technische Angaben und Informationen zu einzelnen Geräten liefern. Zu den bodengestützten Messverfahren:
   – Beim DOAS (Differential Optical Absorption Spectroscopy) , entwickelt von Platt und Perner (1983), wird der Gehalt an absorbierenden Spurengasen aus der spektralen Messung von Strahlung einer Lichtquelle im UV- oder sichtbaren Bereich bestimmt. Das Spektrum einer Lichtquelle wird mit einem Spektrographen mittels eines Photodiodenarrays aufgezeichnet und betrachtet als Ergebnis der Absorption durch verschiedene Gase. Durch geeignete Algorithmen (numerische Filterung, numerische Anpassung der bekannten Absorptionsspektren) werden die Konzentrationen der absorbierenden Gase berechnet. Aufgrund der hohen Empfindlichkeit bei vielen Spurenstoffen liegt deren Nachweisgrenze mit DOAS sehr niedrig (z. T. im Bereich von ppt), und die Messungen können zeitlich hoch aufgelöst sein. Als Lichtquelle dient in der Regel eine Lampe, aber auch Sonnenlicht kann verwendet werden.
   – Das FTIR (Fourier Transform Infrared Spectroscopy) ist wie das DOAS ein spektroskopisches Verfahren, aber im *Infrarotbereich*. Die Messung des Spektrums erfolgt mittels eines Interferometers mit einem fixen und einem bewegten Spiegel. Die Absorptionsspektren der einzelnen Gase werden mittels eines Strahlungsmodells basierend auf spektroskopischen Daten ermittelt. Durch Fourier Transformation werden aus dem Interferogramm die Konzentrationen der einzelnen Gase

berechnet. Als Lichtquelle dient meist die Sonne oder der Mond. Für einige Gase kann anhand des Effekts des «Broadenings» der Absorptionslinien zusätzlich zum Säulengehalt auch die vertikale Verteilung zwischen ungefähr 10 und 35 km Höhe bestimmt werden.

– Dobson-Spektrophotometer können verschiedene Wellenlängenpaare verwenden. Am häufigsten verwendet wird das AD-Paar. Es umfasst die Wellenlängen 305.5, 325.4, 317.6 und 339.8 nm. Beim Brewer-Spektrophotometer werden andere Wellenlängen gemessen: 306.3, 310.1, 313.5, 316.7, 320.1 nm.

– Bei der *Umkehrmethode* wird das Verhältnis zwischen Absorption und Streuung bei tiefem Sonnenstand in rascher Folge gemessen. Aufgrund der sich schnell ändernden Weglängen bei tiefem Sonnenstand ändert sich auch das Verhältnis von Absorption und Streuung schnell, und dadurch wird die Atmosphäre gewissermassen «gescannt». Daraus können stratosphärische Ozonprofile mit einer Auflösung von etwa 5 km errechnet werden.

– Das SAOZ-System misst den Bereich von 300 bis 600 nm mit einer 1 nm Auflösung (van Roozendael et al., 1998), Dabei wird das im Zenit gestreute Licht während der Dämmerung gemessen.

– Mikrowellenradiometer können verschiedene der Ozonemissionslinien zur Bestimmung von Ozonprofilen verwenden, u.a. 110.8, 184.4 und 206.1 GHz (d. h. Wellenlängen im Bereich von 1 mm).

Zu einzelnen Satellitensensoren:

– Der TOMS-Sensor misst die Wellenlängen 312.5, 317.5, 331.2, 339.8, 360.0 und 380.0 nm, wobei der Sensor quer zur Bahn scannt und damit einen grösseren Blickwinkel hat als reine Nadir-Aufnahmen.

– SBUV ist ein Satellitensensor zur Messung von Ozonprofilen auf dem Satelliten Nimbus-7 seit 1978. Der heutige Sensor SBUV/2 wurde 1984 auf dem ERBS-Satelliten gestartet (mit einer erwarteten Lebensdauer von 2 Jahren). SBUV/2 misst Strahlung zwischen 252 und 340 nm. Acht Wellenlängen werden zur Bestimmung des Ozonprofils und weitere vier zur Berechnung des *Gesamtozons* verwendet.

– SAGE ist ein Sonnenokkultationsinstrument zur Messung von Ozon-, NO_2-, H_2O- und Aerosolprofilen in der *Stratosphäre*. SAGE ist Teil des EOS-Programms (Earth Observing System) der NASA. SAGE I war von 1979–1981 im Einsatz, SAGE II seit Oktober 1984. SAGE III soll in verschiedenen Missionen (u.a. auf der International Space Station ISS) zum Einsatz kommen. SAGE II misst verschiedene Wellenlängen im sichtbaren und nahinfraroten Bereich (385, 448, 453, 525, 600, 940 und 1020 nm) mittels Sonnenokkultation. Aus der Ozonabsorption in der Chappuis-Bande werden Ozonprofile mit einer Auflösung von 0.5 km gewonnen.

– GOME (Global Ozone Monitoring Experiment) ist ein Sensor auf dem europäischen Satelliten ERS-2 (gestartet im April 1995). Er misst den Bereich von 240 bis 790 nm mit einer Auflösung von 0.2 bis 0.4 nm. Daraus werden Säulenkonzentrationen und Vertikalprofile vor allem von Ozon, aber auch von anderen Gasen bestimmt.

– SCIAMACHY ist der Nachfolgesensor von GOME auf dem Satelliten Envisat-1 (der Start war ursprünglich 1999 geplant, wurde aber immer wieder verschoben und wird frühestens im März 2002 erfolgen). Der Sensor misst hochaufgelöst (0.2 bis 0.4 nm) im Bereich von 240 bis 1750 nm sowie in zwei ausgewählten Infrarotbändern bei 1.9 respektive 2.4 μm. Gemessen werden sollen die Mengen von O_3, O_4, N_2O, NO_2, CH_4, CO, CO_2, H_2O, *Aerosolen* und SO_2 in der *Troposphäre* sowie von O_3, NO, NO_2, NO_3, CH_4, CO_2, H_2O, ClO, $OClO$, BrO, *Aerosolen*, *stratosphärischen Wolken* und möglicherweise $HCHO$ und CO in der *Stratosphäre*. Speziell ist auch, dass der Sensor in verschiedenen Geometrien messen kann.

– Der Sensor GOMOS, ebenfalls auf Envisat-1, wird mittels Sternenokkultation Spurengasprofile ermitteln. Pro Tag sollen etwa 400 Auf- und Untergänge von Sternen erfasst werden.

– Der POAM-Sensor (Polar Ozone and Aerosol Measurement) befindet sich auf den französischen SPOT-Satelliten (POAM II auf SPOT-3, POAM III auf SPOT-4). POAM misst Vertikalprofile anhand von neun Kanälen zwischen 350 und 1060 nm mittels Sonnenokkultation.

– Das Improved Limb Atmospheric Spectrometer (ILAS) ist ein japanischer Sensor auf dem ADEOS-Satelliten. Es misst mittels Sonnenokkultation im sichtbaren und nahinfraroten Bereich Vertikalprofile von Ozon und anderen Gasen.

– Auf dem Upper Air Research Satellite UARS mass CLAES hochaufgelöste Spektren zwischen 3.5 und 12.9 μm in einer «Limb-Viewing»-Geometrie, HALOE verwendete eine «Solar occultation»-Geometrie und Wellenlängen zwischen 2.5 und 10.0 μm, und der MLS Sensor mass Ozonprofile mittels zweier Kanäle (183, 205 GHz) in einer «Limb-Viewing»-Geometrie. Die Sensoren auf dem UARS-Satelliten (Start 1991, erwartete Lebensdauer 3 Jahre) wurden Ende September 2001 abgeschaltet.

– Im Rahmen des EOS-Programms der NASA ist der Satellit «Aura» als Nachfolger des UARS vorgesehen. Aura soll Mitte 2003 starten. Vier Sensoren messen Spurengaskonzentrationen: HIRDLS, MLS, TES und OMI. Interessant ist unter anderem die hohe räumliche Auflösung der Sensoren TES und OMI (einige Kilometer). HIRDLS (Highresolution Dynamics Limb Sounder) ist ein Infrarot-Limbscanner und misst Profile von Aerosolen, Temperatur und Spurengasen von der oberen *Troposphäre* bis *Mesosphäre*. MLS ersetzt den MLS auf dem UARS, ist aber ausgereifter und soll in der Lage sein, auch OH-Radikale zu messen. TES (Tropospheric Emission Sounder) ist ein FTIR, das vor allem troposphärische Spurengase messen soll. OMI ist ähnlich aufgebaut wie GOME und SCIAMACHY und misst im Bereich von 270 bis 500 nm in hoher Auflösung. OMI soll dereinst den TOMS-Sensor ersetzen (Schoeberl et al., 2000)

4. Die Reaktionsgleichungen der in Abbildung 13 dargestellten Schemen lauten:

O	+	OH		$\rightarrow$	O_2	+	H
H	+	O_2	+ M	$\rightarrow$	HO_2	+	M
O	+	HO_2		$\rightarrow$	O_2	+	OH
OH	+	O_3		$\rightarrow$	HO_2	+	O_2
HO_2	+	O_3		$\rightarrow$	OH	+	$2 O_2$

Die wichtigsten katalytischen ozonzerstörenden Zyklen von Chlor und Brom sind:

(I)
ClO	+	ClO	+ M	$\rightarrow$	Cl_2O_2	+	M	
Cl_2O_2	+	hv		$\rightarrow$	Cl	+	ClO_2	
ClO_2	+	M		$\rightarrow$	Cl	+	O_2	+ M
$2 \times (Cl + O_3)$				$\rightarrow$	$2 \times (ClO + O_2)$			
Netto:	$2 O_3$			$\rightarrow$	$3 O_2$			

(II)
ClO	+	BrO	$\rightarrow$	Br	+	Cl	+	O_2
Cl	+	O_3	$\rightarrow$	ClO	+	O_2		
Br	+	O_3	$\rightarrow$	BrO	+	O_2		
Netto:	$2 O_3$		$\rightarrow$	$3 O_2$				

Die wichtigsten Reaktionen der Chloraktivierung sind

HCl	+	$ClONO_2$	$\rightarrow$	Cl_2	+	HNO_3
$ClONO_2$	+	H_2O	$\rightarrow$	HNO_3	+	$HOCl$
HCl	+	$HOCl$	$\rightarrow$	H_2O	+	Cl_2

Stickoxid wird dem System ausserdem durch folgende Reaktionen entzogen, wodurch die Deaktivierung von Chlor gebremst wird:

N_2O_5	+	HCl	$\rightarrow$	HNO_3	+	$ClONO$
N_2O_5	+	H_2O	$\rightarrow$	$2 HNO_3$		

5. Der Antrieb dieser Zirkulation ist der Impulstransport durch lange *planetare Wellen* aus den Mittelbreiten der *Troposphäre,* welche in die *Stratosphäre* eindringen, sich hier brechen und durch Dissipation ihre Energie verlieren. Sie bremsen die mittlere West-Ost-Strömung, was sich wegen der ablenkenden Kraft der Erdrotation als nordwärtsgerichtete Strömungsanomalie äussert. Die Brewer-Dobson-Zirkulation ist in Holton et al. (1995) eingehend diskutiert (vgl. auch Staehelin et al., 2001; Dobson et al., 1946; Brewer, 1949).

6. Hier sei eine kurze Bemerkung zur Korrelation zwischen *Gesamtozon* und meteorologischen Grössen angefügt, und zwar anhand der Reihen der Monatsmittelwerte des *Gesamtozons* über Arosa, der Temperatur (ST) und dem Luftdruck (SP) auf dem Säntis (2490 m ü. M.), der geopotentiellen Höhe der 300 hPa Druckfläche nahe bei Arosa (A300, beim Punkt 47.5° N, 10° E) sowie, als «grossräumige Variablen», der Reihen verschiedener bekannter Zirkulationsindizes (NAOI, AOI, EU1, vgl.

161

Thompson und Wallace, 1998; Luterbacher et al., 1999; Brönnimann et al., 2000c). In Tabelle A1 sind die Korrelationen angegeben. Die lokalen Variablen zeigen wesentlich bessere Korrelationen mit dem *Gesamtozon* über Arosa als die grossräumigen, was auch zu erwarten ist. Hier sind alle Korrelationen hochsignifikant. Es gibt aber jahreszeitliche Unterschiede. Alle Korrelationen sind im Sommer schwächer als im Winter. Meistens ist die Säntistemperatur ein besserer Prädiktor als der -druck, aber im Spätwinter (Februar/März) ist es umgekehrt. Am besten korreliert mit dem *Gesamtozon* ist im Winter A300 und im Sommer die Säntistemperatur. Interessant ist, dass die jahreszeitlichen Unterschiede vor allem bei den Indizes gross sind: Der EU1-Index, der eher die meridionale Zirkulation beschreibt, ist im Sommer stärker mit dem *Gesamtozon* korreliert als die beiden mehr zonalen Indizes NAOI und AOI. Im Winter ist es umgekehrt.

*Tabelle A1: Korrelationskoeffizienten zwischen Gesamtozon über Arosa und verschiedenen lokalen und grossräumigen meteorologischen Variablen von 1926 bis 1999. NAOI und AOI lagen nur bis Dez. 1997 resp. Jun. 1999 vor. Die geopotentielle Höhe der 300 hPa Fläche kann für die Zeit ab 1948 dem NCEP/NCAR-Datensatz (Kalnay et al., 1996) entnommen werden. Für die Zeit davor verwenden wir einen aufgrund von Stationsdaten statistisch rekonstruierten Datensatz (Schmutz et al., 2001). Kursive Koeffizienten sind signifikant auf dem 99%-Niveau, * sind auf dem 90%-Niveau nicht signifikant.*

	ST	SP	A300	NAOI	AOI	EU1
JAN	-0.71	-0.68	-0.73	-0.21	-0.51	*
FEB	-0.68	-0.70	-0.75	-0.39	-0.51	*
MRZ	-0.52	-0.62	-0.62	-0.47	-0.58	*
APR	-0.56	-0.39	-0.57	*	*	*
MAI	-0.56	-0.42	-0.51	*	*	0.45
JUN	-0.40	-0.38	-0.36	0.21	*	0.24
JUL	-0.35	-0.34	-0.33	*	*	0.20
AUG	-0.58	-0.47	-0.51	*	*	0.46
SEP	-0.66	-0.54	-0.61	-0.22	-0.25	0.50
OKT	-0.71	-0.55	-0.69	*	-0.26	0.41
NOV	-0.58	-0.51	-0.56	*	*	*
DEZ	-0.57	-0.51	-0.59	*	-0.37	*

Die Korrelationen sind nicht auf die Monatsmittelwerte beschränkt, sondern treten auch auf längeren Zeitskalen hervor. Dazu wurde von den monatlichen Anomalien des *Gesamtozons* und den lokalen Variablen vorgängig die langfristige Komponente (Polynom 2. Grades) subtrahiert und danach (für alle Variablen) Saisonmittel (S) oder Saisonmittel über fünf Jahre (P) gebildet. Die Korrelationen (Tab. A2) sind erstaunlich gut. Selbst auf der mehrjährigen Skala gibt es eine Stratosphären-Troposphären-Kopplung (Brönnimann et al., 2000c). Auch zeigen sich wieder Unterschiede zwischen Sommer und Winter. Der Vergleich der verschiedenen Prädiktorvariablen zeigt, dass die *Arktische Oszillation* durch die Zeitskalen hinweg am robustesten ist.

*Tabelle A2: Korrelationskoeffizienten zwischen dem Gesamtozon über Arosa und verschiedenen lokalen und grossräumigen meteorologischen Variablen von 1926 bis 1999 (vgl. Tab. A1). Nach Subtraktion des langfristigen Anteils wurden die Monate in Sommer (Mai–Okt) und Winter (Nov–Apr) geteilt und über eine Saison (Win.-S., Som.-S.) oder über eine 5-Jahresperiode ab Sommer 1926 (Win.-P., Som.-P.) gemittelt. (vgl. Brönnimann et al., 2000c). Kursive Koeffizienten sind signifikant auf dem 99%-Niveau, * sind auf dem 90%-Niveau nicht signifikant.*

	ST	SP	A300	NAOI	AOI	EU1
Win.-S	-0.66	-0.65	-0.72	-0.44	-0.53	*
Som.-S	-0.37	-0.35	-0.27	*	*	0.22
Win.-P	-0.61	-0.75	-0.72	-0.57	-0.62	*
Som.-P	-0.58	-0.70	*	*	*	*

7. Das einfache lineare Trendmodell für das *Gesamtozon* (*TOZ*) über Arosa für die Zeitspanne 1931 bis 1999 lautet:

$$TOZ = a + c_l \, t + \varepsilon,$$

wobei t die chemische Trendvariable (konstant bis 1970, dann pro Jahr um eine Einheit zunehmend) und ε den nicht erklärten, residuellen Anteil darstellt. Die Modelle wurden mit der Methode der kleinsten Quadrate an die Daten angepasst. c_l misst somit den chemisch verursachten Trend des *Gesamtozons*. Für jeden Kalendermonat wurde ein eigenes Modell gebildet (Abb. 22). Im zweiten Modell wurden zusätzlich zum Trend noch weitere Terme im Regressionsmodell berücksichtigt. Wie oben (vgl. Anm. 6) wurden Druck (SP) und Temperatur (ST) auf dem Säntis verwendet. Die Zeitreihen der ersten drei Hauptkomponenten (*PC1, PC2, PC3*) des 300 hPa *Geopotentials* über Westeuropa (Ausschnitt 25°W/35°N, 30°E/65°N, kalendermonatsweise berechnet aus den Daten von 1901 bis 1999 aus Schmutz et al., 2001 und NCEP/NCAR-Reanalysedaten ab 1948) dienen als erklärende Variablen für die grossräumige Zirkulation. Dazu wurden zwei «natürliche chemische» Variablen definiert: die Sonnenfleckenzahl (*SSN*) des Greenwich-Observatoriums (Quelle: http://science.msfc.nasa.gov/ssl/pad/solar/greenwch/) und die stratosphärische *Aerosoltrübung* (*AOD*, Quelle: Sato et al., 1993) der Nordhemisphäre sechs Monate vorher. Mit diesen Variablen wurden neue Modelle für das *Gesamtozon* über Arosa (*TOZ*) gebildet, wieder für jeden Kalendermonat ein eigenes Modell:

$$TOZ = a + c_l \, t + c_2 \, SSN + c_3 \, AOD + c_4 \, ST + c_5 \, SP + c_6 \, PC1 + c_7 \, PC2 + c_8 \, PC3 + \varepsilon,$$

Die Modelle wurden wieder mit der Methode der kleinsten Quadrate an die Daten angepasst, ihre Statistik ist in Tabelle A3 aufgelistet. Sie erklären die Variation im *Gesamtozon* über Arosa recht gut, zu 49 bis 72%. Die Interpretation der einzelnen Koeffizienten ist nicht ganz unproblematisch, da zwischen den unabhängigen Variablen Multikollinearitäten bestehen können. Trotzdem wird klar ersichtlich, dass die Sonnenflecken als lineare Variable keinen signifikanten Einfluss haben, die *Aerosoltrübung* einen eher geringen, dagegen die meteorologischen Variablen und der Trend den grössten Einfluss ausüben. Der lineare Trend ist in Abbildung 22 dargestellt.

Tabelle A3: Modellstatistik und t-Werte der Regressionskoeffizienten für das oben beschriebene Regsressionsmodell. Signifikante t-Werte sind kursiv hervorgehoben.

	N	R^2	Konst.	t	SSN	AOD	ST	SP	PC1	PC2	PC3
JAN	67	71.7	0.07	*-2.31*	0.94	-1.83	*-4.07*	1.31	*2.03*	1.82	*-2.89*
FEB	67	67.0	0.74	-1.21	1.81	-1.38	*-3.23*	0.04	0.45	1.46	*-2.41*
MRZ	68	60.2	*2.53*	*-3.43*	0.13	-1.92	-0.90	-0.91	0.97	-0.19	-0.45
APR	68	65.3	-1.01	*-4.93*	1.05	*-2.32*	*-4.99*	*2.94*	*4.21*	*2.98*	-0.07
MAI	67	60.9	*3.03*	*-3.28*	0.70	*-2.08*	*-2.36*	-1.62	-0.85	1.48	*-2.15*
JUN	66	48.9	1.70	*-3.99*	1.71	*-2.00*	-1.66	-0.40	1.85	0.61	-0.67
JUL	66	55.8	*4.39*	*-3.73*	0.70	-1.66	-0.80	*-3.17*	*3.34*	1.30	0.89
AUG	69	64.4	*4.31*	*-2.73*	1.01	-0.62	*-2.05*	*-3.15*	*-5.97*	-1.24	-1.67
SEP	69	56.9	*2.48*	*-2.03*	-0.41	-0.95	*-2.87*	-1.65	*-2.29*	-0.49	-1.68
OKT	68	66.5	0.34	-1.44	-0.39	-1.74	*-3.79*	0.56	-1.26	-0.49	*2.10*
NOV	69	64.3	*2.08*	*-3.34*	-0.75	-0.89	*-5.52*	-0.44	*2.49*	*3.62*	0.51
DEZ	67	54.0	1.82	*-3.31*	1.32	-1.15	-1.54	-0.30	0.02	0.55	-0.94

8. In Kapitel 3 werden einige Ergebnisse von Strahlungssimulationen vorgestellt, die hier näher ausgeführt sind. Diese Simulationen wurden im Hinblick auf chemische Modellierungen vorgenommen (vgl. für Details Brönnimann et al., 2000a), welche in Kapitel 5 wieder aufgegriffen werden. Für insgesamt 156 ausgewählte Schönwettertage von 1991 bis 1998 wurde die abwärtsgerichtete erythemische *UV-Strahlung* in Arosa mit dem Modell TUV (Madronich et al., 1997) mit einer Two-Stream-Approximation simuliert. Für 78 dieser Tage standen auch Messungen der erythemischen *UV-Strahlung* in Arosa (Solar Light Inc. UV-Messgerät der MeteoSchweiz) zur Verfügung (Abb. 24 oben rechts, unten links). Eingabegrössen in das Modell sind neben der Stationslage, Datum und Zeit das *Gesamtozon*, um ein Standardozonprofil (USSA'76) zu skalieren, eine wellenlängenunabhängige *Albedo*, ein Standardaerosolprofil sowie das erythemische Aktionsspek-

trum (McKinlay und Diffey, 1987). In Abbildung 24 oben rechts und unten links wurden tägliche Gesamtozonwerte von Arosa verwendet, während die *Albedo* konstant auf 0.05 gehalten wurde. Die Zeit wurde auf Mittag gesetzt. In Abbildung 24 unten links wurde der Jahresgang der 78 Tage in der Simulation und in den Beobachtungen jeweils durch zwei Sinuskurven mit jährlicher respektive halbjährlicher Periode angepasst und subtrahiert. In der Abbildung unten rechts wurde die *Albedo* auf 0.05 gesetzt und das Standardozonprofil unskaliert übernommen, aber das Aerosolprofil skaliert. Für die Albedoschätzung aus den Meteosat-Bildern wurden zuerst im Umkreis von 50 km Radius um den Chaumont Wolken, die oberhalb des Chaumont lagen, manuell entfernt. Dann wurde im sichtbaren Bereich die *Albedo* an der Obergrenze der Atmosphäre (TOAR) berechnet. Aufgrund der atmosphärischen Einflüsse und der winkelabhängigen Reflexion zeigt diese einen sinusförmigen Jahresgang, der nicht der eigentlichen *Albedo* am Boden entspricht. Um zu realistischen UV-Albeden zu kommen, wurde angenommen, dass die gesamte Fläche aus dunklen (Wasser, Vegetation, Boden) und hellen (Schnee, Nebeloberfläche) Teilflächen zusammengesetzt ist. Für die Bestimmung der TOAR der dunklen Flächen wurde eine Sinuskurve an die Werte von 104 Tagen mit tiefer TOAR angepasst und eine UV-Albedo von 0.07 angenommen. Für die hellen Flächen wurde sowohl für die TOAR als auch für die UV-Albedo der Wert 0.7 angenommen. Der letzte Schritt bestand aus einer einfachen Skalierung. Der Vergleich mit UVA-Albeden aus TOMS-Daten zeigte eine gute Übereinstimmung (vgl. Brönnimann et al., 2000a).

Für die Berechnung der Ozonphotolyserate $J(O^1D)$ auf dem Chaumont an den selben 156 Schönwettertagen werden Angaben zum *Absorptionsquerschnitt* und der Quantenausbeute dieser Reaktion als Funktion der Wellenlänge benötigt. Diese wurden aus der entsprechenden Literatur genommen (Shetter et al., 1996; vgl. Madronich et al., 1997). Zur Berechnung der «normalen» Ozonphotolysrate $J(O^1D)_{norm}$ wurde ein mittlerer Jahresgang des *Gesamtozons* verwendet, der aus den Gesamtozonwerten der 156 Tage durch Anpassung zweier Sinuskurven mit jährlicher respektive halbjährlicher Periode gewonnen wurde.

9. Ein gut bewährtes Trajektorienmodell ist FLEXTRA (Stohl et al., 1995), welches in diesem Buch für die Berechnung der Abb. 57 verwendet wurde (vgl. Anm. 16). Das am einfachsten anzuwendende Trajektorienmodell ist HYSPLIT4 der amerikanische Ozean- und Atmosphärenbehörde NOAA (Draxler und Hess 1997, 1998). Die NOAA stellt ausserdem verschiedene meteorologische Datensätze für Forschungszwecke auf dem Internet zur Verfügung, die Berechnungen können direkt via Browser durchgeführt werden (http://www.arl.noaa.gov/ready/hysplit4.html). Dieses Modell wurde für alle anderen Anwendungen in diesem Buch verwendet. Dabei wurden immer Rückwärtstrajektorien mit dem Vertikalwind des meteorologischen Datensatzes gerechnet. Verschiedene meteorologische Datensätze wurden verwendet. In den Beispielen, welche in Abbildung 32 und 51 dargestellt sind, wurde mit Windfeldern aus dem FNL-Analysedatensatz (Stunder, 1997) gearbeitet. In allen anderen gezeigten Anwendungen in diesem Buch wurde der NCEP/NCAR-Reanalysedatensatz (Kalnay et al., 1996) gewählt.

10. Die Wahl von möglichen Intrusionstagen erfolgte auf folgende Weise: Nach Subtraktion eines Trends und eines Jahresgangs (angepasst durch zwei Sinusschwingungen mit jährlicher und halbjährlicher Periode) wurden alle Wintertage (Dez–Apr) mit stark positiven Abweichungen gewählt. Kriterium war eine Abweichung von mehr als drei Standardabweichungen bezogen auf alle Wintertage.

11. Der Zyklus der Ozonphotolyse (Abb. 38 oben rechts) besteht aus folgenden Reaktionen:

$$O_3 + h\nu\ (\lambda < 320\ nm) \rightarrow O_2 + O(^1D)$$

wobei $O(^1D)$ entweder zu OH weiterreagiert:

$$O(^1D) + H_2O \rightarrow 2\ OH$$

oder Ozon zurückgewonnen wird:

$$O(^1D) + M \rightarrow O(^3P) + M$$
$$O_2 + O(^3P) + M \rightarrow O_3 + M$$

OH-Radikale können katalytisch Ozon abbauen, ähnlich wie in der Stratosphäre (Abb. 38 unten rechts):

$$OH + O_3 \rightarrow HO_2 + O_2$$
$$HO_2 + O_3 \rightarrow OH + 2 O_2$$

OH-Radikale können auch CO oder Kohlenwasserstoffe oxidieren und Peroxiradikale bilden (Abb. 38 Mitte), am Beispiel von CO:

$$CO + OH \rightarrow H + CO_2$$
$$H + O_2 \rightarrow HO_2$$

Die Peroxiradikale können schliesslich zur Ozonbildung führen (vgl. Kapitel 4) oder zur Bildung von anderen Photooxidantien (vgl. Kapitel 5) beitragen.

12. Für diese Auswertung wurde die Wetterlagenklassifikation nach Schüepp verwendet, auch bekannt unter dem Namen «Alpenwetterstatistik» (vgl. Wanner et al., 1998, 2000). Aus den Wetterlagen wurden sechs Gruppen gebildet: Hochdruck, Tiefdruck, Westlage, Nordlage sowie eine zusammengefasste Gruppe mit Süd- und Ostlagen und schliesslich eine Gruppe mit allen übrigen Lagen (vgl. Brönnimann et al., 2000d).

13. Hier die Photolyse von Formaldehyd HCHO und Acetaldehyd CH_3CHO:

$$HCHO + h\nu\,(\lambda < 330\ nm) + 2 O_2 \rightarrow 2 HO_2 + CO$$
$$CH_3CHO + h\nu\,(\lambda < 330\ nm) + 2 O_2 \rightarrow CH_3CO_3 + HO_2$$

14. Die Reaktionsgleichungen der in diesem Abschnitt beschriebenen Reaktionen sind folgende:

Low-NO_x-Radikalsenken:

$$HO_2 + HO_2 \rightarrow H_2O_2 + O_2$$
$$HO_2 + RO_2 \rightarrow ROOH + O_2$$
$$HO_2 + OH \rightarrow H_2O + O_2$$

High-NO_x-Radikalsenken:

$$OH + NO \rightarrow HONO$$
$$CH_3CO_3 + NO_2 \rightarrow PAN$$
$$OH + NO_2 \rightarrow HNO_3$$
$$HO_2 + NO_2 \rightarrow HNO_4$$

Stickoxidreaktionen (vor allem nachts wichtig):

$$NO_2 + O_3 \rightarrow NO_3 + O_2$$
$$NO_2 + NO_3 \rightarrow N_2O_5$$
$$N_2O_5 + H_2O \rightarrow 2 HNO_3 \qquad \text{(heterogen)}$$
$$2 NO_2 + H_2O \rightarrow HNO_3 + HONO \qquad \text{(heterogen)}$$

HONO kann vermutlich auch an Russpartikeln heterogen aus NO_2 gebildet werden (Amman et al., 1998).

Rückreaktionen (Aufbrechen der Reservoire):

$$H_2O_2 + h\nu \rightarrow 2 OH$$
$$HONO + h\nu \rightarrow OH + NO$$
$$HNO_3 + h\nu \rightarrow OH + NO_2$$
$$HNO_4 + h\nu \rightarrow HO_2 + NO_2$$
$$PAN \rightarrow CH_3CO_3 + NO_2$$

Die Photolyse von HONO kann in verschmutzter Luft eine wichtige Quelle für OH-Radikale am frühen Morgen sein.

15. Das Modell «Metphomod» ist ein prognostisches eulersches Modell, das am Geographischen Institut der Universität Bern und an der EPFL Lausanne entwickelt wurde (Perego, 1999). Die hier

verwendete Version 2.1 besteht aus einem Strahlungsmodul (Two-Stream-Approximation), einem dynamischen Modell und einem chemischen Solver. Modell, Dokumentation und Anwendungsbeispiele können auf der website http://www.giub.unibe.ch/klimet/metphomod/ betrachtet oder heruntergeladen werden. In allen hier vorgestellten Anwendungen (vgl. Brönnimann et al., 2001a, b) wurde ein Gitter über dem Mittelland in 2 x 2 km Auflösung und 18 Schichten bis auf 3450 m ü. M. gewählt, die Zeitschritte lagen im Bereich von Sekunden bis maximal 2 Minuten. Ebenfalls in allen Anwendungen wurden an den Rändern meteorologische Daten und Ozon aus den Sondierungen von Payerne (von dort kam in beiden Episoden der Wind) verwendet und von den restlichen Gasen jeweils der aktuelle Mittelwert der entsprechenden Modellschicht eingespiesen. Der verwendete chemische Mechanismus war der RACM (Stockwell et al., 1997).

In der Episode im Juli 1993 wurde das *Gesamtozon* auf 360 DU gesetzt, die anderen Anfangs- und Randbedingungen sowie die Validierung sind in Perego (1999) beschrieben. Für die Simulation der Episode im Februar 1998 wurde das *Gesamtozon* auf 400 DU gesetzt, dazu mussten einige Randbedingungen angepasst werden. Im Emissionskataster wurden die Stickoxide leicht erhöht, dafür die biogenen Emissionen stark vermindert. Da das Modell keine Schneeschicht erlaubt, wurden die Bodenparameter derart angepasst, dass der Effekt auf die Atmosphäre ungefähr demjenigen einer Schneedecke entsprach. Diese Anpassungen wurden als Funktion der Höhe über Meer, der Exposition und des Vegetationstypus vorgenommen. Nähere Beschreibungen finden sich in Brönnimann et al. (2001a, b). Die Eingabedaten können auf der oben genannten Website heruntergeladen werden.

Eine Validierung der Simulation im Februar 1998 mit Daten der NABEL-Stationen zeigte eine gute Übereinstimmung (Brönnimann et al., 2001a), sowohl relativ (Charakteristika der zeitlichen und räumlichen Variabilität) als auch absolut (Konzentrationsbereiche). Trotzdem – das sei hier nochmals betont – sind bei Modellsimulationen immer Vorbehalte angebracht. Modelle und ihre Teile (Parametrisierungen, Vereinfachungen etc.) werden immer im Hinblick auf ein Ziel, eine Fragestellung entworfen und werden meistens auch im Zusammenhang mit diesen Fragestellungen validiert. Für andere als die vorgesehenen Einsatzfelder bleibt immer wieder von neuem der Nachweis zu erbringen, dass die Modelle auch wirklich funktionieren.

16. In diesem Fall (vgl. Brönnimann et al., 2001a) wurde ein anderes Trajektorienmodell verwendet: FLEXTRA (vgl. Stohl et al., 1995), angetrieben mit ECMWF-Windfeldern. Auch hier wurden Ensembles mit variierter Ankunftsposition gerechnet, jedoch waren diese in der Regel nahe beieinander, so dass hier nur die zentralen Trajektorien dargestellt sind. Das Modell ist unter der website http://www.forst.uni-muenchen.de/EXT/LST/METEO/stohl/flextra.html erhältlich.

17. Die Emissionen nach Wochentag (jeweils 19 Uhr Vortag bis 19 Uhr Stichtag) wurden dem Kataster von Meteotest und Carbotech (1995) entnommen und beziehen sich auf diejenige 5 x 5 km^2 Gitterzelle, auf welcher sich die NABEL-Station befindet. Die Bedingungen für Sommersmogtage waren: Die Globalstrahlung musste von 11 Uhr bis 15 Uhr immer über 450 W/m^2 sein (ein Wert zwischen 350 und 450 W/m^2 war erlaubt), Lufttemperatur und Windgeschwindigkeit mussten im Mittel von 11 Uhr bis 15 Uhr über 20 °C respektive unter 3 m/s sein. Schlechtwettertage durften keines der drei Kriterien erfüllen, wobei allerdings für den Wind die Schwelle auf >2 m/s gesetzt wurde (vgl. Brönnimann und Neu, 1997).

18. Zur Berechnung der Produktionsrate von OH-Radikalen aus der Ozonphotolyse P(OH) wurde folgende Formel verwendet:

$$\Delta P(OH) = 2\, J(O^1D)\, [O_3]\, k_8\, [H_2O] / (k_{4N2}\, [N_2] + k_{4O2}\, [O_2] + k_8\, [H_2O])$$

wobei k_4 und k_8 die Reaktionsraten von R4 und R8 darstellen (bei R4 wird unterschieden zwischen $M=N_2$ respektive $M=O_2$) und $J(O^1D)$ die Ozonphotolyserate. Luftdruck, Feuchte und Ozon wurden den Stationsmessungen des Chaumont entnommen, ebenfalls die Temperatur, welche in die Berechnung von k_4 einfliesst. Die Ozonphotolyserate $J(O^1D)$ wurde mit dem TUV-Modell (Madronich et al., 1997) berechnet (vgl. Anm. 8), wobei die Quantenausbeute von Shetter et al. (1996) verwendet wurde (vgl. Brönnimann und Neu, 1998; Brönnimann et al., 2000a).

166

Im Beispiel der Episode im Februar 1993 wurden zur Strahlungsmodellierung die in Payerne gemessenen Ozonprofile respektive das in Arosa gemessene *Gesamtozon* verwendet. Für die Situation unmittelbar über dem Nebel wurde eine *Albedo* von 0.63 angenommen, für Nicht-Nebel 0.16 (vgl. Brönnimann und Neu, 1998).

Für die Zeitreihenanalyse wurden dieselben Strahlungssimulationen verwendet, die bereits in Kapitel 4 (Anm. 8) vorgestellt wurden. Die Auswahl dieser Tage erfolgte im Hinblick auf die Frage, ob es einen statistisch eruierbaren Effekt von Veränderungen der *UVB-Strahlung* auf die beobachteten Ozonspitzen gibt. Aus der Ozonreihe des Chaumont von 1991 bis 1998 wurden nur mittel bis stark verschmutzte (3–12 ppb NO_x am Nachmittag) Schönwettertage ausgewählt (für die sehr detaillierten Selektionskriterien vgl. Brönnimann et al., 2000a). Aus den bereits gezeigten Ozonphotolyseraten unter Berücksichtigung der *Albedo* und des *Gesamtozons* (Abb. 26) wurde eine Grösse $\Delta P(OH)$ berechnet:

$$\Delta P(OH) = 2 \ (J(O^1D)\text{-}J(O^1D)_{norm}) \ [O_3] \ k_8 \ [H_2O] \ / \ (k_{4N2} \ [N_2] + k_{4O2} \ [O_2] + k_8 \ [H_2O])$$

wobei $J(O^1D)_{norm}$ die für die entsprechende Jahreszeit «normale» Ozonphotolyserate ist (vgl. Anm. 8). $\Delta P(OH)$ misst somit die allein durch Abweichung der *UVB-Strahlung* vom Normalwert verursachte Änderung der OH-Radikalproduktion. Diese Variable wurde zusammen mit 10 anderen Variablen in einem Regressionsmodell verwendet, um die beobachteten Nachmittagsspitzen der Ozonkonzentration (Mittel der vier höchsten Werte von 11 Uhr–18:30 Uhr) zu schätzen. Von allen Variablen wurden vorgängig Jahresgang und Trend subtrahiert. Verschiedene Schätzverfahren wurden verwendet (vgl. Brönnimann et al., 2000a). Schliesslich wurde der Koeffizient der Variable $\Delta P(OH)$ betrachtet. Die Ergebnisse sind in Tabelle A4 gezeigt. Für nähere Details vgl. Brönnimann et al., 2000a, 2001b.

Tabelle A4: Ergebnisse der multiplen Regression zur Modellierung der nachmittäglichen Ozonspitzen auf dem Chaumont an 156 mittelstark verschmutzten Schönwettertagen aus 10 unabhängigen Variablen, darunter $\Delta P(OH)$, das ist die durch Abweichungen der UVB-Strahlung von ihrem Normalwert verursachte Abweichung der OH-Produktionsrate. Sommer = Tage 80–265, Winter = Tage 266–79 (vgl. Brönnimann et al., 2000a).

	alle Tage	Sommer	Winter
Anzahl Fälle insgesamt	156	71	85
Anzahl Ausreisser	7	1	2
Erklärte Varianz	63.4 %	61.4 %	75.2 %
Stand. Koeffizient von $\Delta P(OH)$	0.123±0.114	-0.002±0.172	0.227±0.140
95- minus 5-Perzentil des Effekts von $\Delta P(OH)$	3.32 ppb	nicht berechnet	4.22 ppb

19. Für die Trendrechnung wurden folgende Selektionskriterien festgelegt. Schönwettertage oder Sommersmogtage (S) waren Tage an welchen die Globalstrahlung von 11 Uhr bis 15 Uhr immer über 450 W/m² lag (ein Wert zwischen 350 und 450 W/m² war erlaubt) und Lufttemperatur und Windgeschwindigkeit im Mittel von 11 Uhr bis 18:30 Uhr über 20 °C respektive unter 3 m/s lagen. All diese Bedingungen mussten bereits am Vortag erfüllt worden sein, und der Stichtag durfte kein Samstag, Sonntag oder Montag sein. Schlechtwettertage oder Hintergrundtage hatten mindestens 75% Bewölkung am Mittag und ein Nachmittagsmittel (11 Uhr bis 18:30 Uhr) der Windgeschwindigkeit über 3 m/s (vgl. Brönnimann et al., 2002).

20. Verschiedene multiple Regressionsmodelle wurden verwendet, um die Reihen der nachmittäglichen Ozonspitzen *O3* (Mittel der vier höchsten Werte von 11 Uhr bis 18:30 Uhr) im Sommerhalbjahr zu schätzen. Die Modelle wurden mit der Methode der kleinsten Quadrate («non-linear least squares») an die Daten angepasst. Bei der Berechnung der Standardfehler wurde die Autokorrelation der Residuen nach der Formel aus Wilks (1995) berücksichtigt (vgl. Brönnimann et al., 2002). Das erste Regressionsmodell enthält nur zeitabhängige oder meteorologische Variablen. Das ermöglicht die Schätzung eines Trends unter gleichzeitiger Berücksichtigung der meteorologischen Variabilität (vgl. Brönnimann et al., 2002. Das Modell lautet:

$$O3 = c_1 + c_2 J + c_2 \sin(D) + c_3 \cos(D) + c_4 \sin(2D) + c_5 \cos(2D) + c_6 Q + c_7 r + c_8 T + c_9 T^2 + c_{10} T_{-1} + c_{11} U + (c_{12} J + c_{13} W + c_{14} v) \ (Q\text{-}c_{15}) + \varepsilon$$

mit den Variablen Jahrzahl (J), Tag im Jahr (D), Wochengang (W in Form einer Sägezahnkurve 1, 2, 3, 4, 5, 3, 1 für Montag, Dienstag etc.), Globalstrahlung von 11 Uhr bis 15 Uhr (Q), Nachmittagsmittel (11 Uhr–18 Uhr) von Windgeschwindigkeit (v) und Temperatur (T), Feuchte am Mittag (r) sowie der Temperatur auf 850 hPa am Mittag am nächstgelegenen Gitterpunkt aus NCEP/NCAR-Reanalysedaten (U). T_{-1} ist die Temperatur des Vortags. Das Modell erlaubt Interaktionen zwischen gewissen Variablen. Bereits in Abbildung 58 und bei der Analyse des Wochengangs wurde deutlich, dass die meteorologische Situation den Einfluss anderer Variablen auf die Ozonkonzentration modulieren kann. Auch für den Einfluss der Windgeschwindigeit auf die Ozonspitzen ist ein solcher Effekt bekannt. Dieselbe Abhängigkeit wird in diesem Modell für einen Teil der langfristigen Entwicklung postuliert (in der Folge «strahlungsmodulierter Trend» genannt). Als modulierende Variable wurde Q gewählt, und es wurde ein Schwellwert eingeführt, ab welchem das Vorzeichen wechselt. Der Trend wird dadurch in einen linearen und einen strahlungsmodulierten Teil aufgetrennt.

Die Modelle erklären alle einen hohen Varianzanteil. Im zweiten Regressionsmodell wurden die Stickoxidkonzentrationen einbezogen. Die Interaktion zwischen der Stickoxidkonzentration und den meteorologischen Verhältnissen wurde dabei in einer Form berücksichtigt, welche vier theoretisch begründete Anforderungen erfüllt und mit welcher sich Zusammenhänge wie in Abbildung 58 darstellen lassen:

$$f(NO_2, Q; c_{17}, c_{18}) = exp\,(\,c_{17}\,NO_2 + c_{18}\,Q - exp\,(\,c_{17}\,NO_2 + c_{18}\,Q)) \, / \, exp\,(c_{18}\,Q - exp\,(c_{18}\,Q))$$

wobei NO_2 der Nachmittagsmittelwert der NO_2-Konzentration ist. Diese Funktion spannt eine Fläche auf, wie sie in Abbildung 68 gezeigt ist. Zusätzlich wurde das Verhältnis zwischen den Nachmittagsmittelwerten von NO und NO_x (rNO) als weiterer linearer Term in das Modell genommen. Im Gegenzug wurden die Terme $c_6\,Q$ und $c_{13}\,W$ weggelassen. Auch die Strahlungsschwelle c_{15} wurde im neuen Modell nicht mehr geschätzt, sondern es wurden die Schätzungen des vorigen Modells übernommen (c_{15}*), um die Vergleichbarkeit der Koeffizienten c_{12} zwischen dem vorigen und diesem Modell zu bewahren. Dieses zweite Modell lautet:

$$O3 = c_1 + c_2 J + c_2\,sin\,(D) + c_3\,cos\,(D) + c_4\,sin\,(2D) + c_5\,cos\,(2D) + c_7\,r + c_8\,T + c_9\,T^2 + c_{10}\,T_{-1} + c_{11}\,U + (c_{12}J + c_{14}\,v\,)\,(Q - c_{15}{}^*) + c_{16}f\,(NO_2, Q; c_{17}, c_{18}) + c_{19}\,rNO + \varepsilon$$

Die zweiten Modelle erklären nochmals deutlich mehr Varianz als die ersten. Für nähere Informationen zu diesen Regressionsmodellen vgl. Brönnimann et al. (2002).

21. Das WINDEP-Modell (Worksheet-INtegrated Deposition Estimation Programme, entwickelt von Grünhage und Haenel (2000) ist ein einfaches Tabellenkalulationsprogramm und kann von der Website http://www.uni-giessen.de/~gf1034/ENGLISH/WINDEP.htm heruntergeladen werden. Wo keine Angaben aus dem Gebiet Kerzersmoos verfügbar waren, wurden die Vorgabewerte des Modells respektive die von Grünhage und Haenel (2000) gegebenen Werte verwendet, welche sich auf einen durchschnittlichen Nutzpflanzenbestand in Mitteleuropa beziehen. Die einzugebenden Variablen Ozonkonzentration, Luftdruck, Temperatur, Strahlung, Windgeschwindigkeit und Luchtfeuchtigkeit (alles in Halbstundenmittelwerten) sowie die jeweiligen Messhöhen wurden von den Stationsmessungen in Kerzersmoos genommen (Siegrist, 2002). Die vorzugebenden Parameter (verwendete Werte) für den Bestand waren: Verschiebungshöhe (0.1 m), Rauhigkeitslänge (0.03 m), minimaler Bulk-Stomatawiderstand für Wasserdampf (40 s/m), Albedo (0.2), Leaf Area Index (LAI) für die grünen Pflanzenteile (2.54), LAI für den gesamten Pflanzenbestand (3) sowie die Widerstände R_Mesophyll (0.01 s/m), R_Cuticula ($1.09*10^7$ s/m), R_Pfanzenoberfläche (2000 s/m) und R_Boden (725 s/m).
Für die Berechnungen für Tänikon wurden die von Grünhage und Haenel (2000) empfohlenen Parameter für einen Nutzpflanzenbestand in Mitteleuropa verwendet: Verschiebungshöhe (0.402 m), Rauhigkeitslänge (0.078 m), minimaler Bulk-Stomatawiderstand für Wasserdampf (40 s/m), Albedo (0.22), LAI für die grünen Pflanzenteile (4), LAI für den gesamten Pflanzenbestand (4), R_Mesophyll (0.01 s/m), R_Cuticula ($1.09*10^7$ s/m), R_Pfanzenoberfläche (725 s/m) und R_Boden (375 s/m). Um die Messlücken als Folge fehlender meteorologischer Daten klein zu halten, wurden fehlende meteorologische Messungen durch solche der in der Nähe liegenden Station Dübendorf ersetzt und für den Druck wurde der jeweilige Monatsmittelwert gewählt. Alle

verwendeten Reihen ausser dem Druck (Ozon, Globalstrahlung, Feuchte, Temperatur, horizontale Windgeschwindigkeit) wurden vorgängig von Halbstundenwerten auf Stundenwerte gemittelt und dabei Messlücken von maximal einer Stunde interpoliert. Die so berechnete PAD(O3) bezieht sich nur auf die Tageslichtstunden. Fehlwerte wurden auf dieselbe Weise berücksichtigt, wie es in Anm. 22 für AOT40-Werte beschrieben ist.

22. Die Berechnungen des AOT40C wurden für eine Bestandeshöhe von 0.6 m durchgeführt. Um die Ozonkonzentration auf Bestandeshöhe herunterzurechnen wurde ein Programm von Jürg Fuhrer verwendet (pers. Mitteilung), welches aufgrund von Strahlung und Windgeschwindigkeit die Ozonkonzentration auf Bestandeshöhe errechnet. Dazu musste zuerst die horizontale Windgeschwindigkeit u_{wind} von ihrer Messhöhe z_{wind} auf die selbe Referenzhöhe wie die Ozonmessung z_{O3} heruntergerechnet werden. Dabei wurde folgende Formel verwendet, wobei z_0 die angenommene Rauhigkeitslänge von 0.1 m ist:

$$u_{O3} = u_{wind} \log (z_{O3} / z_0) / \log (z_{wind} / z_0)$$

Für die Berechnung des AOT40F wurden die Stationsdaten direkt übernommen. In beiden Fällen wurden alle verwendeten Reihen (Ozon und Globalstrahlung) vorgängig von Halbstundenwerten auf Stundenwerte gemittelt und dabei Messlücken von maximal einer Stunde interpoliert. Bei der Auswertung der Globalstrahlung wurde «Tageslicht» angenommen, wenn der Stundenmittelwert entweder über 50 W/m² oder (bei Fehlwerten) innerhalb der Tageszeit von 8 bis 20 Uhr MEZ lag. Der Einfluss von fehlenden Stundenwerten auf die Berechnung des AOT40 wurde durch eine Skalierung (AOT40_final = AOT40_roh * Anzahl mögliche Werte / Anzahl vorhandene Werte) berücksichtigt, bei mehr als 10% fehlenden Werten wurde der AOT40 nicht berechnet.

Für die Berechnung von HOT20 wurde ebenfalls die stündliche (interpolierte) Temperaturreihe verwendet und alle Überschüsse über 20 °C tagsüber (innerhalb der Zeit 8–20 Uhr MEZ, Mai bis Juli) aufsummiert. Fehlwerte wurden auf die oben für AOT40-Werte beschriebene Weise berücksichtigt.

Literaturverzeichnis

Altenburg, W., 1895: *Maloja Palace dans la Haute-Engadine et ses environs*. Zürich.

Ammann, M., M. Kalberer, D. T. Jost, L. Tobler, E. Rossler, D. Piguet, H. W. Gäggeler, U. Baltensperger, 1998: Heterogeneous production of nitrous acid on soot in polluted air masses. *Nature* 395, 157–160.

Andreani-Aksoyoglu, S. und J. Keller, 1995: Estimates of Monoterpene and Isoprene emissions from the forests in Switzerland. *J. Atmos. Chem.* 20, 71–87.

Aneja, V. P., S. P. Arya, Y. Li, G. C. Murray Jr. und T. L. Manuszak, 2000: Climatology of diurnal trends and vertical distribution of ozone in the atmospheric boundary layer in urban North Carolina. *J. Air & Waste Manage. Assoc.* 50, 54–64.

Appenzeller, C. und H. C. Davies, 1992: Structure of stratospheric intrusions into the troposphere. *Nature* 358, 570–572.

Appenzeller, C. und J. R. Holton, 1997: Tracer lamination in the stratosphere, a global climatology. *J. Geophys. Res.* 102, 13555–13659.

Appenzeller, C., H. C. Davies und W. A. Norton, 1996a: Fragmentation of stratospheric intrusions. *J. Geophys. Res.* 101, 1435–1456.

Appenzeller, C., J. R. Holton und K. H. Rosenlof, 1996b: Seasonal variation of mass transport across the tropopause. *J. Geophys. Res.* 101, 15071–15078.

Appenzeller, C., A. K. Weiss und J. Staehelin, 2000: North Atlantic Oscillation modulates total ozone winter trends. *Geophys. Res. Lett.* 27, 1131–1134.

Arya, S. P., 2001: *Introduction to Micrometeorology*. 2. Auflage. Academic Press, San Diego.

Auer, R., 1939: Über den täglichen Gang des Ozongehalts in der bodennahen Luft. *Gerlands Beiträge zur Geophysik* 54, 137–145.

Bates, D. und M. Nicolet, 1950: The photochemistry of atmospheric water vapour. *J. Geophys. Res.* 55, 301–327.

Baldwin, M. P., L. J. Gray, T. J. Dunkerton, K. Hamilton, P. H. Haynes, W. J. Randel, J. R. Holton, M. J. Alexander, I. Hirota, T. Horinouchi, D. B. A. Jones, J. S. Kinnersley, C. Marquardt, K. Sato und M. Takahashi, 2001: The quasi-biennial oscillation. *Rev. Geophys.* 39, 179–230.

Baumbach, G., 1993: *Luftreinhaltung*. 3. Auflage. Springer, Berlin, Heidelberg.

Bekki, S., K. S. Law und J. A. Pyle, 1994: Effect of ozone depletion on atmospheric CH_4 and CO concentrations. *Nature* 371, 595–597.

Billerbeck, E., 1999: Der Basler Luftchemiker. Zum 200. Geburtstag von Chrisitan Friedrich Schönbein, Entdecker des Ozons. *Basler Magazin No. 40, Wochenendbeilage der Basler Zeitung No. 242*. Basel, S. 1–5.

Bliefert, C., 1994: *Umweltchemie*. Weinheim.

Borrell, P. und P. M. Borrell (Hrsg.), 2000: *Transport and Chemical Transformation of Pollutants in the troposphere* (EUROTRAC, Bd. 1), Springer, Berlin, Heidelberg.

Brewer, A. W., 1949: Evidence for a world circulation provided by the measurements of helium and water vapour distribution in the stratosphere. *Q. J. R. Meteorol. Soc.* 75, 351–363.

Brönnimann, S., 1999: Early spring ozone episodes: Occurrence and case study. *Phys. Chem. Earth* 24C, 531–536.

Brönnimann, S. und U. Neu, 1997: Weekend-weekday differences of near-surface ozone concentrations in Switzerland for different meteorological conditions. *Atmos. Environ.* 31, 1127–1135.

Brönnimann, S. und U. Neu, 1998: A possible photochemical link between stratospheric and near-surface ozone on Swiss mountain sites in late winter. *J. Atmos. Chem.* 31, 299–319.

Brönnmiann, S. und S. Farmer, 2001: Total ozone data from a European network 1951–1957. *Eos, Transactions, AGU, 82* (47) *Fall Meeting Suppl.* Abstract A32B–0042.

Brönnimann, S., S. Voigt und H. Wanner, 2000a: The influence of changing UVB radiation in near-surface ozone time series. *J. Geophys. Res.* 105, 8901–8913.

Brönnimann, S., J. Luterbacher, C. Schmutz, H. Wanner und J. Staehelin, 2000b: Variability of total ozone at Arosa, Switzerland, since 1931 related to atmospheric circulation indices. *Geophys. Res. Lett.* 27, 2213–2216.

Brönnimann, S., C. Schmutz, J. Luterbacher und J. Staehelin, 2000c: Total Ozone and Climate Variability over Europe. In: NASDA (Hrsg.), *Atmospheric Ozone - Proceedings of Quadrennial Ozone Symposium, Sapporo, 2000*, Suppl., S. 765–766.

Brönnimann, S., E. Schüpbach, P. Zanis, B. Buchmann und H. Wanner, 2000d: A climatology of regional background ozone at different elevations in Switzerland (1992–1998). *Atmos. Environ.* 34, 5191–5198.

Brönnimann, S., F. Siegrist, W. Eugster, R. Cattin, C. Sidle, M. M. Hirschberg, D. Schneiter, S. Perego, und H. Wanner, 2001a: Two case studies on the interaction of large-scale transport, mesoscale photochemistry, and boundary-layer processes on the lower tropopsheric ozone dynamics in early spring. *Ann. Geophys.* 19, 469–486.

Brönnimann, S., W. Eugster und H. Wanner, 2001b: Photo-oxidant chemistry in the polluted boundary layer under changing UV-B radiation. *Atmos. Environ.* 35, 3789–3797.

Brönnimann, S., B. Buchmann und H. Wanner, 2002: Trends in near-surface ozone concentrations in Switzerland: the 1990s Atmos. Environ. (im Druck).

Brühl, C. und P. J. Crutzen, 1989: On the disproportionate role of tropospheric ozone as a filter against solar UVB radiation. *Geophys. Res. Lett.* 16, 703–706.

Brunner, D., J. Staehelin und D. Jeker, 1998: Large-scale nitrogen oxide plumes in the tropopause region and implications for ozone. *Science* 282, 1305–1309.

Burkholder, J. B. und R. K. Talukdar, 1994: Temperature dependence of the ozone absorption spectrum over the wavelength range 410 to 760 nm. *Geophys. Res. Lett.* 21, 581–584.

BUWAL, 1995a: *Luftschadstoff-Emissionen des Strassenverkehrs 1950 bis 2010.* Schriftenreihe Umwelt Nr. 255, Bern.

BUWAL, 1995b: *Vom Menschen verursachte Luftschadstoff-Emissionen in der Schweiz 1900 bis 2010.* Schriftenreihe Umwelt Nr. 256, Bern.

BUWAL, 1996a: *POLLUMET. Luftverschmutzung und Meteorologie in der Schweiz.* Umweltmaterialien Nr. 83, Bern.

BUWAL, 1996b: *Schadstoff-Emissionen aus natürlichen Quellen in der Schweiz.* Schriftenreihe Umwelt Nr. 257, Bern.

Carpenter, L. J., P. S. Monks, B. J. Bandy, S. A. Penkett, I. E. Galbally und C. P. Meyer, 1997: A study of peroxy radicals and ozone photochemistry at coastal sites in the northern and southern hemispheres. *J. Geophys. Res.* 102, 25417–25427.

Cattin, R., 1998: *Field phase report of the Tethered Balloon Soundings (BAT), Kerzersmoos February 8–12, 1998.* Geographisches Institut der Universität Bern.

Cattin, R., 1999: *Field phase report of the Tethered Balloon Soundings (BAT), Kerzersmoos March 15–17, 1999.* Geographisches Institut der Universität Bern.

Cattin, R., 2000: *Field phase report of the Tethered Balloon Soundings, EPFL Lausane, Mai 2–3, 2000.* Geographisches Institut der Universität Bern.

Challonge, D., F. W. P. Götz und E. Vassy, 1934: Simultanmessungen des bodennahen Ozons auf Jungfraujoch und in Lauterbrunnen. *Die Naturwissenschaften* 22, 297.

Chameides, W. L. und J. C. G. Walker, 1973: A photochemical theory of tropospheric ozone. *J. Geophys. Res.* 78, 8751–8760.

Chapman, S., 1929: On the variations of ozone in the upper atmosphere. *Gerlands Beiträge zur Geophysik* 24, 66–68.

Chapman, S., 1930: A theory of upper-atmospheric ozone. *Memoirs of the Royal Society* 3, 103–125.

Cho, J. Y. N., R. E. Newell, V. Thouret, A. Marenco und H. Smit, 1999: Trace gas study accumulates forty million frequent-flyer miles for science. *Eos, Transactions, AGU* 80, 377–384.

Chubachi, S., 1985: A special ozone observation at Syowa Station, Antarctica from February 1982 to January 1983. In: Zerefos, C. S. und A. M. Ghazi (Hrsg.), *Atmospheric Ozone: Proceedings of Quadrennial Ozone Symposium held in Halkidiki, Greece, 3–7 September 1984.* Reidel, Boston. S. 285–289.

Cooper, O. R., J. L. Moody und A. Stohl, 2001: The influence of synoptic scale transport mechanisms on trace gas relationships above the western North Atlantic Ocean. *IGACtivities* Newsletter No. 24, August 2001.

Cornu, A., 1879: Sur la limite ultra-violette du spectre solaire. *Comptes Rendus de l' Academie des Sciences* 88, 1101–1108.

Crutzen, P. J., 1970: The influence of nitrogen oxide on the atmospheric ozone content. *Q. J. R. Meteorol. Soc.* 96, 320–327.

Crutzen, P. J., 1974: Photochemical reaction initiated by and influencing ozone in unpolluted tropospheric air. *Tellus* 26, 45–55.

Crutzen, P. J., N. F. Elansky, M. Hahn, G. S. Golitsyn, C. A. M. Brenninkmeijer, D. H. Scharffe, I. B. Belikov, M. Maiss, P. Bergamaschi, T. Röckmann, A. M. Grisenko und V. M. Sevostyanov, 1997: Trace gas measurements between Moscow and Vladivostok using the Trans-Siberian Railroad. *J. Atmos. Chem.* 29, 195–216.

Crutzen, P. J., M. G. Lawrence und U. Pöschl, 1999: On the background photochemistry of tropospheric ozone. *Tellus* 51AB, 123–146.

Danielsen, E. F., 1968: Stratosphere-troposphere exchange based on radioactivity, ozone and potential vorticity. *J. Atmos. Sci.* 25, 502–518.

Davies, T. D. und E. Schüpbach, 1994: Episodes of high ozone concentrations at the earth's surface resulting from transport down from the upper troposphere/lower stratosphere: A review and case studies. *Atmos. Environ.* 28, 53–68.

Degünther, M., R. Meerkötter, A. Albold und G. Seckmayer, 1998: Case study on the influence of inhomogeneous surface Albedo on UV irradiance. *Geophys. Res. Lett.* 25, 3587–3590.

Dlugokencky, E. J., E. G. Dutton, P. C. Novelli, P. P. Tans, K. A. Masarie, K. O. Lantz und S. Madronich, 1996: Changes in CH_4 and CO growth rates after the eruption of Mt. Pinatubo and their link with changes in tropical tropospheric UV flux. *Geophys. Res. Lett.* 23, 2761–2764.

Dobson, G. M. B., 1968: Forty years' research on atmospheric ozone at Oxford: a history. *Applied Optics* 7, 387–405.

Dobson, G. M. B. und D. N. Harrison, 1926: Observations of the amount of ozone in the Earth's atmosphere and its relation to other geophysical conditions. *Proc. Roy. Soc.* A110, 660–693.

Dobson, G. M. B., D. N. Harrison und J. Lawrence, 1927: Observations of the amount of ozone in the Earth's atmosphere and its relation to other geophysical conditions. Part II. *Proc. Roy. Soc.* A114, 521–541.

Dobson, G. M. B., D. N. Harrison und J. Lawrence, 1929: Observations of the amount of ozone in the Earth's atmosphere and its relation to other geophysical conditions. Part III. *Proc. Roy. Soc.* A122, 456–486.

Dobson, G. M. B., H. H. Kimball und E. Kidson, 1930: Observations of the amount of ozone in the Earth's atmosphere and its relation to other geophysical conditions. Part IV. *Proc. Roy. Soc.* A129, 411–433.

Dobson, G. M. B., A. W. Brewer und B. M. Cwilong, 1946: Meteorology of the lower stratosphere. *Proc. Roy. Soc.* A185, 144–175.

Dommen, J., A. Neftel, A. Sigg und D. J. Jacob, 1995: Ozone and hydrogen peroxide during summer smog episodes over the Swiss Plateau: Measurements and model simulations. *J. Geophys. Res.* 100, 8953–8966.

Dommen, J., A. S. H. Prévôt, A. M. Hering, T. Staffelbach, G. L. Kok und R. D. Schillawski, 1999: Photochemical production and aging of an urban air mass. *J. Geophys. Res.,* 104, 5493–5506.

Draxler, R. R. und G. D. Hess, 1997: *Description of the Hysplit_4 modeling system.* NOAA Tech Memo ERL ARL–224.

Draxler, R. R. und G. D. Hess, 1998: An overview of the Hysplit_4 modeling system for trajectories, dispersion, and deposition. *Aust. Met. Mag.* 47, 295–308.

Ehmert, A., 1949: Über den Ozongehalt der unteren Atmosphäre bei winterlichen Hochdruckwetter nach Messungen. *Berichte des Deutschen Wetterdienstes in der US-Zone Nr. 11,* Bad Kissingen. S. 63–66.

Elbern, H., J. Kowol, R. Sládkovic und A. Ebel, 1997: Deep stratospheric intrusions: a statistical assessment with model guided analysis. *Atmos. Environ.* 31, 3207–3226.

EMPA, 2000: *Technischer Bericht zum Nationalen Beobachtungsnetz für Luftfremdstoffe (NABEL) 2000.* Dübendorf.

Engleman, R., 1965: The vibrational state of hydroxyl radicals produced by flash photolysis of a water-ozone-argon mixture. *J. Amer. Chem. Soc.* 87, 4193.

Eugster, W., 1994: *Mikrometeorologische Bestimmung des NO_2-Flusses an der Grenzfläche Boden/Luft.* Geographica Bernensia G37, Bern.

Eugster, W., S. Perego, H. Wanner, A. Leuenberger, M. Liechti, M. Reinhardt, P. Geissbühler, M. Gempeler und J. Schenk, 1998: Spatial variation in annual nitrogen deposition in a rural region in Switzerland. *Env. Poll.* 102 (S1), 327–335.

Fabry, C. und H. Buisson, 1913: L'absorption de l'ultra-violet par l'ozone et la limite du spectre solaire. *J. Physique* 3 (5), 196–206.

Farman, J. C., B. G. Gardiner und J. D. Shanklin, 1985: Large losses of total ozone in Antarctica reveal seasonal ClOx/NOx interaction. *Nature* 315, 207–210.

Feister, U. und R. Grewe, 1995: Spectral albedo measurements in the UV and visible region over different types of surfaces. *Photochem. Photobiol.* 62, 736–744.

Figuier, L., 1866: L'ozon – Changement curieux observés dans les propriétés de l'air atmosphérique. *L'Année scientifique (par L. Figuier)* 10, 120–129.

Finlayson-Pitts, B. und J. Pitts, 1999: *Chemistry of the Upper and Lower Atmosphere: Theory, Experiments, and Applications.* Academic Press.

Fishman, J., V. Ramanathan, P. J. Crutzen und S. C. Liu, 1979: Tropospheric ozone and climate. *Nature* 282, 818–820.

Fishman, J., C. E. Watson, J. C. Larsen und J. A. Logan, 1990: The distribution of tropospheric ozone determined from satellite data. *J. Geophys. Res.* 95, 3599–3617.

Fowler, A. und R. J. Strutt, 1917: Absorption bands of amtospheric ozone in the spectra of sun. *Proc. Roy. Soc.* A93, 577–587.

Fuhrer, J., 1999: Ozone impacts on vegetation. In: International Ozone Association (Hrsg.), *Proceedings of International Ozone Symposium, Basel, Switzerland, 21 and 22 October 1999*, Paris. S. 337–348.

Furger, M., J. Dommen, W. K. Graber, L. Pioggio, A. S. H. Prévôt, S. Emeis, G. Greill, T. Trickl, B. Gomiscek, B. Neininger und G. Wotawa, 2000: The VOTALP Mesolcina Campaign 1996 - concept, background and some highlights. *Atmos. Environ.* 34, 1395–1412.

Garcia, R. R. und S. Solomon. 1983: A numerical model of the zonally averaged dynamical and chemical structure of the middle atmosphere. *J. Geophys. Res.* 88, 1379–1400.

Ghim, Y. S., H. S. Oh und Y.-S. Chang, 2001: Meteorological effects on the evolution of high ozone episodes in the Greater Seoul Area. *J. Air & Waste Manage. Assoc.* 51, 185–202.

Götz, F. W. P., 1938: Die vertikale Verteilung des atmosphärischen Ozons. *Ergebnisse der Kosmischen Physik (Ergänzungsband zu Gerlands Beiträge zur Geophysik)* 3, 253–325.

Götz, F. W. P., 1951: Ozone in the atmosphere. In: Malone, T. F. (Hrsg.), *Compendium of Meteorology.* American Meteorolgical Society, Boston. S. 275–291.

Graedel, T. E. und P. J. Crutzen, 1994: *Chemie der Atmosphäre.* Heidelberg.

Grewe, V., D. Brunner, M. Dameris, J. L. Grenfell, R. Hein, D. Shindell und J. Staehelin, 2001: Origin and variability of upper tropospheric nitrogen oxides and ozone at northern mid-latitudes. *Atmos. Environ.* 35, 3421–3433.

Guenther, A. B., P. R. Zimmermann, P. C. Hartley, R. K. Monson und R. Fall, 1993: Isoprene and monoterpene emission rate variability: Model evaluation and sensitivity analyses. *J. Geophys. Res.* 98, 12609–12617.

Guenther, A., C. Geron, T. Pierce, B. Lamb, P. Harley und R. Fall, 2000: Natural emissions of non-methane volatile organic compounds, carbon monoxide, and oxides of nitrogen from North America. *Atmos. Environ.* 34, 2205–2230.

Grünhage, L. und H.-D. Haenel, 2000: WINDEP –Worksheet integreated deposition estimation programme. In: Kommission Reinhaltung der Luft in VDI und DIN-Normenauschuss (Hrsg.), *Troposhärisches Ozon.* KRdL-Schriftenreihe Bd. 32, Düsseldorf. S. 157–173.

Haagen-Smit, A. J. und M. M. Fox, 1954: Photochemical ozone formation with hydrocarbons and automobile exhaust. *J. Air Poll. Contr. Assoc.* 4, 105–109.

Haagen-Smit, A. J., 1952: Chemistry and physiology of Los Angeles Smog. *Industrial Engineering Chemistry* 44, 1342–1346.

Haagen-Smit, A. J., E. F. Darley, M. Zaitlin, H. Hull und W. Noble, 1951: Investigation on injury to plants from air pollution in the Los Angeles area. *Plant Physiology* 27, 18–23.

Haller, C., 1874: Das Ozon der Gebrigs-Atmosphäre. *Z. der österr. Ges. f. Meteorol.* 9, 81–84.

Hapke, T., 1991: *Ozon in Wissenschaft, Umwelt und Bibliothek*, Ausstellungen in der Universitätsbibliothek der TU Hamburg-Harburg, http://www.tu-harburg.de/b/hapke/ozon.html

Hartley, W. N., 1880: On the probable absorption of the solar ray by atmospheric ozone. *Chem. News.*, Nov. 26, 268.

Heimo, A., R. Philipona, C. Fröhlich, C. Marty, A. Ohmura und N. Kämpfer, 1999: The Swiss Atmospheric Radiation Network CHARM. In: BUWAL (Hrsg.), *Proceedings of GAW-CH Conference, Zurich, 14–15 October 1998.* Environmental Documentation No. 110, Bern. S. 86–89.

Hoinka, K. P., 1997: The tropopause: discovery, definition, demarcation. *Meteorol. Z. N. F.* 6, 281–303.

Holton, J. R., P. H. Haynes, M. E. McIntyre, A. R. Douglass, R. B. Rood und L. Pfister, 1995: Stratosphere-troposphere exchange. *Rev. Geophys.* 33, 403–439.

Hood, L. L. und D. A. Zaff, 1995: Lower stratospheric stationary waves and the longitude dependence of ozone trends in winter. *J. Geophys. Res.* 100, 25791–25800.

Hood, L. L., J. P. McCormack und K. Labitzke, 1997: An investigation of dynamical contributions to midlatitude ozone trends in winter. *J. Geophys. Res.* 102, 13079–13093.

Hood, L. L., S. Rossi und M. Beulen, 1999: Trends in lower stratospheric zonal winds, Rossby wave breaking and column ozone at northern midlatitudes. *J. Geophys. Res.* 104, 24321–24339.

Hov, Ø. (Hrsg.), 1997: *Tropospheric Ozone Research* (EUROTRAC, Transport and chemical transformation of pollutants in the troposphere, Bd. 6). Springer, Berlin.

Hunt, B. G., 1966: The need for a modified photochemical theory of the ozonosphere. *J. Atmos. Sci.* 23, 88–95.

Innes, J. L., M. Schaub und J. M. Skelly, 2001: *Ozone and broadleaved species - Ozon, Laubholz- und Krautpflanzen.* Haupt Verlag, Bern. 136 S.

IPCC, 1995: *Climate Change 1995: The IPCC Second Assessment Report.* Genf.

IPCC, 2001: *Climate Change 2001: The Scientific Basis. Third Assessment Report.* Genf.

Jacob, D. J., 1999: *Introduction to Atmospheric Chemistry.* University Press, Princeton.

Jacob, D. J., 2002: The oxidizing power of the atmosphere. In: Potter, T., B. Colman und J. Fishman (Hrsg.), *Handbook of weather, climate and water* (im Druck).

Jacob, D. J., L. W. Horowitz, J. W. Munger, B. G. Heikes, R. R. Dickerson, R. S. Artz und W. C. Keene, 1995: Seasonal transition from NO_x- to hydrocarbon-limited conditions for ozone production over the eastern United States in September. *J. Geophys. Res.* 100, 9315–9324.

Jacob, D. J., J. A. Logan und P. P. Murti, 1999: Effect of rising Asian emissions on surface ozone in the United States. *Geophys. Res. Lett.* 26, 2175–2178.

Jaeglé, L., D. J. Jacob, W. H. Burne und P. O. Wennberg, 2001: Chemistry of HOx radicals in the upper tropopshere. *Atmos. Environ.* 35, 469–489.

James, P. M., 1998: A climatology of ozone mini-holes over the northern hemisphere. *Int. J. Climatol.* 18, 1287–1303.

James, P. M., D. Peters und D. W. Waugh, 2000: Very low ozone episodes due to polar vortex displacement. *Tellus* 52B, 1123–1137.

Jenkin, M. E. und K. C. Clemitshaw, 2000: Ozone and secondary photochemical pollutants: chemical processes governing their formation in the planetary boundary-layer. *Atmos. Environ.* 34, 2499–2527.

Johnston, H., 1971: Reduction of stratospheric ozone by nitrogen oxide catalysts from supersonic transport exhaust. *Science* 173, 517–522.

Junge, C. E., 1962: Global ozone budget and exchange between stratosphere and troposphere. *Tellus* 14, 363–377.

Kalnay, E., M. Kanamitsu, R. Kistler, W. Collins, D. Deaven, L. Gandin, M. Iredell, S. Saha, G. White, J. Woollen, Y. Zhu, M. Chelliah, W. Ebisuzaki, W. Higgins, J. Janowiak, K. C. Mo, C. Ropelewski, J. Wang, A. Leetmaa, R. Reynolds, R. Jenne und D. Joseph, 1996: The NCEP/NCAR 40-Year Reanalysis Project. *Bull. Am. Meteorol. Soc.* 77, 437–471.

Kleinman, L. I., 1991: Seasonal dependence of boundary layer peroxide concentration: The low and high NO_x regimes. *J. Geophys. Res.* 96, 20721–20733.

Kleinman, L. I., 1994: Low and high NO_x tropospheric chemistry. *J. Geophys. Res.* 99, 16831–16838.

Kley, D., H. Geiss und V. A. Mohnen, 1994: Tropospheric ozone at elevated sites and precursor emissions in the United States and Europe. *Atmos. Environ.* 28, 149–158.

Krol, M. C., P. J. van Leeuwen und J. Lelieveld, 1998: Global OH trend inferred from methylchloroform measurements. *J. Geophys. Res.* 103, 10697–10711.

Künzle T. und U. Neu, 1994: *Experimentelle Sutdien zur räumlichen Struktur und Dynamik von Sommersmog über dem Schweizerischen Mittelland.* Geographica Bernensia, Bern.

Labitzke, K. G. und H. van Loon, 1999: *The stratosphere.* Springer, Berlin.

Lazzarotto, B., M. Frioud, G. Larchevêque, V. Mitev, P. Quaglia, V. Simeonov, A. Thompson, H. van den Bergh und B. Calpini, 2001: Ozone and water-vapor measurements by Raman Lidar in the planetary boundary layer: Error sources and field measurements. *Applied Optics-LP* 40, 2985–2997.

Lelieveld, J. und F. Dentener, 2000: What controls tropospheric ozone? *J. Gephys. Res.* 105, 3531–3551.

Lelieveld, J., P. J. Crutzen, V. Ramanathan, M. O. Andreae, C. A. M. Brenninkmeijer, T. Campos, G. R. Cass, R. R. Dickerson, H. Fischer, J. A. de Gouw, A. Hansel, A. Jefferson, D. Kley, A. T. J. de Laat, S. Lal,

M. G. Lawrence, J. M. Lobert, O. L. Mayol-Bracero, A. P. Mitra, T. Novakov, S. J. Oltmans, K. A. Prather, T. Reiner, H. Rodhe, H. A. Scheeren, D. Sikka und J. Williams, 2001: The Indian Ocean Experiment: Widespread Air Pollution from South and Southeast Asia. *Science* 291, 1031–1036.

Lents, J. M. und W. J. Kelly, 1993: Clearing the air in Los Angeles. *Scientific American Vol. 269, No. 4, October 1993*, S. 18–26.

Levy II, H., 1971: Normal atmosphere: Large radical and formaldehyde concentrations predicted. *Science* 173, 141–143.

Levy II, H., 2000: Tropospheric OH: In the beginning. *IGACtivities Newsletter* 21, 2–3.

Lindholm, F., 1929: Note sur l'absorption de l'ozone dans la partie infrarouge du spectre solaire. *Gerlands Beiträge zur Geophysik* 24, 53–56.

Li, Q., D. J. Jacob, J. A. Logan, I. Bey, R. M. Yantosca, H. Liu, R. V. Martin, A. M. Fiore, B. D. Field, B. N. Duncan und V. Thouret, 2001: A tropospheric ozone maximum over the Middle East. *Geophys. Res. Lett.* 28, 3235–3238.

Liu, S. C. und M. Trainer, 1988: Response of the tropospheric ozone and odd hydrogen radicals to column ozone change. *J. Atmos. Chem.* 6, 221–233.

Liu, S. C., S. A. McKeen und S. Madronich, 1991: Effect of anthropogenic aerosols on biologically active ultraviolet radiation. *Geophys, Res. Lett.* 18, 2265–2268.

Logan, J. A., 1999a: An analysis of ozonesonde data for the troposphere: Recommendations for testing 3-D models, and development of a gridded climatology for tropospheric ozone. *J. Geophys. Res.* 104, 16115–16149.

Logan, J. A., 1999b: An analysis of ozonesonde data for the lower stratosphere: Recommendations for testing models. *J. Geophys. Res.* 104, 16151–16170.

Logan, J. A., I. A. Megretskaia, A. J. Miller, G. C. Tiao, D. Choi, L. Zhang, L. Bishop, R. Stolarski, G. J. Labow, S. M. Hollandsworth, G. E. Bodeker, H. Claude, D. DeMuer, J. B. Kerr, D. W. Tarasick, S. J. Oltmans, B. Johnson, F. Schmidlin, J. Staehelin, P. Viatte und O. Uchino, 1999: Trends in the vertical distribution of ozone: a comparison of two analyses of ozonesonde data. *J. Geophys. Res.* 104, 26373–26399.

Luterbacher, J., C. Schmutz, D. Gyalistras, E. Xoplaki und H. Wanner, 1999: Reconstruction of monthly NAO and EU indices back to AD 1675. *Geophys. Res. Lett.* 26, 2745–2748.

Ma, J. und M. van Weele, 2000: Effect of stratospheric ozone depletion on the net production of ozone in polluted rural areas. *Chemosphere - Global Change Science* 2, 221–233.

Madronich, S. und C. Granier, 1992: Impact of recent total ozone changes on tropospheric ozone photodissociation, hydroxyl radicals, and methane trends. *Geophys. Res. Lett.* 19, 465–467.

Madronich, S., J. Zeng und K. Stamnes, 1997: Tropospheric Ultraviolet-Visible radiation model, Version 3.9a, NCAR, Boulder, Colorado.

Marenco, A., H. Gouget, P. Nédélec, J.-P. Pagés und F. Karcher, 1994: Evidence of a long-term increase in tropospheric ozone from Pic du Midi data series: Consequences: Positive radiative forcing. *J. Geophys. Res.* 99, 16617–16632.

Marenco, A., V. Thouret, P. Nedelec, H. Smit, M. Helten, D. Kley, F. Karcher, P. Simon, K. Law, J. Pyle, G. Poschmann, R. V. Wrede, C. Hume und T. Cook, 1998: Measurements of ozone and water vapor by Airbus in-service aircraft: The MOZAIC airborne program, An overview. *J. Geophys. Res.* 103, 25631–25642.

Mazur, A. und J. Lee, 1993: Sounding the global alarm: Environmental issues in the US National News. *Social Studies of Science* 23, 681–720.

McKee, D. J. (Hrsg.), 1994: *Tropospheric Ozone. Human health and agricultural impacts.* Lewis Publications, Boca Raton.

McKendry, I. G. und J. Lundgren, 2000: Tropospheric layering of ozone in regions of urbanized complex and/or coastal terrain: a review. *Progress in Physical Geography* 24, 329–354.

McKinlay, A. F. und B. L. Diffey, 1987: A reference action spectrum for ultraviolet induced erythema in human skin. *CIE Journal* 6, 17–22.

McPeters, R. D., G. J. Labow und B. J. Johnson, 1997: An SBUV ozone climatology for balloonsonde estimation of total column ozone. *J. Geophys. Res.* 102, 8875–8885.

Meixner, F. X. und W. Eugster, 1999: Effects of landscape pattern and topography on emissions and transport. In: Tenhunen, J. D. und P. Kabat (Hrsg.), *Integrating hydrology, ecosystem dynamics, and biogeochemistry in complex landscapes.* John Wiley & Sons, Chichester. S. 147–175.

Meteotest und Carbotech, 1995: *TRACT Emissionsmodell Schweiz. Ein raum-zeitlich hochaufgelöster Emissionskataster für Forschungszwecke* (Autoren: Kunz, S., T. Künzle und B. Rihm). Bundesamt für Bildung und Wissenschaft, Bern.

Molina, M. J., 1999: The impact of human activities on atmospheric ozone. In: International Ozone Association (Hrsg.), *Proceedings of International Ozone Symposium, 21 and 22 October 1999, Basel (Switzerland)*, Paris. S. 33–40.

Molina, L. T. und M. J. Molina, 1986: Absolute absorption cross sections of ozone in the 185- to 350-nm wavelength region. *J. Geophys. Res.* 91, 14501–14508

Molina, M. J. und F. S. Rowland, 1974: Stratospheric sink for chlorofluoromethanes: chlorine atomcatalysed destruction of ozone. *Nature* 249, 810–812.

Monks, P. S., 2000: A review of the observations and origins of the spring ozone maximum. *Atmos. Environ.* 34, 3545–3561.

Moser, o. A., 1949: Ozon und Wetterlage. *Berichte des Deutschen Wetterdienstes in der US-Zone Nr. 11*, Bad Kissingen, S. 28–37

National Research Council, 1991: *Rethinking the ozone problem in urban and regional air pollution*. National Academy Press, Washington, D.C.

Neu, U., T. Künzle und H. Wanner, 1994: On the relation between ozone storage in the residual layer and daily variation in near-surface ozone concentration – a case study. *Boundary-Layer Meteorol.* 69, 221–247.

Noël, S., H. Bovensmann, J. P. Burrows, J. Frerick, K. V. Chance und A. H. P Goede, 1999: Global atmospheric monitoring with SCIAMACHY. *Phys. Chem. Earth* 24C, 427–434.

Nolte, P., 1999: Christian Friedrich Schönbein - Empiricism and speculation. In: International Ozone Association (Hrsg.), *Proceedings of International Ozone Symposium, 21 and 22 October 1999, Basel (Switzerland)*, Paris. S. 15–30.

Parrish, D. D., T. B. Ryerson, J. S. Holloway, M. Trainer und F. C. Fehsenfeld, 1999: Does pollution increase or decrease tropospheric ozone in spring? *Atmos. Environ.* 33, 5147–5149.

Penkett, S. A. und K. A. Brice, 1986: The spring maximum of photo-oxidants in the Northern Hemisphere. *Nature* 319, 655–657.

Perego, S., 1999: Metphomod – a numerical mesoscale model for simulation of regional photosmog in complex terrain: Model description and application during Pollumet 1993 (Switzerland). *Met. Atmos. Phys.* 70, 43–70.

Peter, T. und P. J. Crutzen, 1994: The role of stratospheric cloud particles in polar ozone depletion – an overview. *J. Aerosol Sci.* 24, S 119–120.

Peter, T., 1997: Microphysics and heterogeneous chemistry of polar stratospheric clouds. *Ann. Rev. Phys. Chem.* 48, 785–822.

Peters, D. und G. Entzian, 1999: Longitude-dependent decadal changes of total ozone in boreal winter months during 1979–1992. *J. Clim.* 12, 1038–1048.

Platt, U. und D. Perner, 1983: Measurements of atmospheric trace gases by long path differential UV/visible absorption spectroscopy. In: Killinger, D. A. und A. Mooradien (Hrsg.), *Optical and Laser Remote Sensing*. Springer Verlag, New York, S. 95–105.

Prévôt, A. S. H., 1994: *Photooxidatien und Primärluftschadstoffe in der planetaren Grenzschicht nördlich und südlich der Alpen*. Diss. ETH Nr. 10956. Zürich.

Prévôt, A. S. H., J. Staehelin, G. L. Kok, R. D. Schillawski, B. Neininger, T. Staffelbach, A. Neftel, H. Wernli und J. Dommen, 1997: The Milan Photooxidant Plume. *J. Geophys. Res.* 102, 23375–23388.

Prévôt, A. S. H., J. Dommen, M. Bäumle und M. Furger, 2000: Diurnal variations of volatile organic compounds and local circulation systems in an Alpine valley. *Atmos. Environ.* 34, 1413–1423.

Prinn, R. G., J. Huang, R. F. Weiss, D. M. Cunnold, P. J. Fraser, P. G. Simmonds, A. McCulloch, C. Harth, P. Salameh, S. O'Doherty, R. H. J. Wang, L. Porter und B. R. Miller, 2001: Evidence for substantial variations of atmospheric hydroxyl radicals in the past two decades. *Science* 292, 1882–1888.

Ramaswamy, V., M.-L. Chanin, J. Angell, J. Barnett, D. Gaffen, M. Gelman, P. Keckhut, Y. Koshelkov, K. Labitzke, J.-J. R. Lin, A. O'Neill, J. Nash, W. Randel, R. Rood, K. Shine und M. Shiotani, 2001: Stratospheric temperature trends: Observations and model simulations. *Rev. Geophys.* 39, 71–120.Regener, E., 1943: Ozonschicht und atmosphärische Turbulenz. *Meteorol. Z.* 60, 253–269.

Reichert, T., U. Pohsner und J. Cäsar, 2000: Neuere Erkenntnisse zur Wirkung von Ozon auf Materialien. In: Kommission Reinhaltung der Luft in VDI und DIN-Normenauschuss (Hrsg.), *Troposhärisches Ozon*. KRdL-Schriftenreihe Bd. 32, Düsseldorf. S. 231–248.

Reiter, R., 1990: The ozone trend in the layer of 2–3 km a. s. l. since 1978 and typical time variations of the ozone profile between ground and 3 km a. s. l. *Met. Atmos. Phys.* 42, 9–104.

Rice, R., 1999: Evolution of drinking water treatment with ozone. In: International Ozone Association (Hrsg.), *Proceedings of International Ozone Symposium, 21 and 22 October 1999, Basel (Switzerland)*, Paris. S. 241–252.

Roelofs, G.-J. und J. Leliveld, 1997: Model study of the influence of cross-tropopause O_3 transports on tropospheric O_3 levels. *Tellus* 49B, 38–55.

Roscoe, H. K., P. V. Johnston, M. Van Roozendael, A. Richter, A. Sarkissian, J. Roscoe, K. E. Preston, J.-C. Lambert, C. Hermans, W. DeCuyper, S. Dzienus, T. Winterrath, J. Burrows, F. Goutail, J.-P. Pommereau, E. D'Almeida, J. Hottier, C. Coureul, R. Didier, I. Pundt, L. M. Bartlett, C. T. McElroy, J. E. Kerr, A. Elokhov, G. Giovanelli, F. Ravegnani, M. Premuda, I. Kostadinov, F. Erle, T. Wagner, K. Pfeilsticker, M. Kenntner, L. C. Marquard, M. Gil, O. Puentedura, M. Yela, D. W. Arlander, B. A. Kastad Hoiskar, C. W. Tellefsen, K. Karlsen Tornkvist, B. Heese, R. L. Jones, S. R. Aliwell und R. A. Freshwater, 1999: Slant Column Measurements of O_3 and NO_2 During the NDSC Intercomparison of Zenith-Sky UV-Visible Spectrometers in June 1996. *J. Atmos. Chem.* 32, 281–314.

Sato, M., J. E. Hansen, M. P. McCormick und J. B. Pollack, 1993: Stratospheric aerosol optical depth, 1850–1990. *J. Geophys. Res.* 98, 22987–22994.

Scheel, H. E., H. Areskoug, H. Geiss, B. Gomiscek, K. Granby, L. Haszpra, L. Klasinc, D. Kley, T. Laurila, A. Lindskog, M. Roemer, R. Schmitt, P. Simmonds, S. Solberg und G. Toupance, 1997: On the spatial distribution and seasonal variation of lower–tropospheric ozone over Europe. *J. Atmos. Chem.* 28, 11–28.

Schmutz, C., D. Gyalistras, J. Luterbacher und H. Wanner, 2001: Reconstruction of monthly 700, 500 and 300 hPa geopotential height fields in the European and Eastern North Atlantic region for the period 1901–1947, *Clim. Res.* 18, 181–193.

Schoeberl, M. R., A. R. Douglass, E. Hilsenrath, J. Barnett, R. Beer, J. Waters, J. Gille und P. Levelt, 2000: The EOS Aura Mission. In: NASDA (Hrsg.), *Atmospheric Ozone – Proceedings of Quadrennial Ozone Symposium, Sapporo, 2000,* Suppl., S. 811–812.

Schuepbach, E., T. D. Davis, A. C. Massacand und H. Wernli, 1999: Mesoscale modelling of vertical atmospheric transport in the Alps associated with the advection of a tropopause fold – a winter ozone episode. *Atmos. Environ.* 33, 3613–3626.

Shetter, R. E., C. Cantrell, K. Lantz, S. Flocke, J. Orlando, G. Tyndall, T. Gilpin, C. Fischer, S. Madronich und J. Calvert, 1996: Actinometric and radiometric measurements and modeling of the photolysis rate coefficient of ozone to $O(^1D)$ during Mauna Loa Observatory Photochemistry Experiment 2. *J. Geophys. Res.* 101, 14631–14641.

Shindell, D., D. Rind, N. Balachandran, J. Lean und P. Lonergan, 1999: Solar cycle variability, ozone, and climate. *Science* 284, 305–308.

Shine, K. P. und P. M. de F. Forster, 1999: The effect of human activity on radiative forcing of climate change: a review of recent developments. *Global and Planetary Change* 20, 205–225.

Shine, K. P., 1999: Atmospheric ozone and climate change. In: International Ozone Association (Hrsg.), *Proceedings of International Ozone Symposium, 21 and 22 October 1999, Basel (Switzerland)*, Paris. S. 107–118.

Siegrist, F., 2002: *Determination of energy and trace gas fluxes on a regional scale.* Geographica Bernensia, Bern. (im Druck).

Sillman, S., 1995: The use of NO_y, H_2O_2, and HNO_3 as indicators for ozone-NO_x-hydrocarbon sensitivity in urban locations. *J. Geophys. Res.* 100, 14175–14188.

Sillman, S., 1999: The relation between ozone, NOx and hydrocarbons in urban and polluted rural environments. *Atmos. Environ.* 33, 1821–1845.

Simpson, D., K. Olendrzynski, A. Semb, E. Storen und S. Unger, 1997: *Photochemical oxidant modelling and source-receptor relationships.* Technical Report EMEP MSC-W Report 3/97, Oslo.

Singh, H., Y. Chen, A. Staudt, D. Jacob, D. Blake, B. Heikes und J. Snow, 2001: Evidence from the Pacific troposphere for large global sources of oxygenated organic compounds. *Nature* 410, 1078–1081.

Solomon, S., 1999: Stratospheric ozone depletion: A review of concepts and history. *Rev. Geophys.* 37, 275–316.

Staehelin, J. und A. K. Weiss, 1999: Swiss history of atmospheric ozone research and results of long-term Swiss ozone measurements. In: International Ozone Association (Hrsg.), *Proceedings of International Ozone Symposium, 21 and 22 October 1999, Basel (Switzerland)*, Paris. S. 55–66.

Staehelin, J., J. Thudium, R. Bühler, A. Volz-Thomas und W. Graber, 1994: Trends in surface ozone concentrations at Arosa (Switzerland). *Atmos. Environ.* 28, 75–87.

Staehelin, J., A. Renaud, J. Bader, R. McPeters, P. Viatte, B. Hoegger, V. Buignon, M. Giroud und H. Schill, 1998a: Total ozone series at Arosa (Switzerland): Homogenization and data comparison. *J. Geophys. Res.* 103, 5827–5841.

Staehelin, J., R. Kegel und N. R. P. Harris, 1998b: Trend analysis of the homogenized total ozone series of Arosa (Switzerland). *J. Geophys. Res.* 103, 8389–8399.

Staehelin, J., N. R. P. Harris, C. Appenzeller und J. Eberhard, 2001: Ozone trends: A review. *Rev. Geophys.* 39, 231–288.

Staffelbach, T. und A. Neftel, 1997: *Relevance of biogenically emitted trace gases for the ozone production in the planetary boundary layer in Central Europe.* Schriftenreihe der FAL Nr. 25, Zürich.

Staffelbach T., A. Neftel, A. Blatter, A. Gut, M. Fahrni, J. Staehelin, A. Prévôt, A. Hering, M. Lehning, B. Neininger, M. Bäumle, G. L. Kok, J. Dommen, M. Hutterli und M. Anklin 1997a: Photochemical oxidant formation over Southern Switzerland. 1. Results from summer 1994. *J. Geophys. Res.* 102, 23345–23362.

Staffelbach T., A. Neftel und L. W. Horowitz, 1997b: Photochemical oxidant formation over Southern Switzerland. 2. Model results. *J. Geophys. Res.* 102, 23363–23373.

Stair, R. und W. W. Coblentz, 1938: Radiometric measurements of ultraviolet solar intensitites in the stratosphere. *Journal of Research of the National Bureau of Standards* 20, 185–215.

Steinbrecht, W., H. Claude, U. Köhler und K. P. Hoinka, 1998: Correlations between tropopause height and total ozone: Implications for long-term changes. *J. Geophys. Res.* 103, 19183–19192.

Steinbrecht, W., H. Claude, U. Köhler und P. Winkler, 2001: Interannual changes of total ozone and northern hemisphere circulation patterns. *Geophys. Res. Lett.* 28, 1191–1194.

Stephenson, D. N. und J.-F. Royer, 1995: Low-frequency variability of TOMS and GCM total ozone stationary waves associated with the El Nino / Southern Oscillation for the period 1979–88. *J. Geophys. Res.* 100, 7337–7346.

Stockwell, W. R., F. Kirchner, M. Kuhn und S. Seefeld, 1997: A new mechanism for regional atmospheric chemistry modeling. *J. Geophys. Res.* 102, 25847–25879.

Stohl, A., 2001: A one-year Lagrangian «climatology» of airstreams in the northern hemisphere troposphere and lowermost stratosphere. *J. Geophys. Res.* 106, 7263–7279.

Stohl, A. und T. Trickl, 1999: A textbook example of longe-range transport: Simultaneous observations of ozone maxima of stratospheric and North American origin in the free troposphere over Europe. *J. Geophys. Res.* 104, 30445–30462.

Stohl, A., G. Wotawa, P. Seibert und H. Kromp-Kolb, 1995: Interpolation errors in wind fields as a function of spatial and temporal resolution and their impact on different types of kinematic trajectories. *J. Appl. Meteor.* 34, 2149–2165.

Stohl, A., N. Spichtinger-Rakowsky, P. Bonasoni, H. Feldmann, M. Memmesheimer, H. E. Scheel, T. Trickl, S. H. Hübener, W. Ringer und M. Mandl, 2000: The influence of stratospheric intrusions on alpine ozone concentrations. *Atmos. Environ.* 34, 1323–1354.

Stolarski, R. S. und R. J. Cicerone, 1974: Stratospheric chlorine: A possible sink for ozone. *Can. J. Chem.* 52, 1610–1615.

Stolarski, R. S., 1999: History of the study of atmospheric ozone. In: Intertnational Ozona Association (Hrsg.), *Proceedings of International Ozone Symposium, 21/22. 10. 1999, Basel (Switzerland)*, Paris, S. 41–53.

Strassburger, A. und W. Kuttler, 1998: Diurnal courses of ozone in an inner urban park. *Meteorol. Z.* N. F. 7, 1–4.

Strutt, R. J., 1918: Ultra-violet transparency of the lower atmosphere, and its relative poverty in ozone. *Proc. Roy. Soc.* A94, 260–269.

Stunder, B. J. B., 1997: *NCEP Model Output - FNL ARCHIVE DATA. TD-6141 Prepared for National Climatic Data Center (NCDC).* NOAA-Air Resources Laboratory, Silver Spring, MD.

Taniguchi, N., K. Takahashi und Y. Matsumi, 2000: Precise determination of the heat of formation for ozone. In: NASDA (Hrsg.), *Atmospheric Ozone - Proceedings of Quadrennial Ozone Symposium, Sapporo, 2000,* Suppl., S. 817–818.

Thompson, A. M., 1992: The oxidizing capacity of the Earth's atmosphere: Probable past and future changes. *Science* 256, 1157–1165.

Thompson, A. M., R. W. Stewart, M. A. Owens und J. A. Herwehe, 1989: Sensitivity of tropospheric oxidants to global chemical and climate change. *Atmos. Environ.* 23, 519–532.

Thompson, A. M., J. C. Witte, R. D. Hudson, H. Guo, J. R. Herman und M. Fujiwara, 2001: Tropical tropospheric ozone and biomass burning. *Science* 291, 2128–2132.

Thompson, D. W. J und J. M. Wallace, 1998: The Arctic Oscillation signature in the wintertime geopotential height and temperature fields. *Geophys. Res. Lett.* 25, 1297–1300.

Thompson, D. W. J., J. M. Wallace und G. C. Hegerl, 2000: Annular modes in the extratropical circulation. Part II: Trends. *J. Clim* 13, 1018–1038.

UK-PORG (United Kingdom Photochemical Oxidants Review Group), 1997: *Ozone in the United Kingdom. Fourth Report of the Photochemical Oxidants Review Group*, London.

Van Roozendael, M., P. Peeters, H. K. Roscoe, H. de Backer, A. E. Jones, L. Bartlett, G. Vaughan, F. Goutail, J.-P. Pommereau, E. Kyro, C. Wahlstrom, G. Braathen und P. C. Somin, 1998: Validation of ground-based visible measurements of total ozone by comparison with Dobson and Brewer Spectrophotometers. *J. Atmos. Chem.* 29, 55–83.

Vaughan, G. und J. D. Price, 1991: On the relation between total ozone and meteorology. *Q. J. R. Meteorol. Soc.* 117, 1281–1298.

Volz, A. und D. Kley, 1988: Ozone Measurements in the 19th Century: An Evaluation of the Montsouris Series. *Nature* 332, 240–242.

Wanner, H., E. Salvisberg, R. Rickli und M. Schüepp, 1998: 50 years of Alpine weather statistics (AWS). *Meteorol. Z. N. F.* 7, 99–111.

Wanner, H., D. Gyalistras, J. Luterbacher, R. Rickli, E. Salvisberg und C. Schmutz, 2000: *Klimawandel im Schweizer Alpenraum.* vdf Hochschulverlag AG an der ETH Zürich.

Wanner, H., S. Brönnimann, C. Casty, D. Gyalistras, J. Luterbacher, C. Schmutz D. Stephenson und E. Xoplaki, 2001: The North Atlantic Oscillations – Concept and studies. *Surveys in Geophysics* (im Druck).

Wilkening, K. E., L. A. Barrie und M. Engle, 2000: Trans-Pacific air pollution. *Science* 290, 65–67.

Wilks, D. S., 1995: *Statistical Methods in the Atmospheric Sciences.* Academic Press, San Diego.

WMO, 1995: *Scientific assessment of ozone depletion 1994.* Genf.

WMO, 1999: *Scientific assessment of ozone depletion 1998.* Genf.

Wolf, R., 1855: *Über den Ozongehalt der Luft und seinen Zusammenhang mit der Mortalität.* Bern.

Wotawa, G., H. Kröger und A. Stohl, 2000: Transport of ozone towards the Alps - results from trajectory analyses and photochemical model studies. *Atmos. Environ.* 34, 1367–1377.

Wotawa, G. und M. Trainer, 2000: The influence of Canadian forest fires on pollutant concentrations in the United States. *Science* 288, 324–328.

Wuebbles, D. J., C.-F. Wei und K. O. Patten, 1998: Effects on stratospheric ozone and temperature during the Maunder Minimum. *Geophys. Res. Lett.* 25, 523–526.

Zanis, P., E. Schuepbach, H. W. Gaeggeler, S. Huebener und L. Tobler, 1999a: Factors controlling Beryllium-7 at Jungfraujoch in Switzerland. *Tellus* 51, 789–805.

Zanis P., P. S. Monks, E. Schuepbach, S. A. Penkett, 1999b: On the relationship of HO_2 + RO_2 with j(O1D) during FREETEX '96 at the Jungfraujoch Observatory (3,580 m asl) in the Swiss Alps. *J. Geophys. Res.* 104, 26913–26926.

Zanis, P., P. S. Monks, E. Schuepbach und S. A. Penkett, 2000a: The role of in-situ photochemistry in the control of ozone during spring at the Jungfraujoch (3,580 m asl) – comparison of model results with measurements. *J. Atmos. Chem.* 37, 1–27.

Zanis P., P. S. Monks, E. Schuepbach, L. J. Carpenter, T. J. Green, G. P. Mills, S. Bauguitte und S. A. Penkett, 2000b: In-situ ozone production under free tropospheric conditions during FREETEX '98 in the Swiss Alps. *J. Geophys. Res.* 105, 24223–24234.

Register

Für Abkürzungen vgl. Abkürzungsverzeichnis (S. 151). Kursiv gedruckte Begriffe sind im Glossar (S. 154) erläutert. Verweise auf das Glossar sind mit einem g vor der Seitenzahl gekennzeichnet, Verweise auf die Anmerkungen (S. 159) mit einem a. Ein f hinter der Zahl bedeutet «und folgende Seite».

John L. Innes/John M. Skelly/Marcus Schaub

Ozone and broadleaved species Ozon, Laubholz- und Krautpflanzen

A Guide to the Identification of Ozone-induced Foliar Injury
Ein Führer zum Bestimmen von Ozonsymptomen

2001. 136 S., zahlr. Farbfot., kart.
€ (D) 29.90/CHF 48.–
ISBN 3-258-06384-2

Das Ausmass der ozonbedingten Schädigungen an Laubpflanzen ist erst seit kurzem erkannt, hauptsächlich weil die Symptome so schwierig zu bestimmen sind. – Dieser Führer dokumentiert anhand zahlreicher farbiger Aufnahmen typische Ozonschäden an Laubholz- und Krautpflanzen und ist hilfreich beim Bestimmen solcher Schäden.

Christian Brunold, Philipp W. Balsiger, Jürg Bucher, Christian Körner und WSL (Hrsg.)

Wald und CO$_2$

Ergebnisse eines ökologischen Modellversuchs

2001. 224 S., zahlr. Abb. und Tab., geb.
€ (D) 28.–/CHF 44.–
ISBN 3-258-06314-1

Die Themen **Wald** und **CO$_2$** haben die öffentliche Umweltdebatte in den vergangenen zwanzig Jahren dominiert. – Am Federal Research Institute WSL in Birmensdorf wurden beide Problemkreise in einem mehrjährigen, **multidisziplinären Modellversuch** zusammengeführt. Dabei sollte u.a. die Frage geklärt werden, wie erhöhte CO$_2$-Konzentration und mit Stickstoff angereicherter Regen die Wälder in unseren Breitengraden künftig beeinflussen könnten.

: Haupt   **Verlag Paul Haupt** Bern • Stuttgart • Wien

verlag@haupt.ch • www.haupt.ch